馮慧嫻醫生 著

一個醫生媽媽
與你細說親身經歷
和專業知識

餵哺母乳，
知易行難？

增訂版

代序

葉麗嬋醫生
兒科醫生

母乳餵養是歷史悠久的嬰幼兒飲食方法，理應是自然的行為。可是隨著社會的轉變，父母餵養嬰兒彷彿多了選擇，要關顧的人、事、物較複雜，加上醫療制度未必能配合、社區設施不足、產假短、職場缺乏僱主的支持，同時受到配方奶推銷策略的影響，對期望以母乳餵養的家長帶來一定的困擾。一如當父母，會碰到不少困惑及挑戰，需要學習及磨練，經歷過才領悟到一分耕耘，一分收穫，付出後才享受到箇中樂趣。打算餵哺母乳的家長如能早作準備，明白可能碰到的障礙、其預防及處理方法，並吸納別人成功的經驗，當可事半功倍。

醫療界對母乳餵養常有個錯覺，以為這課題只屬於護士工作的範疇。醫生們大多只會片面地說：「母乳餵養是最好的！」但鮮有花時間了解個別母親的情況，或怎樣才能令母親達到她對餵養孩子的目標。其實，香港的母親每十之八九都希望以母乳餵養自己的孩子，可惜能持續以全母乳餵養的人卻不多。

在較年青一輩的醫生中，馮醫生擁有一份對母乳餵養罕見的熱誠。她能把實證醫學的理念，付諸行動。作為一位全職醫生，同時又能兼顧持續以母乳餵養三個孩子，實在不容易。她把從工作及自身所領悟到

的心得，毫不吝嗇地於報章上長期與普羅大眾分享。精簡的文筆及切合難題而實際的解決方法，廣受讀者歡迎。現在更豐富內容，配以圖像，印製成書。此書將會是不少父母、支持他們的親友，甚至是醫護人員的恩物。

期望愈來愈多母親能持續以母乳餵養，互相支持，一起推動社會制度的改變，為下一代的母嬰鋪上一條較平坦的路，保障母親與兒童的健康。

代序

譚一翔醫生

兒科醫生

小孩子生病要看醫生甚至入院，令家長擔心之餘，也要花費金錢。作為兒科醫生，每天面對無數病童，我很認同全餵母乳最少兩至三個月能減少因呼吸道感染而到門診求醫或入院的說法。

香港的現代已婚女性要生兒育女所面對的挑戰可不少。一來結婚年齡趨大，體力不像年青時旺盛；二來太容易接收從四方八面而來的資訊，顧忌、擔心也隨之而增加。在現今這競爭激烈的社會環境下，生一個小孩子的機會成本正日益上漲，由找產科醫生、兒科醫生、請陪月，到選擇學校、安排孩子參加課外活動等，無不費煞思量，計劃充足，唯恐有什麼差錯影響孩子一生。在這個「要給孩子最好」的大前提下，餵哺母乳漸漸成了愈來愈多家長的選擇，可是餵哺母乳也需要付出一定的代價。媽媽愈做好知識上及心理上的準備，並了解成功餵哺母乳的要訣，那就愈容易和輕鬆地達成目標。我看見許多失敗的例子，大部分都在產前準備不夠、家人的支持不足，或遇到困難時缺乏對形勢正確的理解，又掌握不到有效的解決方法，結果很快就放棄了。反之，能成功餵哺母乳的媽媽，往往早已做足心理準備，下定決心，排除萬難，孩子一生下來，就勇往直前地餵哺孩子，又懂得休養生息，多喝湯水。要是另一半和家人都配合，餵哺母乳往往變得愈發順利。

大部分準媽媽的日常生活都很忙碌，尤其是在職女性。有些人甚至工作至生產前一天才休息，一方面對工作的要求高，另一方面希望爭取最多的產後休息，所以將「前四後六」變作「後十」的情況大有人在。如此一來，花時間上產前課程作餵哺母乳的準備工夫或許有心無力。馮醫生這本獨一無二的書便能為有心餵哺母乳，但時間不太充裕的準媽媽們填補這片空白。她以溫馨的文筆，充滿鼓勵性的語句，深入淺出地將這個許多媽媽認為是充滿挑戰的事情輕鬆地演繹出來。更重要的是，她以醫生的科學態度解釋了餵哺母乳的優越性，提出了最新的科學證據支持餵哺母乳的必要性，消除了許多媽媽被奶粉廣告洗腦後的誤解。不但如此，她個人餵哺母乳的經歷和其他媽媽的案例分享使整本書變得生動有趣，充滿真實感。因此我覺得馮醫生這本書是所有準媽媽必讀的，尤其是正計劃餵哺母乳的。對護士、產科和兒科醫生也是很好的參考資料，可以用來鼓勵餵哺母乳的媽媽更努力不懈。

我非常高興看見這書的出版，相信將會有許多家長讀完這書後會得到鼓勵，享受餵哺母乳的樂趣，還會有很多小孩子因而更健康地成長，活出更精彩的生命。

代序

Tim

作者丈夫

我們夫婦倆皆喜歡小孩子，育有三名子女。他們的出現，為我們的家庭生活添上豐富的色彩。多年來孩子們健康成長，即使偶爾生病也很快痊癒。我相信很大程度上與他們年幼時持續吃母乳有關。

回想當年太太剛誕下大女兒時，一如其他新手父母，我們興奮之餘又有點不知所措；儘管她在生產前已掌握了不少育兒知識，但往往在親身面對時又是另一回事！幸好當時得到母嬰健康院醫護人員的協助，而經驗也在不斷摸索中慢慢累積起來，及後更開始享受當中的過程。到第二和第三名孩子出生時，過往所得的經驗令大家面對的壓力減輕不少。

我相信太太能否堅持以母乳餵哺孩子，丈夫在言語和行動上的支持實有決定性的影響。我們在三名子女出生的首個月都沒有聘用陪月員，我特別休假一個月，留在家中，身體力行學做父親，相信這是對太太最大的支持；我也能親眼見證著孩子生命中不少的「第一次」。大女兒出生後首兩年，我們沒有聘用外傭協助，日間女兒主要由長輩照料，其餘大小事務皆親力親為；到次子出生前一個月才聘請外傭協助，而餵奶的重任當然交給太太。回想當中最大的挑戰莫過於在夜深時分「on-call」。太太以全母乳餵哺三個孩子，凌晨時分也須「埋身」餵奶。要在夜深時分起牀（尤其是冬天），實在是個人意志力的一大考

驗。很佩服太太有這份全以母乳餵哺的決心，身為丈夫的當然也要以行動支持。還記得當我在睡夢中聽到孩子的「呼喚」時，會先起牀為孩子檢查是否須要換尿片，然後才交給太太餵奶。當太太餵哺完畢把孩子放回牀上後，若他／她仍不願意睡覺並持續發出哭聲時，為免影響太太入睡，我多會把孩子抱至客廳，以各種方法哄他／她入睡。結果有不少個晚上，我是抱著孩子在客廳睡至天亮。對我而言，那是一種特別的體驗，我很享受孩子躺在我胸前酣睡那份親密的感覺，實非筆墨所能形容。每次在我累得差點想放棄時也會提醒自己，要好好記著那些「甜蜜」的日子，因為日後必能慢慢細味。時至今天，那份感覺仍長留心中。

Amy 對母嬰健康的熱忱，並不僅限於工作上，身邊每有親屬或朋友誕下嬰孩，她多會主動關心並鼓勵她們以母乳餵哺，如有疑難她會盡力解答，有需要時也會提供「技術支援」。曾試過我們身處外地，她還繼續以電話跟進朋友餵哺的情況呢！她樂於向別人解釋有關餵哺母乳的提問，不但幫助解決餵哺的問題，還希望對方明白背後的原理。她經常搜集相關資料，以擴闊視野，從這書所包含的詳盡而細緻的資料可見一斑。此外，她也經常構思如何以淺易的方法解釋有關母乳餵哺的道理，相信書內的照片、圖片及漫畫能做到此效果。

Amy 以專業的知識輔以親身餵哺母乳的經驗，結集成書，以理論和實踐雙管齊下支援家長，尤其新手父母，希望可釋去他們在育兒及餵哺上的疑慮。最後，我鼓勵做爸爸的，好好享受這獨特的身份，並給予太太多些支持和認同。以母乳餵哺的決定必須由夫婦倆同心作出，互相扶持，過程或會辛苦，但相信盡是感恩。

初版自序——那些年，醫生媽媽餵母乳的日子

馮慧嫻醫生（Dr. Amy Fung）

寫於二〇一二年四月八日
修改於二〇一三年十二月五日

在我腦海裡出現第一幅餵哺母乳的畫面是我八歲時，一天放學回家看見媽媽以母乳餵哺初生弟弟。印象中那是我唯一一次看到媽媽餵哺母乳，後來記得的都是胖嘟嘟的弟弟用奶瓶吃奶的情景，我記得自己也曾幫忙餵他呢！自此之後，一直沒有機會接觸餵哺母乳這課題。後來在醫學院受訓時的一次短講中，聽到一位中年女講者說：「以前我兩個孩子都沒吃母乳，但當我知道餵哺母乳原來有這麼多好處後，我決定生第三個孩子，好親身經歷一下餵哺母乳的滋味。」想不到在十多年後的今天，我也親身以母乳哺育三個孩子。我選擇三次餵哺母乳當然並不單純因為當年講者的一句話。經過餵哺三個孩子的第一身體驗後，我認為餵哺母乳雖然需要付出不少代價，但回報遠遠超過我的付出，因此，這「投資」是非常值得的。細心想想，假設人有八十歲命，最需要母乳是首兩年，只佔整個人生的百分之二點五罷了。

二〇〇八年春，忽發奇想，首次寫下自己以母乳餵哺子女的心路歷程。同年夏，某著名兒科醫生接受某本地報章訪問，指母親患乳腺炎或正服用藥物等情況下必須停止餵哺母乳。看見這些常見的謬誤很是慨嘆，於是鼓起勇氣在本地報紙發表文章，細說母乳餵哺的正確觀念。接著是中國內地奶粉發現含三聚氰胺，嬰兒持續進食後出現腎結

石的事件，自此我便開始在不同媒體分享母乳餵哺的心得及在報章撰寫母乳餵哺的專欄。

對我來說，心情最放鬆就是餵母乳和駕車的時候，很多寫作的靈感或新思維都是在這些時候孕育出來的。二〇〇九年二月十一日，大清早上班前，我一邊抱著老三餵母乳，一邊心血來潮想將自己餵哺母乳的經驗有系統地輯錄成書。得到多方的支持，終於在二〇一一年春開始計劃出版這本書，期盼更多人能夠分享我的心得。

本書有如下特色：

一、這不是一本只談母乳餵哺的書。餵哺母乳只是「湊仔」的其中一個環節，本書還會與大家談及如何照顧小朋友的睡眠和飲食、戒奶瓶的方法及如何培養孩子的自理能力等課題。此外，餵哺母乳與父母的生活細節也有關連，因此媽媽產前產後的飲食宜忌、夫妻相處、避孕、產後抑鬱、乳癌等題目也是本書的內容。

二、結合知識與實踐。有些媽媽或者會覺得醫護人員只會從醫學角度以標準答案回答她們的提問，不會分享個人經驗，我可能是較例外的一個。在本書裡，一方面我會從醫生的角度解說母乳餵哺的專業知識與最新資訊，另一方面身為有多年餵哺經驗的母親，我會以過來人的身份跟讀者分享一些個人的生活點滴、內心掙扎及實用小貼士，盼望令餵哺母乳的讀者更有共鳴。

三、以照片、圖片、圖表及漫畫深入淺出地解釋專業理論。為方便讀者，本書部分照片會重複出現。

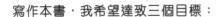

寫作本書，我希望達致三個目標：

一、過去十多年，我不但有機會接受有關餵哺母乳的醫學培訓，而
　　身為前線醫生亦累積了不少教人「餵人奶」的經驗。二○○一年
　　當大女兒出生時，我滿以為餵哺自己的孩子是容易不過的事，想
　　不到實踐起來才發現「餵人奶」的確不易。不過三次實戰讓我領
　　略到在掌握原理後，只要動動腦筋，便可在不同的處境下靈活變
　　通，例如我在書裡分享的上班後餵母乳的點滴。過去十多年，
　　我累積和掌握了一些竅門，可以將餵母乳融入忙碌的生活中，
　　令整個餵哺過程更順暢，同時又達到醫學的標準。聽起來很貪
　　心啊，但事實是有機會做得到的。本書名為《餵哺母乳，知易行
　　難？》，首個目標就是透過解釋母乳餵哺背後的道理，令你了解
　　餵母乳絕對不是那麼複雜的。

二、相信絕大部分人都說得出一些餵哺母乳的好處，所以本書的目標
　　之二不是老生常談光說母乳的好處，而是希望讀者徹底明白寶寶
　　的需要，這樣才能推動一些仍「十五十六」的準父母再三思量自
　　己的目標，也令決意餵哺母乳者更堅定自己的決心。

三、透過深入剖析奶粉的真相，幫助讀者在排山倒海的奶粉廣告攻勢
　　中作出明智的選擇。即使你最終選擇以奶粉餵哺寶寶，或需要補
　　奶粉，希望你細閱本書第 10 章，了解如何選擇不同種類的奶粉、
　　正確沖調奶粉及消毒奶瓶。

*　讀者如對本書有任何意見及賜正，請與馮慧嫻醫生聯絡（dr.amyfung2013@gmail.com）。

增訂版自序——母乳醫生的使命

馮慧嫻醫生（Dr. Amy Fung）
寫於二〇一九年八月

不知從哪時候起，自己多了一個暱稱——「母乳醫生」，一個很親切的稱呼啊！

自二〇一六年終離開工作了二十年的崗位並轉職自由身之後，工作時間和地點變得浮動。浮動，我是挺喜歡的，不用那麼刻板吧！孩子常常問：「你今天要返工嗎？在哪裡返工？」有時突發半天休假，樂於接送孩子、一起下午茶，或興之所至與他們打乒乓球。每天的工作日程表都不一樣，可以上午教學，下午回診所；會應邀於不同地方主持講座，也有突發上門到診。花在交通上的時間的確多了，不過很多寫作靈感或新思維都是在這些時候孕育出來的！

以前只集中服務某地區的市民，現在完全沒有地域的限制。不止局限於診所，還有機會走遍全港十八區上門到診。轉職自由身後最大的感受是推動母乳餵哺的使命感愈趨濃烈。每天都有機會遇到林林總總的哺乳及非哺乳問題，當中最具挑戰的應該是乳腺膿腫（breast abscess）。這是嚴重的乳腺發炎，極之疼痛，很容易令患者放棄哺乳。以前每年平均只見一位媽媽患有此症，絕大部分最終回奶收場。這兩年認識共十位乳腺膿腫患者，她們經歷不同次數的刺針抽膿及數週以上的抗生素治療，令人鼓舞的是，當中有逾半康復後仍繼續哺

乳，有些最後還全母乳呢！其中一位乳腺膿腫康復者更曾服用藥物回奶，數週後成功再上奶（relactation）。「回奶後再上奶」的理論我聽得多，但現實生活中，她是我親眼見的第一個。萬分佩服她堅毅不屈的精神。有媽媽分享說：「因為囡囡不喜歡吃奶粉，所以激發我快些治好膿腫，希望痊癒後繼續餵母乳給她！」看到寶寶的喜好對媽媽選擇如何餵哺有那麼強的影響力，母嬰雙方的聯繫是何等親密互動啊！

萬分感謝讀者對此書的支持，喜見不少讀者將書作為禮物，送給懷孕中的至親好友。希望不僅媽媽成為讀者，爸爸、祖父母、陪月亦然。曾有爸爸說：「太太要照顧初生寶寶很忙碌，無暇看書，所以我要熟讀。遇到哺乳問題時，我便嘗試從書中找答案，告訴太太如何解決問題。」爸爸是媽媽最強的後盾，加油呀！

關於增訂版的內容，有些課題我作了較大的修改，包括：睡覺問題、戒夜奶、新生嬰兒黃疸、懷孕時授乳、回奶後再上奶、授乳媽媽的飲食等；也有新增的課題，包括：母乳餵哺與嬰幼兒腦部發育的關係、吸吮乳房如何促進頸、面、頭部及牙齒的正常發育、慢性或復發性乳管發炎、結舌（俗稱黐脷筋）、補奶方法（手指餵飼法）、幫助紓緩塞奶的懸垂式餵哺、大便出血、嬰兒主導加固法（俗稱 BLW）。還有「正確擺位、正確含乳和有效吸吮」、「先安撫，後擺位」，以及「媽媽們真情分享」篇。除了文字之外，還新增三十多幅照片。

自二〇一七年七月起，我更開始在臉書「母乳醫生 Breast-Feeding Dr. Amy FUNG 馮慧嫻」專頁裡分享。盼望透過不同平台，給讀者多些正能量，克服種種哺乳的挑戰，並享受餵哺的樂趣。

媽媽們
真情分享篇

1 陪月——幫你？還是⋯⋯？

Carrie 從全泵奶改為埋身餵，始於囡囡 3 個月大。現在她已經 5 個月了，很享受親餵的時刻。

剛開始懷孕就決心要餵母乳，懶惰的我只去了唯一一個產前講座，為的就是想成功餵母乳。可惜卻遇上對親餵母乳一知半解的陪月，不斷表示親餵只能吮得少量母乳，泵出來餵才能確定寶寶的食量，避免她吃得少、黃疸退得慢，結果走上近乎全泵之路，偶爾埋身只為了與囡囡保持肌膚相親。

直至她 3 個月大，因為我奶量太多，結果弄得寶寶肚瀉。詢問了醫生的意見後，發現唯有改為全埋身調節奶量。供求平衡後，囡囡肚瀉情況不藥而癒。

改為全埋身餵哺後，除了省卻洗奶瓶泵奶的時間外，最深刻的就是看著囡囡埋身飽餐後的甜睡和微笑，那種親密幸福的感覺是不能言喻的。很慶幸自己跟 BB 一起努力從全泵轉為埋身。母乳路並不易走，但為了那種媽媽與 BB 獨有的親密關係，一切都是值得的！

2017 年 12 月 30 日

早產 BB 不願吸吮乳房

Angela 的女兒早產出世。首兩三週她喜愛用「手指和飲管」吃奶，多過吸吮乳房。醫護人員鼓勵 Angela 多與 BB 肌膚相親，而且輔以頻密有效泵奶來調節奶量。1 個月後，BB 可以有效吸吮乳房了！

究竟從「不肯吮乳房」，到後來「有效吸吮」，Angela 是如何克服困難呢？

我的餵哺母乳之路，並不平坦。女兒 36 週早產剖腹出生，一出生即血糖低，被送往加護病房檢查，未能即時與她肌膚相親。儘管我努力餵母乳，但她的吸吮能力仍不太好，她寧願睡覺也不願吸吮乳房，後來甚至有些抗拒乳房呢！

幸好醫院的哺乳顧問給予我很多技術支援，包括用「手指 + 飲管」餵哺法，讓女兒學習張開嘴巴吃奶，2 個月內她逐步願意吸吮乳房了。不過，她每次願意吸吮乳房的時間很短，於是我漸漸以泵奶來取代埋身，但又擔心奶量不夠，最後決定向醫生請教。會面後我明白早產 BB 需要多一些時間學習吸吮乳房。而且發現我抱女兒的姿勢不太好，導致她吸吮不太有效。經過進一步的技術指導和勤加練習後，女兒的吸吮能力和我的奶量都得以提升。

其實我是抱著「俾得幾多得幾多」的心態，由粒粒皆辛苦地用針筒抽取幾毫升的母乳，到偶然有一餐能餵哺一半母乳，最後現在全日超過九成是餵哺母乳。

為何我面對這麼多困難仍然堅持下去？醫院的哺乳顧問告訴我，早產嬰兒體質較弱，很容易生病。這鞭策我要努力為她提供母乳，加強她的抵抗力。此外，由於我本身有很多敏感症，例如鼻敏感、濕疹、食物敏感等，故此我希望讓女兒多吃母乳，從而減低患敏感症的風險。現時她 7 個月大，感恩只是最近患過一次感冒，亦沒有出現敏感情況，我想我的努力沒有白費吧。再加上每次餵哺後，女兒會對著我甜笑，這是用什麼都不能換取的。而且我深信，當她加固後減少對奶量的需求，屆時我便不用補配方奶給她，可以做到 100% 母乳媽媽。

除了醫護人員的指導和鼓勵，一個在精神和行動上都無限支持我的丈夫也同樣重要。我的丈夫負責補奶、掃風、安撫女兒。而女兒的所有用品以至我的泵奶工具，全都是他做資料搜集和購買的。

最後，祝福各位媽媽在餵哺母乳方面，就算知難，最後亦行易！

2018 年 3 月 1 日

全奶粉 → 全母乳

3

Ariane 初為人母，BB 已 5 週大，是調奶期的尾聲了，為什麼還可以在短短 1 星期內，成功從全奶粉變成全母乳？看看以下 Ariane 的分享：

BB 自出世開始便喜歡不停吸吮，每次吃奶時間可達 2 至 4 小時，令我身心極度疲累。加上回健康院時，醫護人員建議先補奶粉以縮短餵哺時間，所以我很快已習慣餵母乳給 BB，然後即補奶粉。

在產後 3 個多星期時患上乳腺炎，加上有兒科醫生指 BB 體重增長不理想，當時我慌張地為 BB 轉了全奶粉，餵哺了差不多 1 個月。由於產前已讀了一些書，清楚知道母乳的好處，於是在餵奶粉的同時，亦保持每三小時泵奶一次，累得我想放棄餵母乳無數次。

令我決心繼續餵母乳的動力，是因為自己的工作環境，我長期在柬埔寨金邊生活，不時會到農村工作。若要在農村清洗消毒奶瓶，不但要帶備很多用品，也難以保證衛生質素。再想想村內所有媽媽都是全埋身母乳餵哺，嬰兒都沒有受外在衛生環境影響健康地成長，如果我拿著一大堆消毒奶瓶的工具到村內探訪，豈不是太「離地」嗎？

後來在 BB 約 5 週大時，醫生看過我和 BB 的情況，沒想過她告訴我有「全母乳的潛能」！於是我便鼓起勇氣，嘗試轉為全埋身餵哺。最初 BB 好像忘記了如何吸吮似的，在我乳房上掙扎不斷。幸好 BB

的學習能力很強，反覆努力多次後，終於順利餵哺了。我相信只要
不放棄，密密餵，BB 也可以重新學習埋身吸吮的。

分析「成功減奶粉」的要訣：

1. 最關鍵是 Ariane 在調奶期仍頻密泵奶，以保持某程度的奶量。若
   她只補奶粉而沒有泵奶，奶量便較難回升了。在 BB 未學懂有效吸
   吮或需要補奶粉時，泵奶是邁向全母乳的「踏腳石」，EBM as a
   bridge。

   調奶期是寶寶出生後首 3 至 5 週，調升奶量的黃金時間是首 2 週。
   頻密而有效出奶會調高奶量，多補奶粉會調低奶量。若太遲減奶
   粉，奶量末必可回升至全母乳。建議盡早求助。

2. Ariane 的 BB 雖然離開乳房數星期，對吸吮乳房仍然有興趣，這
   是個人潛能，也是個人喜好！Nipple preference，這點很難解釋
   啊！

3. Ariane 將要回農村工作，對減奶粉堅定的決心令她排除萬難，向目
   標進發。

4. 醫護人員及時的評估、指導和鼓勵增強 Ariane 的信心。

從全奶粉轉到全母乳的速度有快有慢，很多因素影響成敗。有媽媽 1
天便成功，但平均需時 2 週。即使不能全母乳，有些母乳總好過零母
乳吧。各位媽媽和 BB，加油呀！

2018 年 6 月 20 日

4 無懼黃疸，成功哺乳

新生嬰兒黃疸很常見，雖然甚少出現不良影響，但有些媽媽卻因寶寶入院照燈而對母乳卻步，甚至全然轉為奶粉。Jasmin 卻能勇敢面對、衝破困難，最後成功埋身全母乳餵哺小兒子，直至 3 歲自然離乳。她和 BB 好叻叻！

Jasmin 的分享：

> 還記得小兒初初不懂吸吮乳房，出院第二天發現黃疸指數甚高，須入院照燈。照燈避免了嚴重黃疸對身體帶來的傷害，可是入院後卻被餵哺奶粉，令我心情很低落。

> 出院後，小兒開始懂得吸吮，很開心，我便決意全埋身。沒想到覆檢時體重升幅不理想，黃疸又不退。當時醫生沒有叫我補奶粉，反而鼓勵我繼續試埋身。經過 1 星期的努力，小兒體重大幅上升，黃疸亦退了很多。真的很欣慰！

> 在我經歷「黃疸高、體重降」的難關時，慶幸遇上支持母乳的醫護人員。除了給予技術支援外，最重要是給我信心去衝破困難。

2018 年 9 月 1 日

回奶了 → 再上奶
（Relactation）

Charlene 產後不久，經歷多次塞奶、乳腺炎及乳腺膿腫，進行五次刺針抽膿之後，膿腫仍在，過程痛苦非常。BB 當時只有個半月大，最後忍痛吃回奶藥回奶！1 個月後，Charlene 毅然決定再上奶，但 BB 不肯吸吮乳房。於是努力泵奶並配合催乳藥，結果成功再上奶，還達至全母乳呢！萬分佩服她再上奶的勇氣和決心！

從回奶到再上奶，Charlene 內心充滿掙扎，但她仍勇往直前，皆因明白 2 個半月大的女兒仍然需要母乳！現在女兒已 10 個月大，母乳加固體，健康活潑！

Charlene's story proves that relactation is possible! Thanks for her truly sharing:

I had more than enough breast milk which was a blessing as well as a curse for me. I kept getting blocked ducts, 2 bouts of mastitis and eventually a large breast abscess. Hot burning boobs that felt like being cut by a thousand tiny pieces of glass from inside out accompanied by high fever, 5 times of pus aspiration by needle and many antibiotics...it was like a never-

ending nightmare! Finally, my breast surgeon suggested me to take medication to stop milk production at all. ☹

5 days' medication stopped all the milk production and the infection finally resolved 4 weeks later. However, I was so upset because I could not provide my precious "gift" to my baby who was only 2.5 months old at that time! Am I able to relactate?

I saw many different doctors and lactation specialists. All of them told me to stop breastfeeding, particularly my breast surgeon who was so annoyed with me for being so "stubborn and adamant" to breastfeed. Luckily the last doctor I saw encouraged me to relactate and support me throughout the process. It was a huge struggling for me because I was so scared of having breast abscess again! The doctor discussed with me upon the pros and cons of relactation and ways to prevent recurrent breast infection. With the help of medication, I decided to relactate after stopping for a month.

My baby is 10 months old now and I am able to pump around 500ml of my milk for her daily. And I have also carefully frozen milk for her over the last 6 months. I am very happy with my progress so far and I hope to be able to reach my breastfeeding goal till my baby is 2 to 3 years of age. ☺

2018 年 10 月 20 日

埋身後「泵清」
——是禍是福？

6

首 3 至 5 週是黃金調奶期，頻密及有效出奶會調升奶量。如果埋身吸吮欠佳，埋身後泵奶是需要的，以調升奶量。如寶寶吸吮已經非常有效，埋身後再泵奶就會過分調升奶量，造成奶量過多。乳房以為媽媽生了雙胞胎呢！

有效吸吮指的是吸吮後 BB 滿意、乳房柔軟了、大小便足夠、體重好。如對吸吮是否有效有懷疑，建議尋求母乳指導。

結論：須先診斷吸吮是否有效，才決定是否需要埋身後泵奶。不能盲目地請所有媽媽埋身後「泵清」啊！

Diane 以母乳餵哺 4 歲的女兒及歲半的兒子：

> 大女兒一直全母乳，埋身也算有經驗，況且看過一些書，知道有效頻密出奶可以調升奶量。弟弟出世後，我很勤力餵，他又吸吮叻叻，所以，從沒擔心過不夠奶。

> 陪月來到，怕我奶量不夠，便著我每餐餵完後要泵清。本著「聽話」和「儲點奶」的原因，我連續幾天都泵清了。結果產後第十天，奶量多於弟弟需求——我塞奶了！高燒至 40 度，可幸有大女兒幫忙吸吮，才把塞奶吮通。

> 從此以後，我堅持己見，為求供求平衡，不再額外泵奶了！

註：乳房不存在「泵清」的可能性。詳見第 4.11 篇。

2019 年 5 月 11 日

塞奶乳腺炎復發四次

Nicole 的分享：

我是育有兩位小朋友的媽媽，大兒子 3 歲，小女兒 5 個月大！兩胎都是全母乳，第一胎大兒子試過一次塞奶經驗，試過很多方法後，最後靠我先生幫忙吸吮，乳汁才流通，之後餵到 2 歲，很順暢！

從沒想過餵第二胎是這樣辛苦！妹妹 3 個月大開始我便反覆塞奶，還要 2 個月內塞四次！這四次乳線炎嚴重影響我的生活、工作以及走母乳路的意志，甚至有自殺的念頭（母嬰健康院懷疑我有產後抑鬱）。這段時間我覺得好無助、好辛苦！不甘心就此放棄，但又看不見出路！

個半月前，第一次被診斷為急性乳線炎，半小時內乳房紅腫痛及發燒發冷，要救護車送入醫院，吃了抗生素 1 星期後出院！心想：「大兒子都試過一次……應該泵通番便無事吧！」

怎知 2 星期後再次患上乳線炎！今次不用叫救護車，我發著燒前往母嬰健康院，但最後都被轉介入院。留院時醫生即幫我吊鹽水及注射抗生素。留院 1 星期期間，醫生都覺得我很面熟，詢問我是否之前曾入過院……好可惜出院時，我也不知道為何會經歷兩次乳線炎！

其實發燒發冷我都不怕，我最怕的是有膿瘡要做手術。我又開始擔心復工後若再塞奶怎麼辦呢？會不會不夠奶要補奶粉呢？

出院 1 個月後，第三次乳線炎又上門找我了！今次塞的範圍有四分一個乳房，非常痛！經陪月介紹下看了醫生，在 1 小時多的診斷中，醫生為我找到可能導致乳線炎的兩個原因。第一，我的奶量太多（餵大兒子的奶量只是剛剛足夠，但妹妹的奶量是每泵最少300 毫升）。第二，我有真菌增生的高危因素，包括陰道有 B 型鏈球菌，生產時打了抗生素，及初餵母乳時，BB 含乳不正確弄損兩邊乳頭。

經醫生詳細分析我的生活習慣、病歷、檢查身體、泵奶方法等後，最後我須服食抗生素及抗真菌藥去治療復發性乳腺炎。當我離開診所時，我的確因尋找到成因而變得正面，更燃起我繼續走母乳路的火熱及意志！

怎料，1 星期後，我竟然經歷第四次乳線炎。當妹妹埋身時，有一刻痛了一下，有豐富乳線炎經驗的我知道今次又出事了！為什麼我正服用抗生素及抗真菌藥都出事呢？當天我十分沮喪，立即吃了兩粒消炎藥，發著燒上班，下午立即請假看醫生！她幫我做了超聲波治療及加藥，再聽我哭著哀求她幫助我放棄餵母乳等等。醫生再一次詳細地解釋，就算暫停餵哺母乳都需要完成治療後再慢慢停，再跟我討論現況，讓我感受到「路不只是我一個人走」。我答應不放棄！

完成共 5 星期的藥物治療後，乳線炎沒再復發了，我亦找到自己有效的泵奶方法，重拾信心，繼續母乳路！希望有類似情況的媽媽及早找到問題根源及找到專業人士幫忙解決問題！

2019 年 7 月 3 日

乳房痛，有得醫

乳房痛有很多原因，經有系統的臨床診斷，排除了其他原因後，有些媽媽診斷為乳管發炎，可以是真菌或細菌感染。這些菌在正常人身上都存在，藥物不會完全消滅真菌，但能夠把它控制至病徵全消。治療須要無比耐性，治療期最少 2 週。看看 Wendy 如何克服乳管發炎：

真菌，一個令母乳媽媽聽到便會打冷震的詞語！一直以來，我以為保持乾爽就一定能避得過。千算萬算，只因為 BB 出牙，被她咬了一口，結果出現小傷口，亦令我感染了真菌。開始時，我跟一般的母乳媽媽一樣使用羊脂膏及搽人奶，但久久都不能令傷口癒合，而且乳房疼痛，很不好受。

我去看了醫生，經過診斷之後，我真的受到真菌感染。塗了 2 星期藥膏後，都不能止痛，所以加了口服抗真菌藥物。痛楚真的慢慢減少了，但乳頭裂痕及小傷口始終仍在。心想明明 BB 嘴形不錯，又沒有咬乳頭，甚至後來已沒有埋身……為什麼乳頭還不停損裂呢？

在這段黑暗的日子，我想過放棄，連奶粉都選擇好了。醫生了解後，她相信我除了受到真菌感染之外，很大機會還有細菌令乳腺發炎，所以令乳頭經常出現傷口。經過口服 1 個多月的抗生素，終於……終於……完全康復了。

這次感染需要差不多 3 個月才完全康復，當中除了口服藥物及塗藥膏外，我還加了益生菌及葡萄柚籽精華（grape seed extract）及少吃甜，都能協助加快康復。

慢性真菌或細菌感染是人奶路的「小」波折，但只要有適當的診斷和治療，就一定一定會好。

2019 年 8 月 17 日

目錄

第 3 章

誰是你的後盾

第 4 章

實戰篇

第 8 章

嬰兒問題篇

第1章

十五十六、如何選擇？

1.1

首千日經驗及營養奠定一生

古語有云「三歲定八十」，此話原來有科學理據啊！各方研究指，早期的腦部發育為日後的健康、學習和行為各方面發展奠定重要基礎。有人更形容生命首 1000 日（從受孕起至出生首 2 年）的營養和經驗對腦部及身心各方面的發展，有著一生深遠的影響，包括：生長指數、慢性疾病、智商、學習能力、情緒、社交、經濟生產等。雖然起跑線在懷孕期開始，但重點不是要提早幫孩子報讀幼稚園！而是有其他更重要的事情須要做。

早期營養奠定腦部結構

早期腦部發展需要足夠的營養，尤其蛋白質、多元不飽和脂肪酸、鐵、鋅、碘、葉酸、銅等。不過，營養不是愈多愈好！營養過盛引致肥胖症，對腦部及身心各方面的發展也有長遠的負面影響。

早期經驗奠定腦部結構

腦部和神經系統的發展指神經細胞的數目增多，以及神經細胞之間發射和接收信號形成的聯繫網絡增多。腦部發展於首數年最迅速，哈佛

大學[1]形容，首數年的腦部每秒鐘形成超過100萬個新的神經網絡。早期經驗及外界刺激可促進神經網絡的發展。研究發現腦部發育是按部就班的，不同功能區在不同年紀發展。基礎的功能是之後較複雜功能的基石。基礎的感官功能如聽覺、觸覺及視覺於首6個月發展最快，約5歲完成；然後是語言，於首年發展最快，約6歲完成；最後是較複雜的認知功能、邏輯思考和自我控制，於1歲後發展最快，約十多歲才完成。

早期經驗「修剪」腦部發展

早期經驗及外界刺激會強化常用的腦細胞和神經網絡；不常用的會被淘汰或「修剪」（prune）。經「修剪」的腦部運作得更好。嬰兒在日常生活中，藉啼哭、面部表情、動作或發出聲音與人溝通，照顧者若察覺到，並以相似的聲音或動作回應寶寶，就是有來有往的溝通（serve and return），好像打球來回接球一樣（圖1.1.1）。不要以為初生寶寶

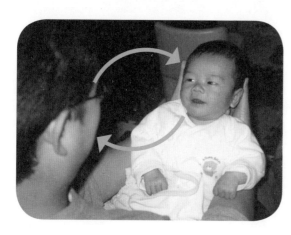

圖 1.1.1
筆者的老二7週大，與爸爸互動溝通。

1　Center on the Developing Child, Harvard University. (2007). The science of early childhood development (InBrief). Retrieved from https://developingchild.harvard.edu/resources/inbrief-science-of-ecd/

什麼也不懂，其實他懂得模仿。例如：父母對著他伸出舌頭，他會跟著伸出舌頭呢！這是很有趣的玩意，不但有助「修剪」腦部發展，彼此還能建立穩固互信的關係，從而幫助寶寶日後社交及抗逆能力的發展。

與孩子建立互愛互動關係，始於懷孕

懷孕約 20 週起，胎兒開始感應周圍的聲音，媽媽也開始感應到胎動。筆者鼓勵父母及兄姊多與胎兒溝通，如輕撫媽媽肚子、與他談話、給他聽音樂。寶寶出生後，與他肌膚相親、哄他、抱他、與他談話；細心觀察及解讀寶寶發出的各種信號，因應寶寶的年齡及發育程度作適時恰當的回應。這育兒法稱為「順應養育」或「回應式養育」（responsive parenting），這方式能促進寶寶發展認知能力和心理行為。

「順應養育」的四個元素：

1. 照顧者提供適合的環境，有利與孩子溝通。
2. 孩子以表情、動作或聲音，發出信號。
3. 照顧者細心觀察及解讀寶寶發出的各種信號，因應寶寶的年齡及發育程度作適時恰當的回應。
4. 孩子接收他預期的反應。

初生寶寶雖不懂說話，但他會用表情、動作和聲音去表達他的需要。曾有學者[2] 把初生嬰兒的活動狀態分為六種（圖 1.1.2 至圖 1.1.7）。

2　Brazelton, T. B. (1984). *Neonatal behavioural assessment scale* (2nd ed., pp. 17–20). Philadelphia: J. B. Lippincott Co.

筆者建議家長細心觀察寶寶的動態，猜一猜寶寶需要什麼，然後適時回應。猜對了，恭喜你！猜錯了，也不用氣餒，繼續努力吧！初生寶寶哭鬧也是表達方法之一，快快回應不會寵壞他，反可增強他的安全感，及幫助建立互信的關係。

圖 1.1.2
筆者的老二 17 日大，正在淺睡，身體及四肢正活動。

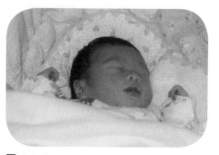

圖 1.1.3
筆者的老二 3 日大，正在熟睡，勉強叫醒他吃奶也不會吃得好。

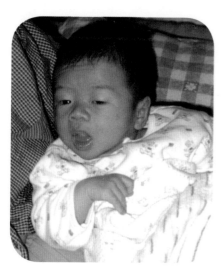

圖 1.1.4
筆者的老二 5 日大，有倦意，適宜睡覺。

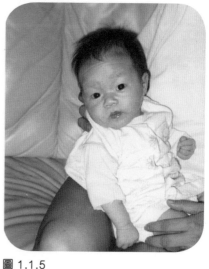

圖 1.1.5
筆者的老大 1 個月大，清醒而安靜，適宜與她交談。

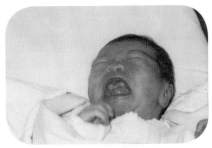

圖 1.1.6
筆者的老大 2 個月大，清醒而活
躍，手舞足蹈，適宜與她交談、玩
耍。

圖 1.1.7
筆者老二出生當天，正在哭鬧，可代
表極為肚餓、過度疲倦、尿片濕、太
熱、太冷、生病或沒有原因。

在這框架下發展出來的嬰幼兒餵哺模式，稱為「順應餵養」或「回應式餵養」（responsive feeding）。家長須觀察、解讀及回應寶寶的飽餓信號。順應餵哺母乳，詳見第 4.8 篇。順應加固，詳見第 4.21 篇。順應奶瓶餵哺，詳見第 10.7 篇。

早期嚴重壓力破壞腦部發育

早期負面經驗、嚴重壓力（toxic stress）或長期處於逆境，如極度貧窮、家庭暴力、母親嚴重情緒問題、虐待、疏忽照顧、父母濫藥等，令壓力荷爾蒙長期飆升，便會破壞正在發育中的腦部，對日後身體、精神、行為及學習產生長遠的不良影響。

母乳餵哺助腦部發育，從兩方面理解

2016 年 *The Lancet* [3] 的綜合分析指，不論窮富，母乳寶寶的智商比從沒吃過母乳的寶寶平均高 3 分，為什麼？首先，母乳包含天然多元不飽和脂肪酸（如 DHA、AA），有助腦部發育。關於母乳和奶粉的成分，詳見第 1.2 篇。

此外，在餵哺母乳的過程中，母嬰雙方肌膚相親和自然流露的互動溝通（圖 1.1.8），有助強化和「修剪」腦部發展，還能建立親密互信的關係，詳見第 1.6 及 4.8 篇。母嬰肌膚相親不是吃母乳寶寶的專利，吃奶粉的寶寶也可以享受。筆者常常提醒奶瓶餵哺者，須找機會與孩子互動溝通，詳見第 10.7 篇。

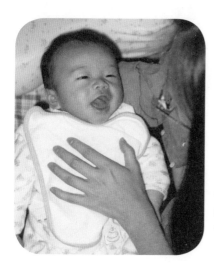

圖 1.1.8
筆者的老二 7 週大，餵哺
前後與筆者互動溝通。

3   Victoria, C. G., et al. (2016). Breastfeeding in the 21st century: Epidemiology, mechanisms, and lifelong effect. *The Lancet, 387*(10017), 475–490.

第1章 ● 十五十六，如何選擇？

母乳餵哺的多重意義

母乳餵哺（breast-feeding）包含多重意義。除了以上所述，吸吮乳房的動作有別於奶瓶餵哺，詳見第 1.3、4.7、8.9 及 9.4 篇。這是很多媽媽（包括筆者）堅持讓孩子透過吸吮乳房吃母乳而不選擇做「全泵媽媽」的原因，詳見第 4.19 篇。

為什麼寶寶需要母乳？

初生寶寶身體未成熟——母乳完美的配合

小象出生時，身體已很成熟，出生後不久便能站立和走路，跟隨媽媽到處走，也能隨時吃奶（圖 1.2.1）。人類卻截然不同，出生時身體各方面，包括腦部、視力、腸臟、免疫系統等都尚未成熟，需要頗長年日才長大成人。母乳的成分及哺乳方式能填補寶寶的不足，促進身心發展。本篇重點分析母乳及奶粉的不同成分（抗病、促進器官發育、消化吸收營養、軟化大便、抗癌），詳見表 1.2.1。

圖 1.2.1
小象出生時身體已很成熟，跟隨象媽媽到處走，隨時吃奶。

首 2 至 3 年免疫系統未成熟

母乳從三方面幫助免疫系統的發展:

1. 直接消滅有害微生物:除了抗體、白血球和溶菌酶,母乳還含有多種抗病的物質如乳鐵傳遞蛋白和過百種低聚糖等,消滅細菌、病毒及寄生蟲。
2. 抗炎作用:不像抗生素般好壞菌通殺,在消滅害菌的過程,母乳裡的酶、細胞因子、前列腺素可防止正常細胞被破壞。
3. 增強自身免疫系統的發育。

以下的《母乳打油詩》從免疫系統的角度概括了為何寶寶最少需要母乳 2 年:

《母乳打油詩》(寫於 2011 年 3 月 12 日)

補救 BB 嘅不足,
需要母乳兩三年。
大家要知道點解,
記住口訣 360。

2 至 3 歲先成熟,
儲備只夠 6 個月。
可惜奶粉 0 抗體,
滴滴母乳抗體多。

打油詩的含意:

1. 幼兒的免疫能力大約 2 至 3 歲才成熟,從母乳吸收到的抗體能補救身體的不足(圖 1.2.2)。

2. 寶寶出生前從母體吸收的抗體只足夠維持出生後約 6 個月,6 個月至 2 歲是「抗體空窗期」,須要倚靠母乳繼續提供抗體;否則寶寶較易生病。

3. 奶粉與母乳最大的分別是奶粉缺乏抗病的成分,現今仍未有奶粉生產商能成功製造抗體、活細胞等。

兩歲前有啲人奶食係著數啲!

圖 1.2.2

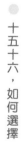

腦部及視覺神經未成熟

如第 1.1 篇所述，初生嬰兒的腦部及視覺神經未成熟，需要母乳的天然多元不飽和脂肪酸，包括 DHA、AA 等促進發展。關於加入營養添加劑的配方奶為何無助嬰幼兒生長及發展，詳見第 10.2 篇。

腸臟、呼吸道、神經系統未成熟

母乳含多種生長因子，促進身體器官發育。此外，母乳的抗體覆蓋未成熟的腸臟，猶如一層保護膜，減少有害物質入侵。

消化系統未成熟

母乳內的營養，包括脂肪和較高比例的乳清蛋白（whey protein），較易被幼兒消化和吸收。此外，母乳所含的酶、荷爾蒙和核苷酸可以幫助寶寶消化養分。

母乳充滿水分

正如我們要吃飯要喝水一樣，寶寶也會口渴，需要補充水分，尤其在炎炎夏日，寶寶很需要母乳內的水分來解渴呢！當寶寶只吸吮數分鐘時，可能他只是口渴而非肚餓。正因為母乳中含有超過八成水分，即使天氣炎熱、乾燥，或者寶寶發高燒，初生首 6 個月大而全吃母乳的寶寶也不用額外喝水。詳見第 5.2 篇。

表 1.2.1：母乳與奶粉的成分大比併[1]

功用	成分	母乳	奶粉
抗病：直接消滅細菌、病毒、寄生蟲等	抗體、白血球、溶菌酶（lysozyme）、乳鐵傳遞蛋白（lactoferrin）、天然低聚糖（oligosaccharide）等	✓	x^2
抗炎：在消滅害菌的過程中，防止正常細胞被破壞	酶、細胞因子（cytokine）、前列腺素（prostaglandin）	✓	✗
增強免疫系統的發育、提高對疫苗接種的反應、促進益菌生長	細胞因子、免疫調節因子（immunomodulator）、核苷酸（nucleotide）、天然益生菌	✓	✗
促進腦部及視覺神經發育	天然多元不飽和脂肪酸（long-chain polyunsaturated fatty acids，簡稱LCPUFAs），包括DHA、AA 等	✓	x^3
促進肝臟及視覺神經發育	牛磺酸（taurine）	✓	✓ 或 ✗
促進腸臟、呼吸道、神經系統發育	生長因子（growth factor）	✓	✗
消化營養	酶、荷爾蒙	✓	✗
加快吸收鐵質	核苷酸	✓	✓ 或 ✗
軟化大便	天然低聚糖、超過八成水分	✓	x^4
抗癌	HAMLET (human alpha-lactalbumin made lethal to tumour cells)	✓	✗

1　Walker, M. (2014). B*reastfeeding management for the clinician: Using the evidence* (3rd ed., pp. 18–42). Burlington: Jones and Bartlett Learning.
2　有些有添加「牛」乳鐵傳遞蛋白。
3　有些有添加「人造」多元不飽和脂肪酸。
4　有些有添加「人造」低聚糖。

第1章　●　十五十六，如何選擇？

百變的母乳

每種哺乳類動物的奶都含有不同成分，以配合每種動物的需要，人的母乳也是獨一無二的。而且，母乳具有生命力，成分會隨著多種因素而變化：

1. 母乳會因應寶寶出生時的週數而變化，足月和早產（即少於 37 週）寶寶吃到的母乳是不同的。詳見第 8.10 篇。

2. 母乳會因應寶寶的年齡而變化，上奶前跟上奶後的奶是不同的。初乳較多蛋白質、抗體和生長因子等。斷奶前的「回奶乳」又回復與初乳一樣，含有很多抗體。詳見第 2.2 及 4.23 篇。

3. 母乳的成分在一餐之內也有不同。前奶看來較稀和透明，因為水分和乳糖比例較高；後奶看來較白和濃度較高，因為脂肪比例較高。

4. 母乳的某些營養會因應媽媽的飲食而改變，包括奧米加-3（omega-3）脂肪酸含量、碘和水溶性維生素 B12。詳見第 6.1 篇。此外，嬰兒透過乳汁嚐到不同食物的味道，或許能令他日後較容易接受不同種類的固體食物。筆者三個孩子於 3 歲前都沒有偏食習慣。

5. 因應媽媽當時接觸的微生物（如病毒、細菌），淋巴系統製造針對性的抗體，藉著母乳運送給寶寶。*The Lancet* [5] 形容母乳是寶寶個人化的藥物（breastmilk-a personalized medicine）。

5　Victoria, C. G., et al. (2016). Breastfeeding in the 21st century: Epidemiology, mechanisms, and lifelong effect. *The Lancet, 387*(10017), 475–490.

有什麼成分是配方奶多過母乳？

基本上配方奶是仿效母乳的成分製成，所以奶粉擁有的營養成分，都可在母乳中找到。不過有些成分是奶粉較多，例如維生素 D、維生素 K、鐵、鈣、鋅、蛋白質。

母乳寶寶須靠媽媽及自己接觸陽光來吸收維生素 D。由於所有初生寶寶都會注射維生素 K，所以就算母乳內的維生素 K 較低，也沒有問題。奶粉內的鐵、鈣、鋅含量雖然較母乳高，不過較難被人體吸收。「多不等於最好」，過多鐵會促使有害細菌生長。各國對在奶粉內加入多少鐵才算合適仍未有一致標準。相反，母乳內的鐵、鈣、鋅水平雖然較低，但容易被人體吸收，足夠寶寶首 6 個月所需。有些較大嬰兒配方奶（即 2、3、4 號奶粉）是高蛋白配方，與嬰幼兒肥胖症不無關係。

使用配方奶的風險

1. 如前所述，配方奶缺乏幼兒成長必需的多種重要元素。
2. 配方奶並不是絕對無菌的製成品，可在製造、運送、儲存或沖調等過程中受細菌或異物污染。相信大家對 2008 年中國內地因奶粉含三聚氰胺而導致的「結石寶寶」事件記憶猶新吧！而在 2013 年 8 月 5 日，某新西蘭出產的奶粉被發現受肉毒桿菌污染。同類事件或會陸續有來。

3. 若不正確沖調配方奶，寶寶的身體和成長會大受影響，例如過分稀釋的配方奶會造成寶寶營養不良。

4. 我們甚少懷疑奶粉的營養，但內地在 2003 至 2004 年間發生過因奶粉營養成分嚴重不足而導致的「大頭娃娃」事件。我們以為外國的大品牌擁有良好的信譽和完善的監管，事實上 2012 年 8 月 8 日有報道指某些奶粉的碘含量過低，2012 年 12 月 28 日亦有報道指某日本奶粉的生物素（biotin）含量過低。同類事件或會陸續有來。我們是否應該反省奶粉的營養甚至安全可有足夠的保障呢？

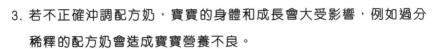

母乳也受污染？

現今全球幾乎處處受到污染，母乳也不例外。存在於空氣、泥土、水和食物中的二噁英（dioxin），是一種不易分解的持久性有機污染物，其中有些甚至含有致癌物質。二噁英在體液（包括母乳）中的水平能反映人體長年累月的吸收情況。香港大學及香港中文大學於 2002 年首次參與由世界衛生組織（World Health Organization, WHO）統籌的人體內二噁英水平的研究 [6]。該研究搜集了三百多個於香港分娩第一胎的婦女的母乳樣本，發現本港婦女體內的二噁英水平比歐洲的低，但相比亞洲其他國家及地區，本港的水平屬相等或稍微偏高。進食是人

6   Hedley, A. J., Wong, T. W., Hui, L. L., Malisch, R., & Nelson, E. A. (2006). Breast milk dioxins in Hong Kong and Pearl River Delta. *Environmental Health Perspectives, 114*(2), 202–208.

餵哺母乳，知易行難？（增訂版）

類吸入二噁英的主要途徑，佔整體量九成，其中以海產、肉類和奶類的二噁英含量較高。研究報告指出香港母乳並不含高水平的二噁英，母體中的二噁英主要源自懷孕時從胎盤傳送至胎兒，而非源自母乳。結論是母乳是安全的。

為什麼寶寶需要吸吮乳房？

寶寶吸吮乳房只為吃奶嗎？非也。當大家知道吸吮乳房與身體各部的關係後，就會明白奶瓶餵哺如何妨礙身體各部的正常發育。詳見第 8.9 篇。

吸吮乳房的五大目的

- 吃母乳：吸收熱量、營養、水分、抗體等。詳見第 1.2 篇。
- 調節食量：吸吮乳房是由寶寶主導食量，不會過多，也不會過少。
- 顎部「運動」：促進身體各部的正常運作和發育。
- 母嬰溝通好機會：母嬰雙方肌膚相親和自然流露的互動溝通，有助強化和「修剪」腦部發展，還能建立親密互信的關係。詳見第 1.1 及 1.6 篇。
- 「人肉」奶嘴：安撫入睡。

顎部「運動」助身體各部發育

1. 助「顎、面、頭部」正常發育

- 肌肉與骨相連，它們的生長是互相影響的。顎骨、面骨、頭顱的生長與顎部面部肌肉和牙齒的生長有連鎖關係。嬰幼兒的頭顱、面骨、顎骨在 4 歲前尚未成熟，首 4 歲對這些骨骼的生長最關鍵，而上顎的發展於首 1 歲最重要。上顎的形狀是被周圍軟組織的壓力效應而塑造出來的。吸吮乳房與這些身體發展又有何關係呢？吸吮乳房好像含著一個大麵包似的，當柔軟的乳房接觸到嬰幼兒的整個上顎時，這壓力效應會刺激顎骨生長得較寬闊，提供多些空間讓牙齒整齊排列，也減少牙齒咬合不正（如哨牙）。上顎正常向橫生長有助保持鼻腔暢通，從而鼓勵嬰幼兒用鼻呼吸，空氣經過鼻咽時會先被暖化、加濕和過濾，然後進入肺部，較用口呼吸健康。
- 顎骨生長正常使面骨和頭顱也正常生長。
- 吸吮乳房能鍛煉嬰幼兒的嚼肌和下顎肌，對日後咀嚼固體食物和說話發音有幫助。

2. 保持正常血液含氧量

吸吮乳房、吞奶和呼吸是很協調和有節奏的動作，對心肺功能較健康，幫助保持正常的血液含氧量。

3. 平衡中耳氣壓

咽鼓管連接中耳及鼻咽，在吞嚥、咀嚼、打呵欠時，咽鼓管會打開，目的是平衡中耳和外界的氣壓。另一功用是將中耳的分泌物帶到鼻咽，避免分泌物於中耳積聚並滋生細菌。嬰兒的咽鼓管較短、窄和橫向，較易積聚分泌物。若碰上上呼吸道感染，便較易引發中耳炎。吸吮乳房有助保持咽鼓管的正常運作。

「人肉」奶嘴

吸吮是與生俱來的動作。當胎兒仍住在媽媽的身體裡，從第 18 至 24 週開始便有吸吮反射，有時媽媽從超聲波圖像上也會見到胎兒吮手指。因此，即使初生寶寶的吸吮能力很好又已吸吮足夠的母乳，吸吮速度減慢，嘴巴只是微微張開時，有時他仍會保持著又慢又淺的吸吮，直至睡著為止。我們稱這些非有效吸吮為「非養分性吸吮」（non-nutritive suckling），主要是滿足寶寶心理的需要及安撫入睡。

當初生寶寶腦部仍未成熟、尚未能分辨日與夜、尚未懂得自行入睡時（尤其是首 1 個月），這些「非養分性吸吮」是無可避免的。筆者常常對提問的媽媽說：「請你原諒孩子吧，你有時可能需要充當孩子的『人肉奶嘴』。不過你可放心，當孩子約 3 個月大後，開始有自我安慰的能力，依賴吸吮乳房哄入睡的情況會漸漸減少。」但假如寶寶每天大部分時間都維持這些淺的吸吮，可能代表寶寶吸吮乏效或媽媽的奶量低，宜尋找專業評估及指導了。

「乳房」與「奶瓶」天淵之別

相對來說，寶寶吸吮奶瓶比吸吮乳房所需的技巧較少，但對寶寶的壞處比好處多，下表簡單列出兩者的比較，詳見第 8.9 篇。

表 1.3.1：吸吮乳房與吸吮奶瓶的比較

	吸吮乳房	吸吮奶瓶
所需技巧	較多	較少
所需學習時間	平均 3 至 5 週內	數天內
食量控制	寶寶主導	餵哺者主導
顎、面、頭顱骨的正常發育	促進	妨礙
牙齒咬合不正（如哨牙）的機會	較少	較多
鍛煉嚼肌和下顎肌的機會	較多	較少
協調吞奶和呼吸	較理想	較欠佳
肚風	較少	較多
中耳炎	較少	較多
餵哺時母嬰的互動溝通	通常較多	可能較少
互動溝通幫助腦部發育	通常較多	可能較少

餵哺母乳給寶寶的好處

綜合母乳的成分及吸吮乳房的模式,本篇主要以統計數字,證明餵哺母乳對寶寶的好處是有醫學數據支持的。這包括發展中及已發展國家,全母乳或部分母乳。數據分析包括死亡率、急性疾病和慢性疾病。

減嬰兒死亡率,不止見於落後國家

有研究報告指出,餵哺母乳能有效減低發展中國家的嬰兒死亡率[1],尤其感染疾病(減低41%)[2]。於是不少人或有這樣的想法:「母乳的好處只在落後的發展中國家較為奏效,因為那裡衛生環境欠佳,又欠缺清潔的水源來沖調奶粉,所以感染疾病的風險自然較高;對於衛生環境理想的已發展國家來說,即使不餵哺母乳也不打緊吧!有清潔的食水來沖調奶粉又怎會增加感染的機會呢?」但根據 2007 年美國一個大型的綜合研究[3],在已發展國家,餵哺母乳可減低嬰兒猝死症及壞死性小腸結腸炎,所以可減低嬰兒死亡率(表 1.4.1)。2012 年,世界衛生大會訂下全球目標,若在 2025 年,持續以全母乳餵哺 6 個月的比率升至 50%,

---

1   Jones, G., Steketee, R. W., Black, R. E., Bhutta, Z. A., & Morris, S. S. (2003). How many child deaths can we prevent this year? *The Lancet, 362*(9377), 65–71.

2   Victoria, C. G., et al. (2016). Breastfeeding in the 21st century: Epidemiology, mechanisms, and lifelong effect. *The Lancet, 387*, 475–490.

3   Ip, S., et al. (2007). Breastfeeding and maternal and infant health outcomes in developed countries. *Evidence Reports/ Technology Assessments, 153*(153), 1–186.

不論窮富地區，預計每年 5 歲以下兒童的死亡個案減少 823,000 宗。

表 1.4.1：餵哺母乳減低嬰兒死亡率

疾病	餵母乳而減低的死亡率	研究地區
感染疾病	41%	低及中收入國家
嬰兒猝死症	36%	高收入國家
壞死性小腸結腸炎	58%	高收入國家

全餵母乳 6 個月最安全

母乳的成分足夠初生嬰兒首 6 個月的一切所需，不用加添其他食物。母乳的抗體會覆蓋未成熟的腸臟（甚至呼吸道），猶如塗上一層保護膜，減少有害物質入侵。因此全以母乳餵哺 6 個月是最安全的。外國及本港的研究均發現，全餵母乳數月，能減低嬰兒患急性中耳炎、腸胃及呼吸道感染的比率，關於本港數字，詳見表 1.4.2。

表 1.4.2：全餵母乳對香港嬰兒的好處

疾病	全餵母乳 2 個月或以上減低到門診求醫比率 [4]（0 至 9 個月大嬰兒）	全餵母乳 3 個月或以上減低入院比率 [5]（0 至 6 個月大嬰兒）
腸胃感染	32% – 42%	49%
呼吸道感染	35% – 38%	36%

4　Leung, G. M., Lam, T. H., Ho, L. M., & Lau, Y. L. (2005). Health consequences of breast-feeding: Doctors' visits and hospitalizations during the first 18 months of life in Hong Kong Chinese infants. *Epidemiology, 16*(3), 328–335.

5　Tarrant, M., Kwok, M. K., Lam, T. H., Leung, G. M., & Schooling, C. M. (2010). Breast-feeding and childhood hospitalizations for infections. *Epidemiology, 21*(6), 847–854.

餵一天，也有「著數」

如果媽媽對於能夠全餵母乳多久沒有信心，是否應乾脆從第一天就選擇以配方奶代替母乳呢？雖然母乳餵哺的比例愈高和日子愈長，對寶寶的好處累積得愈多，但曾餵過總比完全沒有餵過好，餵多一天又總比餵少一天好！英語有謂「every day counts」。見表 1.4.3 及表 1.4.4。

為什麼餵哺母乳增智商？

母乳的成分，包括天然多元不飽和脂肪酸（如 DHA、AA），以及在餵哺母乳的過程中，母嬰雙方肌膚相親和自然流露的互動溝通，有助強化和「修剪」腦部發展，詳見第 1.1 篇。

表 1.4.3：餵哺母乳對孩子的好處[6]

疾病／身體狀況	餵母乳而減低的病發率／機率	研究地區
急性中耳炎（2 歲以下）	33%	高收入國家
牙齒咬合不正（如哨牙）	68%	低及中收入國家
智商	增加 3 分	不論窮富
異位性皮膚炎（濕疹）	沒有足夠證據	不論窮富
哮喘或喘鳴	沒有足夠證據	不論窮富

6　Victoria, C. G., et al. (2016: 475–490)

為什麼餵哺母乳能減少以下疾病或情況？

1. 肥胖症、二型糖尿病

   - 吸吮乳房是由寶寶主導食量的，不會過多，也不會過少。
   - 母乳的營養剛剛足夠寶寶所需且易吸收，有些配方奶的熱量和蛋白質含量可能過盛，特別是較大的嬰兒配方。
   - 母乳內和授乳媽媽的體內有種物質，稱為瘦蛋白（leptin），能提升胰島素的水平和降低血糖，而且令人有飽肚的感覺，有助控制食慾。

2. 牙齒咬合不正（如哨牙）。詳見第 1.3 篇。

3. 中耳炎

   - 吸吮乳房有助保持咽鼓管的正常運作。
   - 餵哺母乳減少呼吸道感染，連帶減少患上中耳炎的機會。

4. 敏感症

   - 吃母乳可避免嬰兒太早接觸潛在致敏原（如牛蛋白），所以有研究[7]指餵哺母乳可減少異位性皮膚炎（濕疹）或哮喘（或喘鳴）。但最新研究[8]卻顯示兩者關係未有足夠證據。甚至有學說指早些接觸潛在致敏原反而有機會減低敏感症的發病率呢！此課題未有一致結論。

5. 癌症

   - 九十年代起有研究指母乳內有一種乳蛋白（alpha-lactalbumin），與寶寶胃部內的油酸混合形成一種特別的物質，稱為 HAMLET（human alpha-lactalbumin made lethal to tumour cells）。這物質可能有抗癌功效，例如減低兒童患急性白血病的機會。期待有進一步研究。

7　Ip, S., et al. (2007: 1–186)
8　Victoria, C. G., et al. (2016: 475–490)

表 1.4.4：餵哺母乳對已發展國家的孩子之好處[9]

疾病	母乳和奶粉混合餵哺的時間	全餵母乳的時間	減低病發率
急性中耳炎	任何	---	23%
	---	3 個月以上	50%
腸胃感染	任何	---	64%
下呼吸道感染	---	4 個月或以上	72%
異位性皮膚炎（濕疹）（直系親屬有敏感症）	---	3 個月或以上	42%
異位性皮膚炎（濕疹）（直系親屬沒有敏感症）	---	3 個月或以上	27%
哮喘（直系親屬有哮喘）	3 個月或以上	---	40%
哮喘（直系親屬沒有哮喘）	3 個月或以上	---	27%
肥胖症	任何	---	7% – 24%
	每多 1 個月	---	4%
二型糖尿病	任何	---	39%
急性白血病	6 個月或以上	---	15% – 19%

9 • American Academy of Pediatrics. Breastfeeding and the use of human milk. *Pediatrics, 129*(3), 827–841.
   • Hoddinott, P., Tappin, D., & Wright, C. (2008). Clinical review on breastfeeding. *British Medical Journal, 336*, 881–887.
   • Ip, S., et al. (2007: 1–186)

餵哺母乳，知易行難？（增訂版）

1 歲以上的母乳，營養價值沒變

很多人或許以為母乳對於 1 歲以上的孩子而言是「零」營養價值，或者必須加添配方奶。其實，無論孩子年紀多大，母乳的營養和各種天然抗體仍然存在，改變的是孩子的需求及其進食的模式。1 至 2 歲的小孩每天約四成的熱量是從吃奶而來，約六成的熱量從其他固體食物中攝取。若他吃的是奶粉而不是母乳，他便吸收不到抗體等天然成分，也不能增強免疫能力了。

以筆者的孩子為例，大女兒 14 個月才首次生病。老三雖然同是吃母乳長大，但無奈受到哥哥姊姊的傳染，所以 1 歲前也試過生病，他在 9 個月大時患上肺炎，幸好不用住院。老二在 3 歲時也曾患上中耳炎。正面地想，若他們不吃母乳，可能患病的機會更多或更嚴重呢！事實是他們即使生病也很快康復。

寶寶超過 1 歲仍吃母乳增蛀牙？

有報告[10]指餵母乳（吃夜奶）超過 1 年，6 歲前乳齒蛀牙的機會增加 2 至 3 倍，主因是缺乏口腔清潔。

不過，總括而言，餵母乳超過 1 年的好處遠多於壞處，媽媽須確保寶寶保持良好的口腔衛生，便可減少蛀牙的機會。關於戒夜奶，詳見第 9.5 篇。

10 Victoria, C. G., et al. (2016: 475–490)

餵哺母乳給媽媽的好處

餵哺母乳除了對嬰兒有多種好處，給媽媽的好處也不少呢！

幫助產後復原

噴奶荷爾蒙（催產素，oxytocin）不但負責令乳汁流出，同時幫助產後子宮收縮，所以能減少產後大量出血和隨之而來的貧血。

快速消脂

母乳除了減少寶寶肥胖的機會外，媽媽也可較快回復懷孕前的體重。製造母乳每天消耗額外 700 千卡（kcal）熱量，當中的 200 千卡是從懷孕時身體已儲存的脂肪而來，所以餵母乳有助消脂。常常有人問筆者餵母乳要額外吃多少食物。其實，每天額外吸收 500 千卡熱量[1] 就足夠，這大約相等於兩個拳頭分量的白飯，絕對不須進食過多。當然最重要是注意飲食的均衡。詳見第 6.1 及 6.2 篇。

1　American Academy of Pediatrics. (2012). Breastfeeding and the use of human milk. *Pediatrics, 129*(3), 827–841.

減低患乳癌機會

30 年前，很偶然才聽到身邊有親友不幸罹患癌病，但近十年間罹患各種癌病的人數不斷增加，當中或許包括親人摯友。「防癌」遂成為近年全城熱門話題之一。說到「防癌」，不得不提餵哺母乳。為什麼？醫學上有說乳癌與雌激素的水平有關，而製造母乳的荷爾蒙——催乳素（prolactin）——會抑壓排卵，隨之減低雌激素的水平，所以，餵哺母乳有助減低患乳癌的機會。餵哺母乳的日子愈長，好處亦愈多。平均每餵哺母乳一年可減低 4.3% 患乳癌的風險，若餵哺幾個孩子，累積減低的風險便更多！2012 年，世界衛生大會訂下全球目標，若在 2025 年，持續以全母乳餵哺 6 個月的比率升至 50%，不論窮富地區，預計因患上乳癌而死亡的個案每年減少 20,000 宗。

重拾做媽媽的信心

對有長期病患，甚至是乳癌康復者的媽媽來說，餵母乳令媽媽覺得自己也是「正常人」，重拾自信。若寶寶早產或患病住院，媽媽可能覺得徬徨無助，很想找辦法幫寶寶治病但又不知道可以做什麼時，餵母乳可令媽媽覺得自己也能出一分力幫助寶寶。

表 1.5.1：餵哺母乳對已發展國家的媽媽之好處 [2]

疾病	餵母乳的累積時間 [3]	減低病發率
乳癌	12 個月或以上	28%
	每多 1 年	4.3%
卵巢癌	任何	21%
二型糖尿病 （沒有妊娠糖尿症）	每多 1 年	4%–12%
血壓高	12 至 23 個月	11%
血脂高	12 至 23 個月	19%
心血管病	12 至 23 個月	10%

2 • Hoddinott, P., Tappin, D., & Wright, C. (2008). Clinical review on breastfeeding. *British Medical Journal, 336*, 881–887.
  • Ip, S., et al. (2007). Breastfeeding and maternal and infant health outcomes in developed countries. *Evidence Reports/ Technology Assessments, 153*(153), 1–186.
  • Schwarz, E. B., et al. (2009). Duration of lactation and risk factors for maternal cardiovascular disease. *Obstetrics & Gynecology, 113*(5), 974–982.

3 累積＝多次餵母乳的總月數

建立親密互信關係

三件樂事

多年前有人問筆者，為何日間要上班，仍可與子女保持那份親密的關係呢？當時大女兒 3 歲、老二 9 個月大。筆者的回應是為大家創造「優質時間」（quality time）。對筆者來說，與 3 歲以下子女建立親密的關係，須抓住三大黃金機會：一、吸吮乳房吃母乳；二、替孩子洗澡；三、照顧孩子睡覺。孩子吸吮乳房時媽媽與孩子極之親密，感覺大家融為一體，無人能取代，所以筆者堅持放工後「埋身」餵哺。或許有人覺得小孩子不會對這些事情有記憶，但不少心理學家卻認同小朋友在這段時期與父母建立依附關係的重要性。現在筆者的孩子長大了，偶爾在交談中，他們還依稀有些小時候的零碎記憶呢！

一分耕耘，一分收穫

要建立良好的親子關係，必須投資時間和心力，缺一不可，這想法筆者和丈夫是一致的。孩子 3 歲前，無論日間是祖父母或家傭照顧三個孩子，筆者和丈夫都親力親為，下班後與孩子一同享受上述三件樂事。大女兒出生後，家中沒有聘請家傭，白天女兒交由祖父母照顧。

筆者下班後便到奶奶家接回女兒，回家後替她洗澡、餵母乳和哄她睡覺。筆者和丈夫堅持晚上親自照顧女兒，一來不想老人家辛苦，更重要的是爭取機會與孩子建立關係。親力親為雖然辛苦，而且須要付出不少時間和心力，但筆者與丈夫都很享受在過程中與孩子溝通和建立關係（圖 1.6.1），自覺不管付出多少也是值得的！在凌晨時分餵奶也是一項挑戰，通常丈夫會先起淋為孩子檢查是否須要換尿片，才交給筆者餵哺。他的支持對筆者有很大鼓勵呢！

老二出生後，雖然聘請了家傭，但筆者和丈夫繼續親力親為與孩子做這三件樂事。我們並沒有要求家傭晚上起淋照顧孩子，因為我們認為她晚上須有足夠休息，日間才能好好照顧孩子。曾聽過有些家長的心聲：晚上照顧孩子的責任全交給家傭，結果孩子與家傭的關係較媽媽更親密，媽媽因而不開心。與小孩子建立親密的關係是須要投資時間和心力的，試問世上哪有不勞而獲的東西呢？「一分耕耘，一分收穫」，投資多少就要視乎你期望得到多少回報。

圖 1.6.1
筆者的老大 6 個月大，與筆者互動溝通。

嬰兒餵哺——作知情決定

筆者相信所有父母都愛其子女，都想將最好的送給子女。不過，何謂「最好」，對每個家庭的定義可能不同。醫護人員有責任在嬰兒餵哺的事情上，協助父母作知情決定。知情決定不是「硬銷」，不是只強調好處，而是分析不同餵哺方式的特性及寶寶的需要，然後按父母的期望而作出決定。醫護人員須尊重媽媽的決定。1歲以下的寶寶若不飲用母乳，配方奶是唯一的母乳替代品。

如何作知情決定？

1. 首先須清楚了解嬰兒的身體狀況和需要。詳見第 1.1 至 1.6 篇。
2. 列舉所有選擇的優點和缺點，全母乳、部分母乳或全奶粉？吸吮乳房或擠奶泵奶？餵哺數日、數週、數月或數年？復工後仍繼續餵哺？
3. 寫下自己的期望。
4. 衡量實際的情況，包括自己、寶寶、家人、老闆等。
5. 最後評估可行性及作決定。

何時作知情決定？

媽媽在任何時候都可以作決定，包括寶寶出生後。筆者認為正計劃懷孕或懷孕期都是合適的時候，讓媽媽在寶寶出生前做好準備工夫，以增加成功哺乳的機會。懷孕 34 週前預備最理想，因為即使寶寶早產出生，媽媽也知道有什麼相應對策，而且，34 週後媽媽多忙於預備入院生產的事情，無暇閱讀嬰兒餵哺的資訊了。

觀點與角度──利弊兩面看

凡事總有兩面，視乎觀點與角度，餵哺母乳亦不例外。有人認為母乳很珍貴，因為有些成分是奶粉沒有的；但你也可把母乳視為很普通的東西：只不過是嬰兒的食物之一而已。「餵母乳」的特點可以看成好處，也可以看成弊處。例如有人覺得「餵母乳」很方便，可隨時隨地餵哺，跟寶寶上街時可不用帶備那麼多物品；但亦有媽媽覺得尷尬，擔心在公眾場所餵哺母乳時會惹來奇異目光。此外，有些媽媽或會覺得「餵母乳」很「黐身」，但也有不少媽媽覺得餵哺母乳時，與孩子之間的肌膚之親是無可取代的呢！

如何選擇視乎你的期望

吃奶粉的寶寶一樣可以很精靈。若你期望寶寶精靈及增重，那麼選擇奶粉就可以了。但若你的目標不僅如此，而是期望增強寶寶的免疫能力及進一步促進寶寶的腦部發展等，那麼你必須認真考慮選擇母乳，因為吃奶粉未必能達至同樣的效果。

香港媽媽餵哺母乳的情況

出院哺乳近九成

香港的政府醫院及私家醫院向衛生署呈報的數字[1]顯示,2018 年產後出院時餵哺母乳的比率高達 87.5%,與上世紀八十年代的 10% 至 20% 及九十年代的 20% 至 50% 相比,反映大部分人都知道餵母乳的好處,願意試餵母乳的人數也不斷上升。

三成全母乳 4 個月

衛生署的統計數字也顯示,2018 年,能持續餵母乳(包括補奶粉者)至 4 個月者只有 55.7%;至於能全餵母乳 4 個月者更只有 29.1%,表示大部分母親在 4 個月期間會補奶粉或選擇停止餵哺母乳。雖然持續全餵母乳的比率已逐年上升(表 1.7.1),但相比挪威、台灣和日本(超過 45%),比率仍然偏低。香港的爸爸媽媽和醫護人員,加油啊!

表 1.7.1:衛生署統計媽媽出院後餵哺母乳的情況

	2012 年	2018 年
出院時餵哺母乳的比率	85%	87.5%
持續餵母乳(包括補奶粉者)至 4 個月	44.3%	55.7%
全餵母乳 4 個月	19.1%	29.1%

1   Family Health Service, Department of Health. (2019). *Breastfeeding survey 2019*. Retrieved from https://www.fhs.gov.hk/english/archive/files/reports/BF_survey_2019.pdf

第 1 章 ● 十五十六,如何選擇?

產前預備

懷孕乳房增長

因為荷爾蒙的改變,絕大部分準媽媽的乳房體積於懷孕初期及中期(首 20 週)增大,代表乳腺增長,最明顯是最初 12 週,有些人甚至覺得脹痛呢!乳頭及乳暈的顏色會變深,在視覺上幫助寶寶尋找乳房;乳暈上有些輕微凸起的小粒,其實是皮脂腺(Montgomery's glands)。關於皮脂腺分泌物的作用,詳見第 4.2 篇。在懷孕及授乳期,皮脂腺會稍為增大,不要誤以為是生瘡。此外,懷孕時荷爾蒙的變化會增加乳房組織的彈性和柔軟度,目的是讓寶寶能有效地吸吮乳房。

從懷孕中期(約第 20 週)起,身體便會開始製造少量初乳儲存在乳房裡。

懷孕期無需按摩乳房。就算乳頭扁平或凹陷,也無須刻意搓弄乳頭或試圖把凹陷的乳頭吸出來,因為這樣不但對餵哺母乳沒有幫助,甚至會令乳房受損,結果得不償失。乳頭扁平或凹陷的媽媽,產後只要配合適當的餵哺姿勢等方法(詳見第 7.1 篇),一樣有機會成功餵哺母乳。

選擇合適胸圍

由於在懷孕期間乳房會脹大，所以媽媽應選擇大小適中的胸圍，質料應以全棉為佳。授乳期宜選擇可用單手解除和扣上的胸圍（圖 1.8.1）以方便餵哺。宜選用無鐵線及不太緊的胸圍，以預防乳管閉塞。

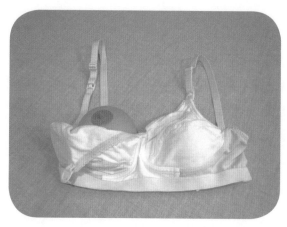

圖 1.8.1
可以用單手解除和扣上的胸圍方便餵哺母乳，胸圍無鐵線可預防乳管閉塞。

擇日剖腹與自然分娩，如何選擇？

有人害怕自然分娩的十級痛楚，所以選擇剖腹分娩；但亦有人崇尚自然，絕不接受剖腹。究竟媽媽應如何選擇？剖腹分娩應該是醫生因應母親和胎兒的身體情況而作的決定，因此必須與醫生商討。在考慮分娩方法時也應注意哪些情況會影響母乳餵哺。原則上無藥物的自然分娩對母乳餵哺是最好的，因為媽媽與寶寶都保持最清醒的狀態，產後即時進行母嬰肌膚接觸，平均 10 至 60 分鐘之內寶寶能發揮本能吃到第一餐初乳。分娩時若需要止痛也不一定靠藥物，現時某些本地政

府醫院已新增多種非藥物的止痛方法，如使用分娩球、香薰或按摩背部等。分娩時如須要使用藥物的話，須注意藥物在體內新陳代謝的速度，有些藥物可能需要一至數天時間排出嬰兒體外。在藥物影響下，寶寶出生後，神志可能較呆滯，尋找和吸吮乳房的能力會大大降低。

選擇分娩醫院

若你想餵哺母乳的起步容易一些，便須注意醫院的環境和政策能否配合你的期望，例如是否鼓勵你在產後即時在產房與嬰兒作肌膚接觸及盡早開始餵哺母乳、安排母嬰同房抑或母嬰分開、是否容許順應餵哺抑或限時限量餵哺、是否輕易補充嬰兒的奶粉或葡萄糖水、補奶是否提供奶瓶以外的方法、醫護人員能否及時協助有餵哺困難的媽媽等。1989 年，聯合國兒童基金會（UNICEF）屬下的愛嬰醫院（Baby-friendly Hospital Initiative）倡議醫院推行「成功餵哺母乳的十項指引」（Ten steps to successful breastfeeding）[1]，至今全球有超過15,000 間愛嬰醫院，分佈在超過 130 個國家。2002 年的數字指中國內地已有超過 6,000 間愛嬰醫院，印度有超過 1,200 間，菲律賓有超過 1,000 間，英國有 29 間，日本有 14 間。雖然香港至今只有 3 間政府醫院成為愛嬰醫院，但據知其他政府醫院正朝這方向努力改革中，希望在不久將來，私家醫院也邁向這大方向吧！

餵哺母乳，知易行難？（增訂版）

1　World Health Organization, UNICEF. (1989). *Protecting, promoting and supporting breast-feeding: The special role of maternity services* (pp. iv). Geneva: WHO.

選擇陪月員

若你想餵哺母乳又打算聘請陪月員，建議你選擇一個「親母乳」（breastfeeding-friendly）的陪月員，幫助你過渡這段關鍵的日子。「親母乳」陪月員的角色是：一、尊重媽媽的意願；二、協助媽媽餵哺母乳，令媽媽有個好的開始；三、負責替寶寶換尿片、洗澡等瑣事；四、將餵哺母乳的任務留給媽媽。詳見第 3.4 篇及〈媽媽們真情分享篇〉第 1 及 6 篇。

信心清單

若你對餵哺母乳不大認識，可透過以下方法增加對餵哺母乳的信心：

- ☐ 閱讀有關餵哺母乳的資訊。
- ☐ 與有餵哺母乳經驗的親友傾談。
- ☐ 參加餵哺母乳的互助小組。
- ☐ 向「親母乳」的醫生與護士尋找專業意見。

本章參考資料

- American Academy of Pediatrics. (2012). Breastfeeding and the use of human milk. *Pediatrics, 129*(3), 827–841.

- Black, M. M., & Aboud, F. E. (2011). Responsive feeding is embedded in a theoretical framework of responsive parenting. *The Journal of Nutrition, 141*(3), 490–494.

- Brazelton, T. B. (1984). *Neonatal behavioural assessment scale* (2nd ed., pp. 17–20). Philadelphia: J. B. Lippincott Co.

- Center on the Developing Child, Harvard University. (2007). The science of early childhood development (InBrief). Retrieved from https://developingchild. harvard.edu/resources/inbrief-science-of-ecd/

- Cusick, S., & Georgieff, M. K. The first 1000 days of life: The brain's window of opportunity. Retrieved from https://www.unicef-irc.org/article/958-the-first-1000-days-of-life-the-brains-window-of-opportunity.html

- Family Health Service, Department of Health. (2019). *Breastfeeding survey 2019*. Retrieved from https://www.fhs.gov.hk/english/archive/files/reports/BF_survey_2019.pdf

- Hedley, A. J., Wong, T. W., Hui, L. L., Malisch, R., & Nelson, E. A. (2006). Breast milk dioxins in Hong Kong and Pearl River Delta. *Environmental Health Perspectives, 114*(2), 202–208.

- Hoddinott, P., Tappin, D., & Wright, C. (2008). Clinical review on breastfeeding. *British Medical Journal, 336*, 881–887.

- Ip, S., et al. (2007). Breastfeeding and maternal and infant health outcomes in developed countries. *Evidence Reports/ Technology Assessments, 153*(153), 1–186.

- Jones, G., Steketee, R. W., Black, R. E., Bhutta, Z. A., & Morris, S. S. (2003). How many child deaths can we prevent this year? *The Lancet, 362*(9377), 65–71.

餵哺母乳，知易行難？（增訂版）

- Leung, G. M., Lam, T. H., Ho, L. M., & Lau, Y. L. (2005). Health consequences of breast-feeding: Doctors' visits and hospitalizations during the first 18 months of life in Hong Kong Chinese infants. *Epidemiology, 16*(3), 328–335.

- Schwarz, E. B., et al. (2009). Duration of lactation and risk factors for maternal cardiovascular disease. *Obstetrics & Gynecology, 113*(5), 974–982.

- Schwarzenberg, S. J., Georgieff, M. K., & AAP Committee on Nutrition. (2018). Advocacy for improving nutrition in the first 1000 days to support childhood development and adult health. *Pediatrics, 141*(2): e20173716.

- Tarrant, M., Kwok, M. K., Lam, T. H., Leung, G. M., & Schooling, C. M. (2010). Breast-feeding and childhood hospitalizations for infections. *Epidemiology, 21*(6), 847–854.

- The Royal Children's Hospital Melbourne Centre for Community Child Health. (2017). *The first thousand days: An evidence paper*. Retrieved from https://www.eciavic.org.au/documents/item/1404

- Victoria, C. G., et al. (2016). Breastfeeding in the 21st century: Epidemiology, mechanisms, and lifelong effect. *The Lancet, 387*(10017), 475–490.

- Walker, M. (2014). *Breastfeeding management for the clinician: Using the evidence* (3rd ed., pp. 18–42). Burlington: Jones and Bartlett Learning.

- World Health Organization, UNICEF. (1989). *Protecting, promoting and supporting breast-feeding: The special role of maternity services* (pp. iv). Geneva: WHO.

- World Health Organization, UNICEF. Ten steps to successful breastfeeding. Retrieved from https://www.unicef.org/newsline/tenstps.htm

第
1
章

十五十六，如何選擇？

第 2 章
起步篇

保暖妙法：母親勝溫箱

肌膚接觸——動物界生存之道

某天在國家地理頻道看到一套紀錄片，片中描述初生企鵝寶寶生命很脆弱，要安然渡過大風雪的嚴冬，企鵝爸媽必須用其巨大的身體緊貼寶寶，讓牠取暖。失去父母的企鵝寶寶要彼此緊貼身體，互相取暖，否則很大可能在嚴寒中凍死！原來肌膚接觸正是鳥類（企鵝屬鳥類）的生存之道，相信哺乳類動物包括人類也一樣啊！

第一次見證母嬰肌膚接觸

十年前，在一個寒冬的早上，在某醫院的產後病房裡，筆者第一次親眼看見母嬰肌膚接觸的情景。那一幕情景至今仍歷歷在目。那天，一個出生第二天的小寶寶吃奶後仍不斷哭。雖然小寶寶已是那位媽媽的第二名孩子，媽媽仍表現得不知所措。後來，在醫護人員的鼓勵下，媽媽和小寶寶都打開上衣，嘗試進行極親密的肌膚接觸。媽媽半躺臥著，讓小寶寶俯伏在自己的胸口，她不時望著小寶寶可愛的表情，雙手輕輕抱著寶寶的身體，有時又搓弄著他的小手小腳。不久，寶寶的哭聲消失了，他安靜地躺在媽媽的懷抱裡，好像在媽媽肚子裡一樣，聆聽著媽媽的心跳聲和呼吸聲，表現得很有安全感。這時媽媽臉上那

滿足的表情實在難以形容。開心的不單是父母，當日見證這場面的人也極為興奮呢！雖然那天天氣很冷，但是媽媽溫暖的身體正好成為寶寶的天然暖爐。5至10分鐘後，媽媽興奮地說：「孩子終於平靜下來了，現在連自己的身體也開始發熱呢！」在雙方身體緊貼下，寶寶的體溫也自動為媽媽保暖。

這次目睹剛出生的嬰兒在產房與媽媽肌膚接觸的情景，印象極難忘。寶寶安靜地伏在媽媽的胸口，情景很是溫馨。媽媽面帶笑容，滿足地抱著寶寶。這除了是寶寶尋找乳房的好時機之外，也是媽媽休息的時候。2007年老三出世時筆者還未認識「肌膚接觸」這課題，當護士把包著布的老三放在筆者身體上時，隔著布已感受到這3.6公斤的小東西很有質感、很實在。可猜想若是胸貼胸，感覺會是如何震撼呢！後來甚至有一刻閃過生第四個孩子的念頭，好讓自己能親身經歷在產房與孩子肌膚接觸呢！

所謂「肌膚接觸」（skin-to-skin contact），其實是指兩個人沒有任何衣服阻隔、胸貼胸的身體接觸。不過，兩人的肩膀和背部可蓋上衣服。「兩個人」通常是指母親和初生子女，但是外國的經驗告訴我們，爸爸也可代勞。有研究更指出，「肌膚接觸」對早產嬰兒的發展和生長有很顯著而長遠的幫助呢！詳見第8.11篇。

試想像當你享受完溫暖的淋浴，正離開充滿蒸氣的淋浴間時，感覺是何等冰冷的呢！一個初生嬰兒剛剛離開溫暖的母體後，來到20℃的冷氣產房，感覺是同樣的冰冷、難受啊！有什麼方法能為初生嬰兒保暖呢？有些醫院給準媽媽的入院清單中會要求父母為初生嬰兒預備羊毛

內衣以作保暖，有需要時更會把嬰兒放在保暖箱中。但你有否想過最便宜又最有效的方法，原來就是媽媽的身體呢？媽媽的身體溫度最適中，不太熱也不太冷。

產後即時肌膚接觸，好處多不勝數

母嬰肌膚接觸不是母乳寶寶的專利，吃奶粉的寶寶也可以享受。產後即時進行無間斷的母嬰肌膚接觸（圖 2.1.1），媽媽的身體除可扮演初生嬰兒的「人肉保暖箱」外，還有不少對母嬰雙方的好處，筆者鼓勵父母主動向醫護人員查詢：

圖 2.1.1
產後即時在產房進行母嬰肌膚接觸。
嬰兒戴帽可減少熱量流失。

1. 減少嬰兒哭鬧，減低嬰兒熱量的消耗，因而能穩定嬰兒的心跳、呼吸、血含氧量及血糖水平，避免血糖過低。

2. 讓嬰兒接觸到母親皮膚上的益菌，增強嬰兒抵抗其他害菌的能力。

3. 引發嬰兒的嗅覺、味覺、視覺及觸覺，使他發揮天賦本能尋找乳房，從而吃到營養豐富而且擁有高濃度抗體的「初乳」。

4. 有助嬰兒日後學習吸吮乳房。

5. 增進母嬰的親子關係。

6. 刺激母親體內荷爾蒙（催產素）的分泌，而催產素可讓母親的心情保持平和、改善睡眠質素；促進產後子宮收縮，減少產後大量出血；更有助乳汁暢順地排出，使嬰兒較易吃到母乳。

盡早肌膚接觸──爸爸也可以

十年前，有位當護士的朋友跟筆者分享她在外國產科醫院實習的見聞。孩子呱呱落地之際，朋友赫然看到孩子的爸爸隨即脫下上衣與孩子胸貼胸。原來與孩子盡早肌膚接觸已是那間醫院的常規，醫院和父母於產前早已商議好，若媽媽產後身體狀況不穩定，肌膚接觸便由爸爸暫時代勞。筆者知道約於 7 年前有些本地政府醫院也開始實行這做法，有此難忘經歷的爸爸都有很正面的反應。

初乳的奧秘

覺得不夠奶的首數天

「最初數天的奶量很少，未必足夠嬰兒所需」這說法很常見，連身為醫生的筆者當年也有這樣的想法。筆者一直知道餵哺母乳的好處，所以當大女兒剛出生還在產房內，便開始餵哺母乳了。但是在最初的數天裡，縱使如何努力和頻密地每天餵哺 8 至 12 次，筆者絲毫也感受不到乳房脹奶，心裡總是懷疑乳房內究竟有沒有乳汁呢？於是多次向病房當值護士查詢：「我的乳房究竟有沒有奶呢？」每次護士都嘗試從筆者的乳房擠出一兩滴奶，然後說：「當然有啦！你看見嗎？」當時心裡想：幾滴奶一定不夠女兒的需要，再加上醫護人員常常指出女兒的小便不足夠，而且體重又不斷下降，這不是證明了自己奶量不足嗎？

懷孕 20 週開始有初乳

無論是否餵哺母乳，絕大部分準媽媽的乳腺都會在懷孕首 20 週內漸漸增長（mammogenesis），所以乳房體積會隨之而逐漸增大，有些人會有乳脹的感覺，甚至形容為脹痛呢！從懷孕第 20 週起，乳房開始製造極少量乳汁，這是造奶的第一期（lactogenesis I）。乳汁儲存在乳

房內，待寶寶一出生便可享用，即使是早產寶寶也會有奶吃，這就是「初乳」了。

乳房為何不等待寶寶出生後才開始造奶？道理很簡單。因造奶需時，寶寶何時出生又不能百分百確定，所以，乳房須預早製造一些奶讓寶寶出生後立即享用。情況與預備嬰兒用品同樣道理，絕大部分準爸媽也不會待寶寶出生後才購買嬰兒用品吧！

初乳分量極少，為什麼足夠寶寶的需要？

盤古初開，媽媽產後首數天的乳汁都是初乳（圖 2.2.1），分量極少。無論是否餵哺母乳，初乳的成分都是一樣的。在發明配方奶之前，人類的生命得以延續，都是全靠母乳，所以，從歷史角度看，初乳必定足夠初生寶寶的需要，那麼生理上又怎樣解釋呢？見表 2.2.1。

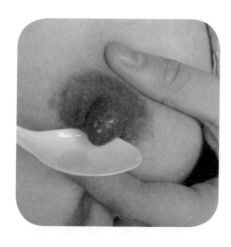

圖 2.2.1
黃金初乳：
分量極少、濃度高、有黏性。

表 2.2.1：產後奶量及寶寶食量的變化[1]

產後	媽媽全日平均奶量	寶寶每餐平均食量	代表什麼？
第 1 天（0 至 24 小時）	37 毫升	7 毫升	配合初生嬰兒細小的胃部
第 2 天（24 至 48 小時）	84 毫升	14 毫升	
第 3 天（48 至 72 小時）	408 毫升	38 毫升	正在「上奶」，奶量明顯增加；配合嬰兒的食量
第 4 天（72 至 96 小時）	625 毫升	58 毫升	
4 星期	750 毫升	94 毫升	奶量調節大致完成，奶量與第 6 個月沒有太大分別
6 個月	800 毫升	- - -	1 至 6 個月是穩定期，奶量會有微調，但不會大上大落

　　首先，初乳的分量正好配合初生嬰兒細小而缺乏彈性的胃部（圖 2.2.2）。在出生第一天，嬰兒的胃部只如一粒波子的大小（約 5 至 7 毫升）；出生第三天，嬰兒的胃部也只如乒乓球那麼大（約 22 至 27 毫升），即不足 1 安士呢！往後嬰兒的胃部容量及彈性漸漸增長，到出生第十天時，胃部便有如一隻雞蛋那麼大（約 60 至 81 毫升）[2]。因此，初乳的分量雖少，卻絕對足夠初生嬰兒的需要。相反若初生嬰兒吃得太多，除了容易嘔吐外，亦可能對腎臟造成沉重的負擔呢！

1　Walker, M. (2014). *Breastfeeding management for the clinician: Using the evidence* (3rd ed, pp. 114–115). Burlington, MA: Jones & Bartlett Learning.
2　Spangler, A. K., Randenberg, A. L., Brenner, M. G., & Howett, M. (2008). Belly models as teaching tools: What is their utility? *Journal of Human Lactation, 24*(2), 199–205.

餵哺母乳，知易行難？（增訂版）

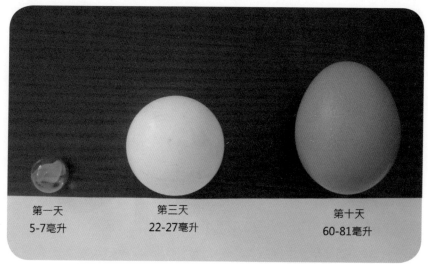

第一天	第三天	第十天
5-7毫升	22-27毫升	60-81毫升

圖 2.2.2 出生後首 10 天嬰兒胃部體積的變化。

其次，寶寶早已「積穀防饑」了。胎兒從母體早已吸收養分作儲備，所以出生後首數天不用吃很多奶。初生寶寶不但不須要喝水，還須於首數天把部分水分排出體外，因此極少量的初乳就剛好足夠了。

評小便量有如派成績表

2001 年筆者第一次做媽媽，在產後病房裡度過了難忘的數天。每次護士查問女兒有沒有小便時，筆者的心情都很不安，因為老大的確很少尿。除了記錄小便的次數之外，筆者還要學習分辨每次小便的多少。病房的牆上張貼了一個圖表，以 1 至 4 個「＋」來表示小便的多少，筆者要把它記錄下來或告知護士，就好像學生交功課一樣。印象中從未試過三個「＋」或以上，有一個「＋」已經說萬歲了！當醫護人員連

番指出女兒小便不足時，便會建議補奶粉。當時筆者就好像學生收成績表一樣，心情極其緊張！

首數天小便少是正常

一直以來，醫護人員以小便的次數來衡量初生寶寶是否吃得足夠，無論吃母乳或奶粉，他們一律用同一個標準。但當我們明白初乳的分量極少這事實後，我們是否應該反省這個做法對吃初乳的寶寶是否合理呢？根據世衛2010年的指引，吃奶粉的寶寶從第二天起每天已有六塊或以上濕尿片。參考世界各國（包括世衛）如何評估吃初乳的寶寶是否吃得足夠時，發現他們一致認為上奶前每天可以只有 1 至 2 塊濕尿片，而且每次分量可以很少。因此，單憑小便次數來評估吃初乳的寶寶是不大可靠的，還須看大便及體重收水的情況，詳見第 4.10 篇。聰明的醫護人員應該看到兩個標準有很明顯的分別吧！

初乳對嬰兒有害？

這是個美麗的誤會吧！其實初乳是超濃縮的母乳，彷彿滴滴甘露，最適合初生嬰兒的體質。原因是：

1. 出生前，胎兒不用呼吸，也不用吃奶，全靠臍帶運送媽媽的營養及氧氣給他。出生後，寶寶須學習協調「吸吮、吞奶、呼吸」的動作。初乳分量極少，且稠（即濃度高及有黏性），最適合寶寶學習

協調吸吮乳房。經過數天的練習後，再吸吮上奶後的乳房會較易適應。試想若第一天乳汁已經很澎湃，寶寶必定應接不暇呢！

2. 它含有極豐富的維他命 A、抗體、活白血球細胞等物質，有如寶寶的第一劑天然疫苗，更有助寶寶日後免疫系統的發展。

3. 它含有多種生長因子，能加快腸臟的成長，增強腸臟的免疫能力，以對抗細菌感染及減少受致敏物質的刺激。

4. 它有輕瀉作用，有助腸臟排出胎糞，從而減低初生嬰兒黃疸症的程度。

5. 初乳成分天然，能減低因奶倒流入肺部而造成的傷害（這情況屬罕見，通常只發生在一些有吞嚥困難的嬰兒身上）。

初生寶寶享用的第一餐母乳含有多種不同的天然物質，當中有些成分寶寶會一生受用。初乳給未成熟的腸臟塗上一層「保護膜」，免受異物（例如：細菌或致敏物質）入侵。若在餵哺母乳的同時給寶寶餵食其他食物（例如：水、葡萄糖水或奶粉），這層「保護膜」就會被破壞。因此全以母乳餵哺對寶寶的健康是最安全的。

確保早產寶寶也能享用初乳

早產分娩媽媽的初乳含有更多蛋白質、鐵質和各種免疫物質，研究指出這種初乳對早產嬰兒日後的發展有顯著的幫助。因此，若早產嬰兒未懂得吸吮乳房或媽媽不能立即餵哺嬰兒，宜於分娩後 2 小時內開始用手把初乳擠出，初期每天擠奶最少 8 至 10 次，每次時間不用長。把初乳冷藏並留待寶寶懂得吞嚥時享用。詳見第 4.18 篇。

加快上奶，別無他法

沒有吸吮也上奶

胎盤離開母體後，體內荷爾蒙大幅度的改變會刺激乳房製造更多乳汁，稱為「上奶」，是造奶的第二期（lactogenesis II）。「上奶」是自然的生理現象，絕大部分產後媽媽都會經歷上奶，即使只餵奶粉的媽媽也一樣會上奶。上奶前不覺乳脹是正常的，因為初乳分量極少。上奶代表奶量明顯增加，媽媽會開始覺得乳脹或「谷奶」，上奶時的奶量平均是上奶前的數倍（詳見第 2.2 篇表 2.2.1）。因為荷爾蒙水平的變化及造奶需時，所以產後即日上奶是不可能的，產後 36 至 72 小時（第 2 至 3 天）上奶便算準時上奶。產後超過 72 小時才上奶就是遲上奶。

上奶是有或無，不是多或少

常常聽人形容「上奶」上得好不好或上得夠不夠。我相信他們是指上奶之後的「調節奶量期」造奶是否足夠吧。「上奶」只是指從柔軟的乳房轉變到乳脹的數天，所以只是有沒有上奶，並非上得好不好、多不多或夠不夠。人不能選擇上不上奶，但上奶之後，乳房是回奶還是繼續造奶就是個人的選擇。選擇回奶者不用餵哺或把奶放出來，平均 7 至 10 天後會完全回奶；相反想繼續造奶，即造奶的第三期（lactogenesis III）或調節奶量期，就要經常讓寶寶吸吮乳房或把奶放出來。如何調節奶量，詳見第 4.3 篇。

無吸吮或會導致延遲上奶

究竟有沒有法寶能加快上奶？醫學上未有證據指吃多些、喝多些、休息多些或按摩乳房可以加快上奶，甚至寶寶有否吸吮乳房也不會加快上奶的時間。即使只餵奶粉，媽媽一樣會上奶，不過沒有吸吮、遲開始吸吮乳房或以下情況都有機會導致延遲上奶：

1. 部分胎盤留在子宮。
2. 媽媽患糖尿病。
3. 媽媽肥胖，即身高體重指數（body mass index, BMI）大於 26。
4. 早產（少於 37 週）。
5. 剖腹分娩。

一旦延遲上奶會有以下不良後果：

1. 寶寶會加劇「收水」（體重持續下降、延遲回升）。
2. 減低媽媽餵哺母乳的信心。
3. 增加補奶粉的機會，長遠調低日後的奶量。

早開始，好處多

既然寶寶吸吮乳房與否媽媽也會上奶，可否先休息數天待上奶後才授乳呢？答案是愈早讓寶寶開始吸吮愈好，因為：

1. 避免延遲上奶。
2. 有望增加乳腺細胞對催乳素（prolactin）的反應。長遠而言，有助提升數星期後的奶量。
3. 能得到吃初乳的好處，包括抗病、腸道保護膜、學習協調「吸吮、吞奶、呼吸」等。詳見第 2.2 篇。

第 2 章 ● 起步篇

密密食是天性

相信很多父母在照顧初生寶寶的時候都曾經歷過一段捱更抵夜的日子，每天「餵奶、掃風、換尿片」的工序重複千遍，令身心疲累。尤其是最初 3 至 4 星期，吃母乳的寶寶特別須要頻密地吃奶，或許每天須要吃奶超過 8 至 12 次，常常好像吃完不久，又很快再須要吃似的！為什麼會有此現象呢？是否因為媽媽的奶量不足夠？是否因為媽媽的奶太稀？還是因為媽媽的營養不夠呢？

筆者嘗試從以下幾方面去解釋這現象。

哺乳類動物的餵哺模式各有不同

Nancy Mohrbacher 在她所著的 *Breastfeeding Made Simple*[1] 一書裡指出：

> Nils Bergman[2] 在 2001 年就各種哺乳類動物出生時身體的成熟程度、安置初生寶寶的方式及奶的成分來分析不同的餵哺模式，將之分為四大類：

1　Mohrbacher, N., & Kendall-Tackett, K. A. (2010). *Breastfeeding made simple: Seven natural laws for nursing mothers* (2nd ed, pp. 114–115). Oakland, CA: New Harbinger.

2　Kirsten, G. F., Bergman, N. J., & Hann, F. M. (2001). Kangaroo mother care in the nursery. *Pediatric Clinics of North America, 48*(2), 443–452.

寶寶出生時身體愈成熟或母親與寶寶的距離愈遠，奶的蛋白質和脂肪含量就愈高，而每天須要餵哺的次數便愈少。兔和鹿屬「隱藏型」，出生時身體很成熟，不須經常靠近父母，寶寶被安置在隱密的地方，而且奶內的蛋白質和脂肪含量高，所以媽媽每隔 12 小時才餵奶一次已足夠。狗和貓屬「巢型」，出生時身體不太成熟，父母會把一群寶寶安置在一安全的地方，但奶的蛋白質和脂肪含量頗低，須要每隔數小時回巢餵奶一次。至於牛和長頸鹿屬「跟隨型」，出生時身體已很成熟，出生後不久便能站立，約 1 星期大就日夜跟隨在媽媽身邊，不過，奶的蛋白質和脂肪含量較低，每天要吃奶多次（圖 2.4.1）。蛋白質和脂肪含量最低的奶就是「攜帶型」動物，例如猿猴和袋鼠，牠們的腦部和身體機能在出生時十分幼嫩，需要媽媽貼身的照料，除了保持牠們的體溫之外，還要讓牠們不分晝夜、非常頻密地吃奶。究竟人類是屬於哪一類型呢？在眾哺乳類動物中，人奶的蛋白質和脂肪含量最低，人類寶寶的天性本屬「攜帶型」，極須要靠近媽媽及頻密地吃奶。

圖 2.4.1
各種哺乳類動物的餵哺模式各有不同。牛是屬「跟隨型」。

人類本屬「攜帶型」

相比牛於出生後數小時便能站立，人類寶寶平均要一年才懂行走，這代表人類在出生時（即使是足月出生），其腦部及其他器官都非常幼嫩，意味著人類寶寶極須要攝取母乳內的獨特天然成分延續身體的發展，即是說早產嬰兒更加需要母乳。正如 Nils Bergman 認為：「人類寶寶的天性本屬『攜帶型』，極須要靠近媽媽及頻密地吃奶。」所以初生首月，每天最少吃奶 8 至 12 次是正常的，非頻密吃奶者才是異數。筆者絕對認同 Nancy Mohrbacher 在 *Breastfeeding Made Simple* 一書中的看法：「社會現代化可能在不知不覺間將人類從『攜帶型』變成『巢型』，期望寶寶好像貓狗般每隔 3 至 4 小時才吃奶一次。加上自從有了配方奶的發明後，人類彷彿遺忘了『人食人奶，牛食牛奶』的自然定律呢！」

初生胃部容量小

本書第 2.2 篇說過，初生嬰兒的胃部既細小且缺乏彈性，出生第一天初生寶寶的胃部只如一粒波子的大小（大約 5 至 7 毫升），第三天也只如乒乓球那麼大（約 22 至 27 毫升），即不足 1 安士呢！因此，「少食多餐」是絕對可以理解的。往後胃部容量及彈性漸漸增長，到出生第十天時，胃部便有如一隻雞蛋那麼大（約 60 至 81 毫升）。

初生日夜顛倒

人類寶寶出生時腦部的發展未成熟，未懂得分辨日與夜，於是吃奶的需要也無分晝夜。曾有學者觀察全以母乳餵哺的寶寶在出生頭 60 小時的吃奶模式，吃奶最頻密的時段是晚上 9 時至凌晨 3 時；而吃奶次數最少的時段就是凌晨 3 時至早上 9 時。隨著年齡的增長，孩子能夠每餐吃多些奶，然後漸漸減少吃奶的次數和拉長睡眠的時間。一般孩子會在出生後 6 星期至 3 個月期間開始分辨到日與夜。

明白了「密密食」是人類寶寶的天性後，我們是否應該想想以下的行為是否恰當呢？

1. 每餐給初生數天的寶寶餵哺 60 毫升或以上的奶。
2. 期望初生寶寶 3 至 4 小時吃奶一次。
3. 期望初生寶寶快些戒夜奶。

本章參考資料

- Kirsten, G. F., Bergman, N. J., & Hann, F. M. (2001). Kangaroo mother care in the nursery. *Pediatric Clinics of North America, 48*(2), 443–452.

- Mohrbacher, N., & Kendall-Tackett, K. A. (2010). *Breastfeeding made simple: Seven natural laws for nursing mothers* (2nd ed, pp. 114–115). Oakland, CA: New Harbinger.

- Spangler, A. K., Randenberg, A. L., Brenner, M. G., & Howett, M. (2008). Belly models as teaching tools: What is their utility? *Journal of Human Lactation, 24*(2), 199–205.

- Walker, M. (2014). *Breastfeeding management for the clinician: Using the evidence* (3rd ed, pp. 114–115). Burlington, MA: Jones & Bartlett Learning.

第 2 章 ● 起步篇

第3章

誰是你的後盾

身旁的男人——
給太太「無後顧之憂」

餵哺母乳究竟是母親個人的選擇，還是整個家庭的選擇呢？很多研究告訴我們，餵哺母乳的最後決定權雖然落在母親的手上，但在母親作出決定的背後，有幾個重要的元素發揮著重大的影響力（圖 3.1.1）。

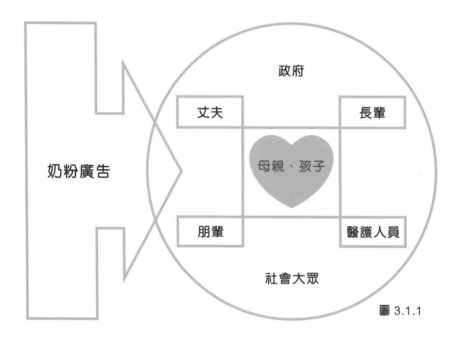

政府

丈夫　　　　　　長輩

奶粉廣告

母親、孩子

朋輩　　　　　醫護人員

社會大眾

圖 3.1.1

對於能成功餵哺母乳的母親來說，丈夫絕對是最有影響力的人，其次就是朋友、奶奶和親戚。筆者過去的經驗也印證了這個說法，很多成功餵哺母乳的女士身旁都有一個支持她的丈夫。

少數丈夫不支持餵哺母乳

其實丈夫不支持太太餵哺母乳的情況也不難理解。自從上世紀六七十年代奶粉冒起，餵哺母乳的比率愈來愈低，加上學校課程亦絕少提及此課題，所以，大多數男士可能在陪伴太太參加產前講座時才認識餵哺母乳的重要。除了缺乏對餵哺母乳的知識外，少數丈夫甚至對餵哺母乳有負面的想法，例如：妒忌太太與孩子有那麼親密的關係、在育兒的責任上覺得自己被孤立，或者覺得太太只專注照顧孩子而冷落自己，有時甚至覺得太太因為忙於餵哺而未能滿足自己的性需要呢！

丈夫扮演舉足輕重的角色

要認同餵哺母乳對孩子、太太和整個家庭都有好處，丈夫首先要對餵哺母乳有基本的認識。夫婦間須多溝通，坦誠向對方表達自己的感受。太太也別忘記要多稱讚丈夫，給他鼓勵。不要小看「丈夫」這角色，他的支持對太太和整個家庭都非常重要。

1. 太太的精神支柱

丈夫對太太的肯定和鼓勵，小至一句「你做得很好！」可能已很足夠。當太太身心疲累或遇上困難——如患上乳腺炎等，給她打打氣，互相提醒堅持當初的信念，對於能繼續授乳實有很大的幫助。

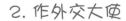

2. 作外交大使

遇上家人或其他親友不支持餵哺母乳，甚至說出打擊太太信心的話——如「她的奶是否足夠呀？」，丈夫除了要給太太鼓勵之外，還要扮演「外交高手」，擔當太太與家人和親友之間的橋樑。孩子出生是令人喜悅的事情，熱情的親友往往踴躍登門道賀，可是，產後首 2 週若能減少親友到訪的次數，太太便可爭取時間休息和專心學習餵哺母乳，這時向親友解釋的責任便落在丈夫身上了。

3. 減輕太太的工作量

餵母乳已經令太太忙得透不過氣了，若丈夫能分擔家務、照顧太太的飲食、陪伴太太進出健康院、照顧其他子女和照顧孩子的瑣事，例如洗澡、換尿片等，就可大大減輕太太的工作量。筆者子女出生時雖然還未推行男士侍產假，但當每個孩子出生時，筆者丈夫都會休假 1 個月，留在家中協助，作全方位的支援。筆者從未聘請過陪月員，他常常笑說自己是「最貴的陪月」。「最貴」除了代表「時薪高」之外，更有「寶貴」的含意。試想想，太太在剛剛生產後最需要人照顧時，伴侶的陪伴和支持是何其寶貴呢！直至現在，筆者仍很回味丈夫當年事事親力親為的表現（圖3.1.2）。

圖 3.1.2

4. 積極參與哺乳事務

雖然丈夫不能代替媽媽餵哺孩子，但他可從不同方面積極參與餵哺母乳的事務。每次孩子半夜吃奶，筆者的丈夫會先檢查是否須要換尿片。有時甚至幫筆者放好枕頭咕臣以方便餵奶。筆者乳腺閉塞時，他會幫忙預備暖敷乳房的用具。大女兒和老三在初生數星期裡，因為吸吮能力不理想，以致體重增長緩慢，所以待他們直接吸吮乳房後，丈夫就用小杯或匙羹餵孩子吃泵出來的母乳。此外，於餵哺、擠或泵奶前，丈夫可為太太按摩背部穴位（詳見第 4.4 篇），以助乳汁流通；可以送上她喜歡的飲品或食物，令太太舒服地餵哺母乳。曾認識一位爸爸為太太代勞，以熟練的手勢為太太擠奶呢！

5. 抓緊機會，與孩子建立關係

筆者建議身為丈夫的應將眼光放遠，與子女的關係不止在於出生的最初幾個月。爸爸雖然不能直接參與餵哺，但是他可以爭取其他親子的機會，嬰兒期可以照顧孩子的瑣事，如換尿片、洗澡、吃奶後掃風等（圖 3.1.3 至圖 3.1.5）。也可與孩子作不同形式的身體接觸，如擁抱、親嘴、按摩、胸貼胸的肌膚接觸（見第 5.1 篇圖 5.1.35、圖 5.1.36）。若孩子是早產或出生時體重過輕，爸爸更可進行「袋鼠爸爸護理」，詳見第 8.11 篇。幼兒期可以做孩子的玩伴，與他唱歌、談笑、看圖書、玩耍等（圖 3.1.6 至圖 3.1.9）。

還記得老二出生後的頭 3 年，丈夫的工作特別忙碌，他放工回家時兒子已睡了。因此，在兒子 3 歲前，丈夫往往是兒子玩伴的最後選擇，但他不放棄爭取每個與兒子親近的機會。他喜歡與孩子一起散步、購

物、探訪朋友；老二 2 歲時斷奶，丈夫笑說：「哈哈！我終於有機會出場了！」「投資優質的時間」是他與孩子建立關係的關鍵。現在老二 16 歲，父子倆的感情非常要好呢！

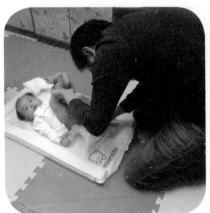

圖 3.1.3
爸爸替寶寶換尿片。
（照片提供：Christian Ho）

圖 3.1.4
筆者丈夫替 22 日大的女兒洗澡。

圖 3.1.5
筆者丈夫替 28 日大的女兒於吃奶
後掃風。

圖 3.1.6
筆者丈夫與 7 個月大的女兒看圖書。

圖 3.1.7
筆者丈夫與 8 個月大的女兒玩「騎牛牛」。

圖 3.1.8
筆者丈夫與 7 個月大的女兒外出。

圖 3.1.9
筆者丈夫協助 2 歲大的女兒刷牙。

家人唱反調該怎麼辦？

有家人支持永遠事半功倍，相反家人（尤其是奶奶）不支持就會事倍功半。有朋友的家人每次只准許她餵哺母乳 15 分鐘，然後指定要補奶，原因是寶寶的吸吮能力未如理想，每次吸吮乳房後仍然表現出肚餓的樣子。幸好她能泵出一些母乳，令寶寶繼續有母乳吃，不過卻承受著很大的心理壓力。

家人積極支持十分重要

筆者很感恩，家人十分支持餵哺母乳。大女兒出生後沒有聘請家傭，每天上班前把女兒送到奶奶家。奶奶很尊重筆者和丈夫餵哺母乳的決定。女兒何時吃奶、每次吃多少奶，她都會先問筆者的意見。若女兒在筆者下班回家前 1 小時已哭著想吃奶，奶奶會先打電話問筆者應否讓女兒吃泵出來的奶，還是等筆者回家直接餵哺。她每天又為筆者預備愛心飯盒，使筆者不用趕著出外吃午飯，午飯後可專心泵奶。她亦從來沒有說過類似「是否夠奶？」的話。她的支持對筆者成功餵母乳有很大的幫助。

遇到家人唱反調，如何應付？

1. 經常提醒自己想餵母乳的原因，作為克服困難的動力。

2. 從懷孕起深入認識母乳的正確知識，尤其是如何知道寶寶吃得夠，以免無謂地懷疑自己不夠奶。

3. 對別人說的負面話，不要太上心，反而要將之轉化成正能量，推動自己更加努力。

4. 找些自己做得好的事情，稱讚自己，甚至寫下來鼓勵自己。

5. 尋找成功「人辦」和同行者支持自己。

6. 遇上疑難，及早向醫護人員尋求專業和技術上的支援。

「人辦」教路

能否成功餵哺母乳，友儕的影響力僅次於丈夫。若媽媽身邊的朋友也是餵哺母乳的話，自己選擇餵哺母乳的比率一般較高。假如身邊沒有任何餵哺母乳的朋友支持，即使媽媽最初選擇了餵哺母乳，她放棄餵哺母乳的比率亦較有朋輩支持的母親高呢！

為什麼會有此現象呢？其實要明白箇中的道理並不困難。朋友是互信互助的。雖然我們不一定跟從朋友所做的一切，但或多或少會受對方感染而去做一些相似的事情。我相信「生命影響生命」的道理。若你的朋友認同餵哺母乳的好處，她也會積極地向你推介。

好朋友及時指點

筆者能成功以母乳餵哺三個小孩，真要多謝筆者的一位好朋友兼好同事，她是筆者的啟蒙天使。彼此相識於1997年，當時筆者還未結婚生子就常常聽她講述自己餵哺母乳的趣事。直至 2001 年老大出生時，筆者才真正領略箇中的滋味。最初數星期因為大女兒的吸吮能力不太好，體重增長又不理想，於是在每次餵哺後要用泵奶機泵出乳汁補餵給她。最初筆者以為泵奶很容易，怎料用盡辦法也只泵出幾滴奶，當

時還向出租泵奶機的公司查問是否機件失靈呢！後來才知道是因為筆者太緊張而未能刺激催產素的分泌——或俗稱「噴奶反射」，並非機件故障所致！

所謂「患難見真情」，猶記得當時筆者向好朋友求救時，她鼓勵我之餘還給予不少寶貴的意見。她建議當女兒吸吮一邊乳房時，可同步在另一邊乳房泵奶。因為每當乳房被吸吮時，荷爾蒙的分泌會同時刺激另一邊乳房產生「噴奶反射」而出現滴奶的情況，趁此時泵奶就最容易。「同步吸吮泵奶」對當時還是餵奶初哥的筆者果然有效！現在筆者也經常介紹此方法給有需要的媽媽。

「人辦」助行前一步

好朋友是成功哺乳的「人辦」，常常給筆者借鏡。她的第二個孩子較筆者女兒大 9 個月，她的實際經驗往往成為筆者走下一步的明燈，每次與她傾談，她都預告將要注意的事項，增強筆者繼續餵哺母乳的信心。當筆者還在放產假期間，她不時鼓勵，並與筆者分享她如何在復工後繼續餵哺母乳，甚至不會遺漏任何細節，例如買什麼盒子儲存泵奶器具、如何消毒泵奶器具、如何爭取時間在早上上班前邊餵邊泵奶等。她又鼓勵和指導筆者如何在街上餵母乳。到孩子預備吃固體食物時，她又分享如何利用保溫杯將米焗熟，然後有效地烹調成美味的「粥仔」。這些實際經驗對筆者往後繼續餵哺母乳都很有用。

若你正在懷孕並考慮是否餵哺母乳，筆者鼓勵你認識最少一位授乳的「人辦」或「同行者」。無論在哪個階段，「同行者」都能讓你感受到你不是孤身上路，知道有其他人也正在以母乳餵哺她們的孩子。你可以參加健康院或坊間志願團體的母乳餵哺朋輩支援計劃。假如你已是一位餵哺母乳的媽媽，筆者鼓勵你在日常生活中與親朋戚友分享你的經驗，無論你的經驗是成功或失敗都可成為別人的祝福。若你願意認識和幫助更多有需要的媽媽，歡迎你成為朋輩支援的義工大使。

餵哺母乳，知易行難？（增訂版）

「親母乳」陪月員

聽過有媽媽分享其陪月員很權威，主導了自己本來的意願，令她很煩惱，詳見〈媽媽們真情分享篇〉第 1 及 6 篇；也見過一些陪月員太注重媽媽產後要多休息，卻忘記乳房不能長時間不出奶，結果媽媽的乳房腫脹起來，令寶寶難於吸吮。曾有雜誌訪問一位有經驗的陪月員，訪問指她建議媽媽以泵奶來評估奶量，建議補充奶粉確保寶寶吃得飽、飯後餵奶上奶最快，又說母乳只可存放在雪櫃 24 小時等，這顯示有些陪月員對母乳餵哺一知半解，且有不少謬誤。不過筆者也見過「親母乳」的陪月員，不但有豐富的哺乳知識和經驗，也對媽媽有實際的幫助和鼓勵。

陪月員應如何幫助媽媽餵哺母乳？

1. 多讚賞媽媽。
2. 照顧媽媽的均衡飲食。
3. 鼓勵母嬰同房、母嬰肌膚接觸。
4. 幫助媽媽觀察寶寶的早期肚餓信號、回應寶寶的需要。
5. 協助媽媽觀察寶寶的大小便，從而知道寶寶是否吃得足夠。
6. 若媽媽有哺乳困難，陪月員不能取代醫護人員，她應鼓勵，甚至陪伴媽媽尋求專業的醫護指導。

7. 若醫護人員建議補奶，陪月員可幫忙按摩媽媽背部（幫助噴奶反射）、消毒餵食和泵奶器具、加暖擠或泵出的母乳、用正確方法沖調奶粉、用小杯補奶等。

陪月員不應做的事

1. 用人造奶嘴來安撫寶寶。
2. 大力或長時間按壓媽媽的乳房。
3. 只鼓勵媽媽長時間休息，而忘記乳房不能長時間不出奶。
4. 鼓勵媽媽以泵奶來評估奶量。

醫護人員專業支援

澳洲一項研究[1]顯示家庭醫生若對餵哺母乳持中性的態度，會被媽媽視為負面的立場，例如簡單的一句「萬一餵不到母乳都不打緊，奶粉與母乳差不多的！」，會令媽媽覺得這醫生不支持餵哺母乳。研究亦顯示家庭醫生若能採取主動而正面的態度，媽媽才覺得這醫生支持母乳餵哺。支持的行動包括：主動關心餵哺的情況、解答問題、拆解常見的謬誤、作正面的回應及適切的轉介往健康院或專業哺乳顧問作跟進。看過這報告後讓筆者再三反省：身為前線醫護人員，千萬不要輕視自己的言行。很多家長選擇吃哪個牌子的奶粉時，都是參考醫生的意見的。

醫生媽媽也要求救

2001 年當大女兒出生時，筆者對餵哺母乳已有一定的認識，滿以為餵哺自己的孩子很容易。誰不知女兒吃奶速度很慢，又不肯張大嘴巴吸吮，結果乳頭損裂了，痛苦非常。在朋友鼓勵下筆者向一位很有經驗的醫生同事求救，得到她的鼓勵和多次的悉心指導後，女兒漸漸學

---

1   Brodribb, W., Jackson, C., Fallon, A. B., & Hegney, D. (2007). Breastfeeding and the responsibilities of GPs: A qualitative study of general practice registrars. *Australian Family Physician, 36*(3), 283–285.

懂正確而且有效的吸吮方法。結果她能全吃母乳 6 個月而不須要補奶粉，直至 19 個月大才自然斷奶。

既然能成功地用母乳餵哺大女兒，兩年後當老二出生時，筆者很自然再次選擇用母乳餵哺，而且信心更大。怎料從產後第三天起，乳房開始「上奶」，無論兒子怎麼頻密而努力地吸吮，乳脹的情況都無法改善。筆者於是再次向那位有經驗的醫生同事求救。她很用心地指導筆者用欖球式姿勢（見第 5.1 篇圖 5.1.21）餵哺，並解釋這方法能令滯留在乳房內的乳汁更有效地排出。這方法果然幫助筆者解決乳脹的問題。在往後的日子裡，這餵哺姿勢更多次幫助筆者解決乳管閉塞的問題呢！

在過往的餵哺經驗裡，無論醫生或護士都給筆者很大的支持，幫助筆者解決很多餵哺上的問題。筆者初學時信心不大，往往覺得孩子有醫護人員指導時吸吮得特別好，但回家後卻吸吮得很差勁。幸好經過多次指導和自己不斷嘗試，筆者的信心漸漸增強。現在女兒和兒子長大了，筆者常常對他們說：「你們要多謝很多醫生和護士，是他們教你們吃母乳，令你們健康成長！」

專業指導助餵哺

醫護人員除了影響母親是否餵哺母乳的決定外，其實母親能否堅持當初的決定而持續餵哺母乳，他們亦扮演了舉足輕重的角色。已完成母乳餵哺培訓的醫護人員可以：

1. 主動詢問餵哺的詳情。

2. 拆解常見的謬誤。

3. 觀察寶寶含乳的嘴形及吸吮能力，增強媽媽的信心。

4. 指導餵哺姿勢。最初筆者不懂得用側臥式餵哺，於是主動找醫護人員指導，回家後多番練習，慢慢便建立信心了。醫護人員未必能即時改善寶寶的嘴形和吸吮能力，但媽媽有良好的姿勢可以幫助寶寶改善含乳的嘴形，而嘴形正確有助日後增加吸吮的效率；相反在寶寶吸吮時刻意翻開寶寶的下唇，並沒有長遠的幫助。

5. 提供其他技術指導，包括按摩媽媽背部（幫助噴奶反射）、擠奶、泵奶、用奶瓶以外的方法補奶、沖調奶粉的正確方法等。

6. 遇到寶寶體重不理想時，要決定何時須要補奶。

7. 遇到乳房疼痛或懷疑有腫塊時，要作診斷和治療。

其實無論在醫院或健康院裡，已受訓的醫護人員都準備好隨時鼓勵和支援有餵哺困難的媽媽。很多研究已證明盡快尋求專業指導是成功餵哺母乳的重要因素，筆者鼓勵有需要的媽媽不要因為怕麻煩或覺得不好意思而對尋求專業指導卻步。若有以下情況或哺乳乏效的表徵（表3.5.1），請考慮尋求專業指導：

1. 沒信心分辨寶寶的吸吮是否有效。

2. 懷疑自己奶量不夠或太多。

3. 想餵哺母乳但須服用藥物。

表 3.5.1：可能哺乳乏效的表徵

	表徵
寶寶大小便	• 濕尿片不夠 • 第 3 天或之後仍有橙紅色尿酸鹽晶體 • 第 5 天或之後仍有胎糞
寶寶吃奶表現	• 寶寶嗜睡，24 小時少於六餐 • 每餐少於 5 分鐘或超過 40 分鐘 • 吸吮乳房不久後便含著乳房睡著了，但離開乳房不久後便哭鬧 • 在乳房掙扎或拒絕吸吮 • 吸吮乳房後仍不滿意，需補奶（母乳或奶粉）才滿意
媽媽的乳房	• 產後超過 72 小時仍未上奶 • 出奶前沒乳脹 • 出奶後乳房仍不柔軟，或腫脹超過 24 小時 • 出奶時或出奶後，乳頭或乳房疼痛 • 吸吮後，乳頭被壓扁 • 乳頭損裂

指導餵奶「先出口，後出手」

餵哺母乳，知易行難？（增訂版）

教練的角色是鼓勵、觀察和指導。先觀察學生如何做，做得好要讚賞，做錯要指正，指導時須要用說話和示範，用正反面的示範也可以。目的是令學生有信心自己做到，並不是由教練代為完成。筆者第一次體會這個道理是在陪伴孩子到學童牙科診所時，見到護士拿著一個巨大的牙齒模型和一支大牙刷示範刷牙，然後叫小朋友對著鏡子模仿，期間護士再個別指導，她們很少捉著小朋友的手去教刷牙的。同樣，游泳教練也不會經常捉著學生的手腳教游泳。

指導媽媽餵哺母乳的道理也一樣，目標是要令媽媽有信心在家也能順利餵哺，而不是只在教練面前才做到。教練可以用洋娃娃和乳房模型示範，讓媽媽跟著做，在過程中不斷觀察和指導。這種指導方法是「離手法」（hands-off technique），簡稱 HOT（圖 3.5.1、圖 3.5.2）。世衛早於 1993 年已開始提倡此法。教練須要運用銳利的觀察力和有效的溝通技巧。近十年，筆者都是使用此方法，發現很多媽媽都受落，而且見到很多聰明的媽媽都跟得上，因此鼓勵教練可「先出口，後出手」。若媽媽真的跟不上，教練的手可輕輕引導媽媽的手去做，也可讓她回家練習幾天後再回來跟進。「出手」的意思是替媽媽把寶寶移向乳房（圖 3.5.3）、吸吮時刻意翻開寶寶的下唇、出手替媽媽擠奶等。「出手」時，教練的手切勿按著寶寶的頭部，這樣會令寶寶抗拒吸吮乳房。太快「出手」教導下的媽媽往往會說：「為什麼寶寶只在醫護人員面前吃得好，但在家裡卻吃得不夠好呢？」或者說：「護士幫我擠奶的手勢很好，原來我的乳房也會噴奶呢！不過自己的手勢永遠不及護士啊！」筆者常常提醒自己學習吃母乳是需要時間的，不能一步登天。即使媽媽和寶寶不能即時做到一百分，也不代表自己教得不善，最重要是能與媽媽分享一些竅門和增強她們回家練習的信心。

有外國研究[2]更指出「離手法」能減少醫護人員背痛的機會，以及有效減少媽媽乳頭痛的比率，實在是雙贏的方案。

2 • Fletcher, D., & Harris, H. (2000). The implementation of the HOT program at the Royal Women's Hospital. *Breastfeeding Review, 8*(1), 19–23.
  • Ingram, J., Johnson, D., & Greenwood, R. (2002). Breastfeeding in Bristol: Teaching good positioning, and support from fathers and families. *Midwifery, 18*(2), 87–101.
  • The Royal Women's Hospital, Victoria Australia. (2004). *Breastfeeding: Best practice guidelines*. Retrieved from https://www.thewomens. org.au/uploads/downloads/HealthProfessionals/CPGs/Breastfeeding_ Guidelines_2004.pdf

圖 3.5.1
以「離手法」指導媽媽餵哺姿勢：用洋娃娃和乳房模型示範，讓媽媽跟著做。（照片提供：Christian Ho）

圖 3.5.2
以「離手法」指導媽媽用手擠奶：用乳房模型示範，讓媽媽自己跟著擠奶，而非由醫護人員替媽媽做。（照片提供：Christian Ho）

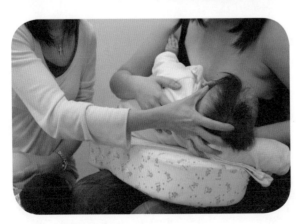

圖 3.5.3
「出手」指導媽媽餵哺姿勢：替媽媽把寶寶移向乳房。
注意：按著寶寶頭的後枕部位會令寶寶不舒服，甚至抗拒吸吮乳房。（照片提供：Christian Ho）

毋忘自己餵母乳經驗

2012 年 9 月筆者參加一個關於兒童生長及營養的研討會，席間有位海外知名學者慨嘆說：「可惜很多醫生忘記了自己餵母乳的經歷，沒有與人分享，否則可以有多些醫生站起來支持餵哺母乳！」這番話很真實，筆者不是唯一曾餵母乳的醫生，只是常常記著自己成功和失敗的經驗，再將理論和經驗融會貫通，然後與人分享罷了。期望有多些「母乳醫生」出現！

少數醫生完成母乳培訓

聯合國兒童基金會（UNICEF）屬下愛嬰醫院香港協會（Baby Friendly Hospital Initiative Hong Kong Association）於 2019 年的統計數字[3]顯示，接受母乳餵哺培訓的醫護人員整體比率較 2013 年為高，尤其是政府婦產科護士（99%）。不過，醫生接受母乳餵哺培訓的比率仍較護士低。此外，私家醫院的醫護人士（尤其醫生）接受培訓的比率遠比政府醫院的低，見表 3.5.2。

父母每每看重醫護人員的專業意見，尤其是醫生。主管級的醫護人員更是關鍵人物，筆者期望能推動他們參與母乳餵哺的培訓，然後制訂更多愛嬰的程序指引。現有的教材之一是由衛生署家庭健康服務在

3　UNICEF, Baby Friendly Hospital Initiative Hong Kong Association. (2019). *World breastfeeding week (WBW) annual survey summary 2019*. Retrieved from https://www.babyfriendly.org.hk/wp-content/uploads/2019/09/2019-WBW-Annual-Survey_E_Final.pdf

第 3 章　●　誰是你的後盾

2011 年製作的母乳餵哺自學光碟，可供工作繁忙的醫生持續進修之用，內容多元化，不單有文字，還有照片、圖片、動畫、真人示範錄影片、個案分析、問答題等。

表 3.5.2：完成母乳餵哺培訓的醫護人員比率

完成母乳餵哺的培訓	2013 年	2019 年	
	政府	政府	私家
婦產科護士（20 小時培訓）	86%	99%	85%
兒科護士（20 小時培訓）	31%	90%	56%
婦產科醫生（8 小時培訓）	22%	66%	10%
兒科醫生（8 小時培訓）	28%	64%	19%

誰是真正的「母乳醫生」和「母乳護士」？

若你本身是醫護人員，或者你想知道你身邊的醫護人員是否真正支持餵哺母乳、是否「親母乳」（breastfeeding-friendly），你可完成以下的問卷作測試。

你曾否想過、說過或做過以下事情？

	是	否
1. 餵不到母乳可以餵奶粉，現今的奶粉與母乳其實差不多。		
2. 寶寶出生頭幾日小便少，一定是吃不夠，要加葡萄糖水。		
3. 寶寶吃母乳較容易出現黃疸。		
4. 為免寶寶黃疸再上升，補些奶粉會有幫助。		
5. 寶寶黃疸指數高要留院照燈，不能全吃母乳。		
6. 寶寶收水 8% 太多了，最好補些奶粉。		
7. 早產寶寶身體太細小，等他長大些才能吃母乳。		
8. 媽媽有乳腺炎，母乳會有菌，不能餵寶寶。		
9. 媽媽要服藥，也可以餵母乳，但最好還是暫時泵走母乳。		
10. 媽媽產後首數天最需要休息，寶寶最好放在育嬰室，不要放在媽媽淋邊。		
11. 在診所候診處放置奶粉或 BB 會的單張。		
12. 本地的《母乳代用品銷售守則》是扼殺了消費者的知情權。		

若你有最少八個「否」，恭喜你！你大概是個支持餵哺母乳的醫護人員！

若你有最少十個「否」，恭喜你！你是個身體力行、真正支持餵哺母乳的醫護人員！你的病人有福了！

3.6

薪火相傳

最有效的教導方法是「身教」，尤其是小朋友更會有樣學樣。若要下一代認同餵哺母乳是自然不過的事，從小讓他們看見家人餵哺母乳是最有效的。筆者的好朋友常常這樣說：「小時候經常看見媽媽給弟妹餵母乳，很自然我也會這樣餵哺自己的兒女。」（圖 3.6.1）

圖 3.6.1
筆者的女兒有樣學樣，
扮餵奶、扮掃風。

六十至八十後是哺乳先鋒

回顧歷史，上世紀六十至八十年代是奶粉興盛期，亦是餵哺母乳的低潮。從九十年代起，隨著母乳餵哺教育逐漸加強，哺乳率亦逐漸提升。像筆者這些六十至八十後的媽媽可說是新一代的哺乳先鋒，因為

她們大多從沒見過自己的親人授乳呢！期望她們的下一代會受她們感染，薪火相傳。

感染家人餵母乳

筆者的妹妹是家族中首個餵哺母乳的人，後來又在工作間見到幾位同事泵奶，增加了筆者嘗試餵哺母乳的興趣。大女兒是丈夫家族的首名小孩，在家庭聚會中少不免出現女兒吃母乳的情景，由最初感到不習慣到後來覺得很自然。筆者相信「生命影響生命」的道理，丈夫的兩個弟弟所生的四個小孩都是吃母乳長大的。

筆者很喜歡與子女分享怎樣幫助和支持餵哺母乳的軼事，又與他們玩母乳問答遊戲，例如叫他們猜一猜初生嬰兒胃部的大小、袋鼠寶寶躲在袋鼠媽媽的育兒袋裡做什麼等。期望透過生活點滴把餵哺母乳的資訊傳給下一代。

普及母乳從學校教育開始

除了家庭教育外，學校教育亦十分影響小孩子的思想。現時的中小學課程大多沒有提及母乳餵哺，依稀記得中學生物科老師只教導哺乳類動物的定義。筆者當年大學醫科的五年課程裡僅有一節課講述母乳的好處。2012 年，筆者被邀請到老二就讀的小學，與小四學生作醫學分享，題目是「人體的結構」，在談到免疫系統時筆者有機會提及母乳餵

哺，反應十分熱烈。近年得悉有些小學生的小組功課是以餵哺母乳為題。今年衛生署在國際母乳哺育週舉辦的中學生短片創作比賽中，見到學生很有創意的短片，值得一讚。筆者認為小學的常識科和中學大學的通識科應引入這課題，才有助母乳餵哺普及化。至於本港大學醫科課程現時只有一節課堂講述母乳餵哺的好處，對這大群未來醫生而言，裝備並不足夠，個人認為強化這方面的培訓是刻不容緩的。

餵哺母乳，知易行難？（增訂版）

本章參考資料

- Brodribb, W., Jackson, C., Fallon, A. B., & Hegney, D. (2007). Breastfeeding and the responsibilities of GPs: A qualitative study of general practice registrars. *Australian Family Physician, 36*(3), 283–285.

- Fletcher, D., & Harris, H. (2000). The implementation of the HOT program at the Royal Women's Hospital. *Breastfeeding Review, 8*(1), 19–23.

- Ingram, J., Johnson, D., & Greenwood, R. (2002). Breastfeeding in Bristol: Teaching good positioning, and support from fathers and families. *Midwifery, 18*(2), 87–101.

- The Royal Women's Hospital, Victoria Australia. (2004). *Breastfeeding: Best practice guidelines*. Retrieved from https://www.thewomens.org.au/uploads/downloads/HealthProfessionals/CPGs/Breastfeeding_Guidelines_2004.pdf

- UNICEF, Baby Friendly Hospital Initiative Hong Kong Association. (2019). *World breastfeeding week (WBW) annual survey summary 2019*. Retrieved from https://www.babyfriendly.org.hk/wp-content/uploads/2019/09/2019-WBW-Annual-Survey_E_Final.pdf

第 4 章

實戰篇

乳腺像葡萄

乳房內主要有兩類組織：

1. 脂肪（fat）和支持組織（supporting tissue），支持組織包括纖維組織（fibrous tissue）、韌帶（ligament）等。
2. 分泌母乳的乳腺細胞（milk secreting cells）及乳管（milk duct）。

脂肪和支持組織構成乳房的外觀，包括其大小和形狀，與製奶量並沒有直接關係。乳腺組織是製造、儲存及運送母乳的基地。絕大部分準媽媽的乳房體積於懷孕首 20 週內會逐漸增大，代表乳腺正在增長。

乳腺組織像葡萄

乳腺組織像一束束的葡萄（圖 4.1.1），每個乳房約有 7 至 10 束葡萄，葡萄束的主幹就是位於乳暈位置、通往乳頭的大乳管（larger duct），大乳管分支多次形成無數小乳管，小乳管的盡頭是小泡囊（alveoli）——乳腺的基本單位，每個小泡囊就像一顆葡萄。

小泡囊
乳腺的基本單位

分支多次的
小乳管

大乳管
將奶輸送到乳頭

圖 4.1.1　乳腺組織像一束束的葡萄，每個乳房平均有 7 至 10 束「葡萄」。

噴奶荷爾蒙

當寶寶吸吮乳房或擠奶泵奶時，神經訊息從乳房傳到媽媽的腦下垂體分泌噴奶荷爾蒙（催產素，oxytocin），經血液到達兩個乳房，指令包圍著小泡囊外的肌肉細胞收縮（即噴奶反射，oxytocin reflex，又稱 milk ejection reflex 或 let-down reflex）。噴奶反射是兩個乳房同步進行的。將乳汁由小泡囊通過無數小乳管，輸送到大乳管，最後從乳頭排出，讓寶寶享用（圖 4.1.2 之上圖）。乳汁經過大乳管時，大乳管的直徑會短暫地增加。噴奶反射每次維持約半分鐘至 3 分鐘。一餐奶之中，噴奶反射平均出現 2.5 次。即使沒有吸吮，當媽媽想起寶寶、看見寶寶、聽到寶寶的聲音或進行前奏時，都可以引發這噴奶反射。關於前奏，詳見第 4.4 篇。

造奶荷爾蒙

乳腺細胞負責從血液中吸收營養和水分製造母乳。寶寶吸吮乳房或擠奶泵奶[1]時,神經訊息從乳房傳到媽媽的腦下垂體分泌造奶荷爾蒙(催乳素,prolactin),經血液循環系統到達兩個乳房,刺激乳腺製造母乳。媽媽開始出奶後約 45 分鐘時,媽媽的造奶荷爾蒙水平一般升至最高 (比平常高約兩倍),然後回落,直至下一餐奶前降至低點。即是當寶寶離開乳房後,在兩餐奶之間,乳房努力製造下一餐奶,並暫時儲存在小泡囊和小乳管內(圖 4.1.2 之下圖)。換言之,寶寶正享用的奶,正是他上一餐吸吮的成果。

並無乳竇的存在

以上描述的乳房結構是近十多年最新的研究報告發表的[2],利用高解像超聲波能細緻地掃描到乳管及乳汁。有些關於母乳的書籍或許會提到乳汁是儲存在位於乳暈底下的乳竇(lactiferous sinus)。乳竇的概念已有超過 160 年的歷史,不過近年的高解像超聲波發現當噴奶反射出現時,乳汁經過大乳管,這時大乳管的直徑會短暫增加。當噴奶反射終止時,大乳管便回復幼管狀,因此,並沒有見到乳竇的存在。大乳管是有伸縮性的流通管子,並沒有儲存乳汁的功能。奶是儲存在小泡囊和小乳管內。

1　手擠奶或泵奶都會提升造奶荷爾蒙水平。
　　• Riordan, J. (2005). *Breastfeeding and human lactation* (3rd ed., pp. 329–340). Boston: Jones and Barlett.
　　• Walker, M. (2014). *Breastfeeding management for the clinician: Using the evidence* (3rd ed., pp. 98). Burlington: Jones and Bartlett Learning.
2　Ramsay, D. T., Kent, J. C., Hartmann, R. A., & Hartmann, P. E. (2005). Anatomy of the lactating human breast redefined with ultrasound imaging. *Journal of Anatomy, 206*(6), 525–534.

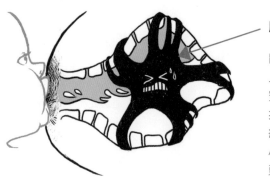

肌肉細胞

圖 4.1.2
上圖：

寶寶吸吮乳房時，神經訊息
指令包圍著小泡囊外的肌肉
細胞收縮，將乳汁通過眾多
小乳管，最後沿大乳管從乳
頭排出，讓寶寶享用。

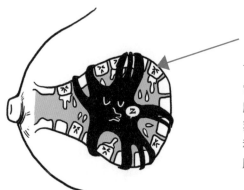

乳腺細胞

下圖：

當寶寶離開乳房後，乳腺細
胞繼續努力製造下一餐母
乳，母乳暫時儲存在小泡囊
和小乳管內。此時，肌肉細
胞睡覺了。

懷孕 = 乳房再發育

從懷孕期乳腺增長到最後回奶，乳房經歷整個「再發育」的過程，共六
個階段[3]。表4.1.1總括了乳房在不同階段的變化。奇妙的是整個過程是
首尾呼應的，「回奶乳」與「初乳」的成分相若。「回奶乳」雖然量少，
但仍然充滿營養，有高濃度的蛋白質和抗體。哺乳媽媽的乳房會經歷所
有六個階段；選擇餵奶粉者，乳房仍然經歷乳腺增長、初乳、上奶和回
奶，只是中間沒有調節奶量期和穩定期。

3　Woolridge, M. W. (1995). Physiology into practice. In D. P. Davies (Ed.), *Nutrition in child health* (pp.13–31). London: Royal College of Physicians of London.

表 4.1.1：乳房製奶階段概覽

製奶階段	何時？	乳房狀態	母乳的特徵或奶量的情況	詳閱
乳腺增長	懷孕初期至中期	乳房體積增大	尚未開始造奶	第 1.8 篇
初乳期	懷孕中期至產後 36 小時	乳房柔軟	量少而稠、超多抗體；適合初生嬰兒學習吸吮	第 2.2 篇
上奶期	產後 36 至 72 小時	明顯脹奶或腫脹，48 小時內腫脹消退	奶量明顯上升	第 2.3 及 7.7 篇
調節奶量期、吸吮乳房學習期、媽媽適應期	上奶後 3 至 5 週	出奶前有些脹，出奶後變柔軟	奶量隨出奶多少而調節	第 4.3 篇
奶量穩定期	首 6 個月	脹奶感覺減少	奶量沒大上落（平衡狀態）	第 4.3 篇
回奶期	加固後	乳房柔軟	量少而稠、超多抗體	第 4.23 篇

本篇參考資料

- Ramsay, D. T., Kent, J. C., Hartmann, R. A., & Hartmann, P. E. (2005). Anatomy of the lactating human breast redefined with ultrasound imaging. *Journal of Anatomy, 206*(6), 525–534.
- Riordan, J. (2005). *Breastfeeding and human lactation* (3rd ed., pp. 329–340). Boston: Jones and Barlett.
- Walker, M. (2014). *Breastfeeding management for the clinician: Using the evidence* (3rd ed., pp. 98). Burlington: Jones and Bartlett Learning.
- Woolridge, M. W. (1995). Physiology into practice. In D. P. Davies (Ed.), *Nutrition in child health* (pp.13–31). London: Royal College of Physicians of London.

第 4 章 ● 實戰篇

天然分泌，滋潤乳頭

餵奶前後不用清洗乳頭

乳暈上有些輕微凸起的小粒，稱為皮脂腺（Montgomery's glands）（圖 4.2.1）。皮脂腺在懷孕及授乳期間會稍為增大，不要誤以為是生瘡或發炎。皮脂腺的分泌物有三大功用：

1. 滋潤及保護：避免乳頭受損。
2. 有特別味道：吸引寶寶吸吮乳房。
3. 改變皮膚的酸鹼度：有抗菌作用。

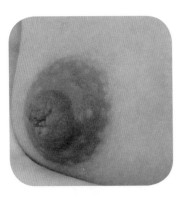

圖 4.2.1
乳暈上輕微凸起的小粒——皮脂腺。

當媽媽被問到在餵奶前為何用濕紙巾抹乳頭時，大多數人的答案是想抹掉細菌和塵埃。她們沒想過若經常用水清洗乳頭，會帶走皮脂腺的分泌物，也會令乳頭容易破損。若用含酒精的濕紙巾抹乳頭，酒精揮發時更將皮膚的水分一併帶走，令乳頭更乾裂呢！因此，每天洗澡一次已經足夠。此外，洗澡時避免在乳頭使用太多肥皂或淋浴露，因為這會帶走保護乳頭的分泌物。餵哺後可擠出少量乳汁塗在乳頭上，以滋潤乳頭。

生產後先洗澡才授乳？

有些人擔心媽媽生產後全身臭汗淋漓、骯髒得很，是否須要先洗澡才餵母乳呢？其實胎兒早透過胎盤吸收了媽媽的抗體，可以說是「打了底」，所以出生後立即讓他接觸媽媽的身體和餵母乳是絕對沒問題的。而且母乳含豐富抗體，出生後盡早讓母嬰作「胸貼胸」肌膚接觸，然後餵母乳，能快些建立嬰兒體內的益菌群組（bacterial colonization），有助增強嬰兒抵抗害菌的能力。

更換個人清潔用品，寶寶或會抗拒吸吮

若寶寶向來吃母乳吃得好，卻突然抗拒吸吮乳房，原因很多，詳見第8.5篇。媽媽更換了洗頭水、沐浴露等個人清潔用品而寶寶不習慣媽媽體味的改變也是原因之一。

授乳媽媽也可染髮

直至目前為止，沒有醫學證據證明媽媽染髮會對吃母乳的寶寶造成傷害。

黃金首3至5週

對所有母親來說，寶寶呱呱墜地的一刻既是痛苦的生產過程的結束，亦標誌著另一個階段的開始。很多選擇餵哺母乳的媽媽都不約而同地說：「最初幾個星期極具挑戰，孩子要密密吃奶，好像吃多少都不夠。這令我身心疲累之餘更擔心自己奶量不足；而且乳頭又被弄損，寶寶吸吮時令我非常疼痛。」因此，很多人形容此階段是甜酸苦辣，百般滋味在心頭。

從各方面看，首3至5週是成功的關鍵期。首先，上奶後，乳房進入調奶期，此時是最容易調升奶量。在技巧上，是寶寶和媽媽的學習期，尤其吸吮乳房，需要雙方磨合。在角色扮演上，媽媽、爸爸及全家都是適應期。在這段時期，爸爸媽媽及寶寶確實須要付出很多，但事半功倍。若錯過了這黃金期，之後才發力，結果很可能事倍功半！

調節奶量期

調節奶量靠配角和主角：

配角：造奶荷爾蒙（催乳素），詳見第4.1篇。因為催乳素水平於產後數月內漸漸減低，只在出奶時有短暫提升，所以只是調節奶量的配角。

主角：「製乳抑制因子」，見下文。

「製乳抑制因子」——調節奶量的關鍵

乳汁內有種物質，成分是乳清蛋白，稱為「製乳抑制因子」(feedback inhibitor of lactation, FIL)，負責調節奶量。左右乳房是各自調節的，可以一邊多奶，一邊少奶。為什麼？若乳汁積存在某一邊的乳房裡（例如因為寶寶吸吮能力不足、吸吮次數少），那一邊的「製乳抑制因子」就會積聚，而那邊乳房接收到的訊息便是「減產」。奶量少會減低寶寶吸吮的意欲，媽媽的自信心因而會降低，影響「噴奶反射」，進一步令乳汁積存在那邊乳房，結果造成惡性循環，奶量便再減少。

調節奶量的關鍵是乳房內有多少「製乳抑制因子」。要調高奶量，出奶須「頻密」和「有效」，即減少乳房內的「製乳抑制因子」。只要出到奶，吸吮、手擠或泵奶都可以調高奶量。「頻密」是指寶寶初生首月每天最少出奶八次。「有效」是指有良好的噴奶反射（詳見第 4.4 篇），奶出得順，每次在合理的時間內，放出相當的奶量。理論上，相當的奶量是配合寶寶的食量，避免與人比較。出奶前有些乳脹，出奶後變柔軟便可。有人以為待乳房脹多些才出奶，寶寶就可以吃多些奶。短期看來是對的，因為那一餐的奶量可能多些，但長遠來說奶量是會減少的。

打個比喻，錢長期儲在近乎零利息的銀行，等如虧蝕。將部分錢拿出來投資，反而有機會賺！投資有風險，價格可升可跌，但調奶可以說是頗穩健的投資吧！

出奶、噴奶反射及奶量是相互影響的。有效吸吮或良好的噴奶反射會調高奶量，奶量好便進一步提升吸吮能力和噴奶反射。相反，若吸吮或噴奶反射欠佳，便調低奶量，然後再減低吸吮能力和噴奶反射，進入惡性循環（圖 4.3.1）。奶量過少或過多，大多數是繼發性或後天因素，少數是原發性或先天因素。詳見第 7.4 篇。

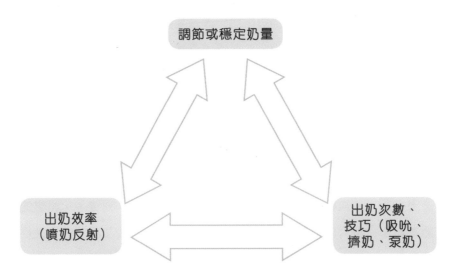

圖 4.3.1　鐵三角：出奶、噴奶反射及奶量的相互關係

提升母乳脂肪含量

如奶量調節得好，奶的脂肪含量也會提升。脂肪含高熱量，令寶寶有飽肚的感覺及增加體重。母乳的總脂肪含量與媽媽進食多少脂肪並無關係，所以，媽媽不用狂吃高脂肪食物啊！

調奶原則一：多勞多得

圖 4.3.2

全日出奶次數 × 每次出奶的奶量 = 全日總奶量

即使出奶次數少，只要每次出的奶量多，或者雖然每次出的奶量少，只要出奶的次數多，全日的總奶量也可相同。

調奶原則二：心情好，出奶順

圖 4.3.3

調奶原則三：補奶粉，減奶量

詳見第 7.4 篇。

圖 4.3.4

圖 4.3.5

調奶原則四：太多奶有反效果

詳見第 7.5 篇。

圖 4.3.6

寶寶學習期

試從孩子的角度想想：孩子住在媽媽體內這安樂窩的 9 至 10 個月期間，不用吃喝，也不用呼吸，營養和氧氣自動透過胎盤輸送給他。孩子不用擔心溫度的變化，身體又有胎水、胎膜等多重保護免受損傷。離開母體後，孩子的生活模式突然有三百六十度改變。寶寶既要適應溫度的變化，又要呼吸和吃奶才得以維持生命。吸吮乳房這動作看似簡單，其實吸吮、吞奶和呼吸三者配合也絕非容易，好像游泳、踏單車等是需要時間學習的。學習進度有快有慢，早產寶寶的學習期可能較長。不能心急，也不能揠苗助長。回想當年老大吃奶時下唇經常向內翻，試過多次刻意翻開她的下唇，但不久她又向內翻，結果要等她漸漸長大，才學懂有效吸吮。老三出生前，筆者已有兩次餵哺母乳的經驗，個人的餵哺技巧已十拿九穩，滿以為老三出生後會一切順利。後來深深體會到每個孩子的性格不同，學習吃奶的進度也不盡相同。大部分孩子都有潛能在 3 至 5 週內掌握熟練的吸吮技巧，視乎家長有否給予學習機會。這種奇妙的動作配合彷彿是初生嬰兒的專利，愈早開始學習，效果愈好。

世上沒有「懶」吸吮的寶寶

有人用「懶惰」去形容不肯吸吮乳房或很快含著乳頭睡著的寶寶。究竟寶寶真的懶惰，抑或未有能力吸吮？

所有動物離開母體後都須要求生，所謂「適者生存」，人類也不例外。筆者相信除非患病，否則寶寶一出世便懶惰的機會較低，反而吸吮能力不足的可能性較高，即是寶寶正在學習吸吮。也可能是家長錯過了寶寶想吃奶的信號而再入睡，並非寶寶嗜睡。筆者相信世上並沒有懶惰的寶寶，只有懶惰的家長吧！

餵哺姿勢→含乳嘴形→吸吮能力

吸吮的能力一半是靠寶寶自己去學習，另一半是靠媽媽的餵哺姿勢及擺放寶寶的手勢。醫護人員主要是觀察寶寶含乳的嘴形及吸吮能力，指導基本的餵哺姿勢及手勢，增強媽媽的自信心。醫護人員未必能即時提升寶寶的吸吮能力，但改良餵哺姿勢及手勢可以幫助改善寶寶含乳的嘴形，而嘴形正確就有助日後增加吸吮的效率。關於含乳和吸吮能力的關係，詳見第 5.1 篇。於寶寶吸吮時刻意翻開他的下唇沒有長遠的幫助，吸吮能力是需要時間去提升的，學習進度亦有快有慢。

吸吮能力有高低

以游泳為例，少數人能成為奧運選手，有些人始終不善游泳，但大部分人最終都能學懂游泳，只是能力有高低的差異。吸吮乳房的能力也是這樣。大部分孩子都有潛能，但吸吮能力有高低之分。縱使母嬰雙方在適應期已盡全力，有些寶寶的吸吮能力最終只是一般，需要媽媽補些泵出來的母乳，體重才能達標。若媽媽不善泵奶擠奶或奶量只是一般，寶寶便須要補充奶粉，體重才能達標。

媽媽適應期

除了調節奶量之外，最初的 3 至 5 週也是媽媽的適應期。尤其是新手媽媽，在心理和生理上都要適應身份的改變。最初不知道寶寶的反應代表什麼，不知道如何回應，餵哺姿勢又不熟練，甚至會懷疑自己是否做得正確。這一切都要時間去摸索，才能慢慢由新手變成熟手。

如何正面渡過適應期

以下的方法，有助媽媽正面渡過這 3 至 5 週的適應期：

1. 告訴自己這段適應期是暫時的，明天會更好。
2. 雖然頻密餵哺以致不能持續睡 8 小時，但是造奶荷爾蒙有助提升媽媽的睡眠質素。
3. 這段日子雖然辛苦，但日後會成為珍貴的回憶。筆者在家坐月時習慣一邊看電影一邊餵奶。現在筆者每次翻看那些電影時，也讓我回味過往一幕幕與孩子並肩作戰的畫面。
4. 不要只照顧寶寶的需要，也要照顧自己的需要。
5. 爭取丈夫的支持。
6. 參加餵哺母乳朋輩群組，認識一些「人辦」及「同行者」。

媽媽眼瞓點算好？

可以考慮以下方法：

1. 與寶寶同步睡覺：趁寶寶睡時自己也去休息，不要趁寶寶睡時忙著做其他事情，結果當寶寶睡醒時自己又沒法休息了。

2. 不要高估自己的能力而期望生產後幾個星期能完成很多事情。

3. 不妨接受家人或朋友的幫忙，代為處理其他事務，盡量讓自己專心學習餵母乳。

4. 選擇舒適的姿勢餵哺母乳。

3 至 5 週後變「自動波」

適應期過後，媽媽的餵哺姿勢、手勢及孩子的吸吮已配合得很純熟，餵哺的次數和時間通常也較初生時減少了，餵哺母乳也隨之變得較輕鬆，好像駕駛「自動波」汽車一樣。而且，餵哺母乳帶給寶寶和媽媽的益處會愈發明顯。

奶量穩定期

有研究指出第四週的奶量與第六個月沒有太大分別（詳見第 2.2 篇表 2.2.1），即是說第 3 至 5 週已經是奶量的高峰期，之後幾個月是穩定期。奶量可以微調，但不會大上大落。此時，造奶荷爾蒙（催乳素）水平已逐漸下降。要保持穩定的奶量，全靠穩定的出奶次數及有效出奶，使「製乳抑制因子」離開乳房（見圖 4.3.1）。有人問：「從第 3 至 5 週起，奶量沒有大升幅，但寶寶的體重繼續增加，為什麼？」神奇的地方是因為身體每公斤的熱量需求會隨年齡下降，所以，穩定的奶量已足夠寶寶的生長。此期間，奶量剛好與孩子的需求配合，很多媽媽都覺得「乳房唔太谷奶」了，但千萬別以為「唔太谷奶就等於唔夠奶」呢！

噴奶反射

不一定有奶柱

「噴奶反射」(milk ejection reflex,又稱 oxytocin reflex 或 let-down reflex)指乳腺的肌肉細胞收縮,將乳汁由小泡囊通過無數小乳管,輸送到大乳管,最後從乳頭排出,詳見第 4.1 篇。媽媽不一定有奶柱射出來才是噴奶反射,只要奶一滴接一滴出來已表示噴奶反射良好或「奶出得順」了。

要舒服才出奶

要確保「奶出得順」,必須靠身體分泌「噴奶荷爾蒙」,令肌肉細胞收縮。媽媽開心、有自信、無痛楚、想、看、聽、嗅、接觸寶寶、正確含乳或正確擠奶泵奶,可以令肌肉細胞努力工作。

相反,若媽媽有任何負面情緒、焦慮、缺乏自信、疼痛、母嬰分離、不正確含乳、不正確擠奶泵奶或過分按壓乳房,會抑壓「噴奶荷爾蒙」,肌肉細胞睡著了,奶便出得不暢順。有任何疼痛,包括產後傷口痛,建議吃醫生處方的止痛藥,否則會影響出奶。

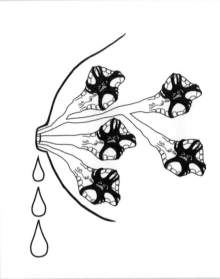

增加噴奶反射：

- 開心
- 自信
- 無痛楚
- 想、看、聽、嗅、接觸
  寶寶
- 正確含乳
- 正確擠奶泵奶
- 輕柔按摩乳房

圖 4.4.1　增加噴奶反射→肌肉細胞努力工作

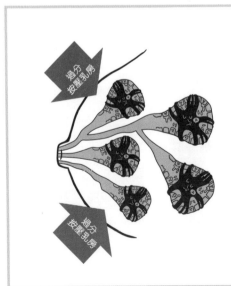

抑壓噴奶反射：

- 負面情緒、焦慮
- 無自信
- 疼痛
- 母嬰分離
- 不正確含乳
- 不正確擠奶泵奶
- 過分按壓乳房

圖 4.4.2　抑壓噴奶反射→肌肉細胞睡著了

出奶前奏

若新手媽媽仍未熟習餵哺技巧或想在寶寶吸吮前進一步促進「噴奶反射」，可在出奶前作一些「前奏」，例如：

1. 與寶寶胸貼胸肌膚接觸（圖 4.4.3）。

   這是最簡單的方法。有些媽媽一緊貼寶寶，乳房隨即滴奶！

2. 輕輕按摩乳房（不超過 3 分鐘）——過分按摩會有反效果（圖 4.4.4）。

3. 按摩背部穴位（圖 4.4.5、圖 4.4.6）。

4. 溫暖淋浴。

5. 暖敷乳房（不超過 3 分鐘）——太長時間暖敷反令腫脹加劇（圖 4.4.7）。

前奏的目的是令媽媽舒服，刺激乳腺的肌肉細胞收縮（即噴奶反射），將乳汁釋放出來（見第 4.1 篇圖 4.1.2）。當餵哺技巧漸漸熟練而寶寶的吸吮能力又足夠時，即使省掉這些餵哺前奏，乳汁也會自然流出來。

促進「噴奶反射」的前奏：

圖 4.4.3
母嬰雙方穿著開胸上衣，打開衣服的鈕扣，然後進行「胸貼胸」肌膚接觸。

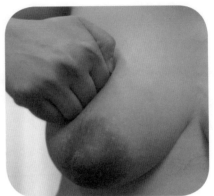

圖 4.4.4
輕輕按摩乳房（不超過 3 分鐘）。

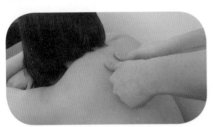

圖 4.4.5
按摩背部方法一：用拇指打小圈。

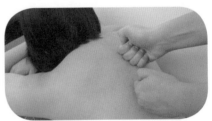

圖 4.4.6
按摩背部方法二：用拳頭上下按摩。

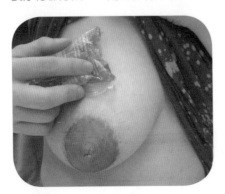

圖 4.4.7
暖敷乳房（不超過 3 分鐘）。

餵哺母乳，知易行難？（增訂版）

144

噴奶感覺—— 可有可無

最可靠的「噴奶表徵」是見到寶寶深而慢、有節奏地吸吮，間歇停頓及吞奶。其他「噴奶表徵」包括：

1. 胸口有刹那麻刺的感覺。
2. 另外一邊乳房滴奶，因為兩個乳房一同進行噴奶反射（圖4.4.8）。
3. 子宮收縮而感疼痛，因為噴奶荷爾蒙運行全身，包括子宮（產後首週）。
4. 寶寶離開乳房時，乳房仍在滴奶。

沒有以上表徵不一定代表沒有「噴奶反射」，有些媽媽乳汁很暢順地流出卻沒有任何感覺或徵狀。

圖 4.4.8
寶寶剛才吸吮這個媽媽左邊乳房時，右邊乳房滴奶，衣服被滴出來的奶弄濕，這是「噴奶反射」的表徵之一。

按摩乳房要適可而止

很多人相信按摩乳房對餵哺母乳有好處,包括加快上奶、增加奶量、紓緩乳房腫脹、疏通乳管閉塞和乳腺炎。世界各地的乳房按摩方法五花八門,有些聲稱最少按摩 3 小時才能上奶,有些甚至要夫婦一起上堂拿取證書呢!數年前聽到一位很有經驗的國際認證哺乳顧問對一班醫護人員分享心得說:「我經常到醫院幫剛生產的媽媽按摩乳頭數小時,以按通乳管,讓初乳順利排出。」究竟按摩的醫學原理是什麼?初乳是靠按摩而排出抑或靠寶寶吸吮出來的呢?

餵哺前輕輕按摩乳房促進「噴奶反射」

新手媽媽若仍未熟習餵哺技巧,可在餵哺前作「前奏」,輕輕按摩乳房不超過 3 分鐘就是其中一個方法。原理是促進「噴奶反射」,詳見第 4.4 篇。按摩乳房的方法千變萬化,大原則是「舒服」(圖 4.5.1 至圖 4.5.3)。

餵哺時輕輕按摩乳房,助疏通乳管閉塞

當乳管閉塞奶出得不順時,餵哺時向乳頭方向輕輕按摩患處可望奶出得順些,吸引寶寶吸吮,快些疏通閉塞的乳管。

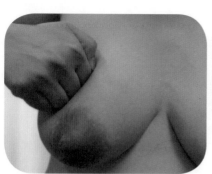

圖 4.5.1
用拳頭輕輕按摩乳房。

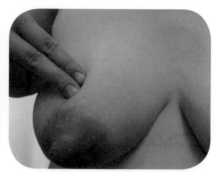

圖 4.5.2
手指從外圍朝乳頭方向輕掃乳房。

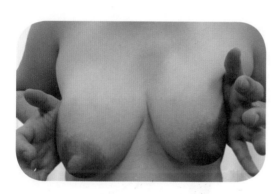

圖 4.5.3
輕輕搖動兩邊乳房。

過分按壓有反效果

從互聯網上看到內地有按摩中心聲稱按摩乳房 7 小時能醫治乳管閉塞。筆者不否定這方法對部分人有幫助，但若按摩力度太強或時間太長而令媽媽感到疼痛時，身體會有何反應呢？從生理學去理解，疼痛會抑壓「噴奶反射」，而且過分按壓有機會加劇水腫、血液和淋巴液的積聚，甚至弄傷乳腺，令乳汁更難流出（圖 4.5.4）。

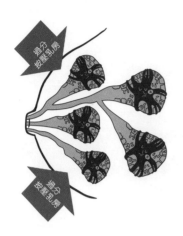

圖 4.5.4
過分按壓→疼痛→肌肉細胞睡著了→抑壓
噴奶反射→奶不流出來

乳房是極敏感的身體部位，試想想當你的乳房腫脹如石頭、乳管閉塞
或患上乳腺炎時，即使不觸碰患處，也十分疼痛，若你還使勁按壓
它，你可想像那感覺會如何？（圖4.5.5）出奶是醫治乳房腫脹、乳管閉塞和乳腺炎的關鍵，故此筆者建議媽媽選擇一些既舒服又有效，能促進「噴奶反射」的方法。

忍痛大力按壓，想「疏通」乳管閉塞，點知愈按愈痛，愈痛就愈唔出奶！

圖 4.5.5

成功尋找乳房──
硬件軟件必備

有人覺得餵哺母乳是自然不過的事，全世界的嬰兒都有與生俱來吃母乳的能力，但有些人卻持相反意見，認為吃母乳很需要後天訓練以掌握正確的技巧。筆者認為兩種說法皆有道理，而且先天與後天同樣重要。要成功尋找和有效吸吮乳房，除了依靠與生俱來的反射功能之外，後天學習良好的姿勢和技巧也很重要，兩者須要配合得天衣無縫。有些寶寶先天吃奶能力較強，不用指導便吃得好，就算媽媽抱寶寶的姿勢極差他也照樣吃得夠。可是，有些寶寶卻需要各方面的配合才勉強吃到一點點奶。正如游泳一樣，有人是奧運選手，有人只能勉強游到幾步。

尋找乳房靠「硬件」

要寶寶找到乳房，要靠乳房的「硬件」和寶寶的「硬件」。

乳房的「硬件」

1.「色」
從懷孕起，乳頭和乳暈的顏色會變深，在視覺上幫助寶寶尋找乳房。

2.「香」
乳暈輕微凸起的皮脂腺分泌物有特別的味道，能吸引寶寶尋找乳房。

3.「味」

媽媽擠一滴奶塗在乳頭，讓寶寶嘴唇舔到奶，能吸引他張大嘴巴吸吮乳房。

寶寶的「硬件」

寶寶在胎兒期已擁有以下的「先天神經反射」，幫助自己出世後覓食：

1. 覓食反射（rooting reflex）

當媽媽接觸寶寶的面頰或嘴巴時，他的面會自然轉向媽媽，然後張開嘴巴並放下舌頭。這種反射在胎兒 32 週開始出現。

2. 吸吮反射（sucking reflex）

當寶寶的上顎接觸媽媽的乳房時，他便自然有吸吮乳房的動作。這種反射在胎兒 18 至 24 週開始出現。

3. 吞嚥反射（swallowing reflex）

當奶進入寶寶的口腔時，他便自然把奶吞下去。這種反射在胎兒 12 週開始出現。

理論上 32 週以上出生的寶寶已擁有上述的先天神經反射，但早產寶寶（即少於 37 週）的吸吮動作通常都未如理想，需要較長的學習時間。一般 37 週或以上出生的寶寶才有比較協調的吸吮動作。寶寶出生 3 個月大起，覓食反射便會消失，而吸吮反射也從不隨意變為隨意式，因為那時寶寶已可「自動波」尋找乳房，不再依賴這兩種「硬件」了。

尋找乳房靠「軟件」

「軟件」是指後天須要學習的技巧。媽媽自己舒適的姿勢，加上擺放寶寶於舒適的位置，能夠讓寶寶較易尋找乳房。有研究[1]指出初生寶寶伏在半躺臥的媽媽身上，彼此胸貼胸的肌膚接觸，能夠引發寶寶很多「初生嬰兒的原始反射」（primitive neonatal reflexes, PNRs），例如抬起頭部、手部活動和爬行等，幫助寶寶成功尋找乳房。詳細的餵哺技巧，詳見第 5.1 篇。

本篇參考資料

* Colson, S. D., Meek, J. H., & Hawdon, J. M. (2008). Optimal positions for the release of primitive neonatal reflexes stimulating breastfeeding. *Early Human Development, 84*(7), 441–449.

1   Colson, S. D., Meek, J. H., & Hawdon, J. M. (2008). Optimal positions for the release of primitive neonatal reflexes stimulating breastfeeding. *Early Human Development, 84*(7), 441–449.

吸吮乳房的秘技

媽媽適時正確擺位 → 寶寶正確含乳 → 寶寶有效吸吮 → 協調吞奶和
呼吸

有關擺位，詳見第 5.1 篇，這篇集中解說含乳和吸吮乳房的機械原
理。有關吸吮奶瓶的機械原理，詳見第 8.9 篇。

正確含乳

要正確含乳，嘴唇、舌頭、面頰和下巴必須配合（圖 4.7.1）。下巴能
穩定嘴唇、舌頭、面頰的動作。

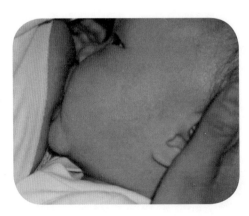

圖 4.7.1
筆者的大女兒正確含乳，嘴巴張
大如打呵欠（角度大於 140˚）、
下唇向外翻開、下巴緊貼乳房、
含較多乳暈的下半部。

嘴張大時，下巴先接觸乳房作支點。下唇翻開，讓舌頭向前伸。嘴唇和舌頭緊緊密封乳房，形成口腔內某程度的負氣壓。這負氣壓加上舌頭向前伸的動作，會將乳頭和乳暈拉長約兩倍，目的是將乳頭尖端伸延到寶寶口腔較後的位置（硬顎和軟顎交界數毫米前的位置）（圖4.7.2），避免舌頭弄損乳頭。所以寶寶的嘴剛離開乳房時，乳頭或呈長而圓狀（圖4.7.3）。正確含乳密封乳房時，寶寶只吸入少量空氣，因此有些寶寶吃奶後不用掃風呢！

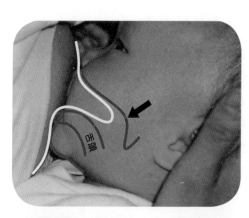

圖 4.7.2
正確含乳透視圖：乳頭拉長約兩倍，乳頭尖端伸延到硬顎和軟顎交界（箭嘴位置）數毫米前的位置。舌頭向前伸，蓋過牙肉，放在乳頭下，包圍著大部分乳暈和拉長了的乳頭。

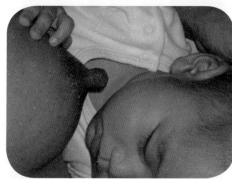

圖 4.7.3
寶寶的嘴巴剛離開乳房時，乳頭呈長而圓狀。

第 4 章 ● 實戰篇

有效吸吮

寶寶剛含乳時的吸吮較淺而快，每分鐘超過 100 次，目的是刺激媽媽的噴奶反射。當噴奶反射出現時，奶出得順，吸吮便變得深而慢，有節奏，每分鐘平均 40 至 60 次，這就是有效吸吮。

從物理學角度看，液體從正氣壓流向負氣壓。乳房充滿奶，是正氣壓；噴奶反射進一步增加乳房的正氣壓。寶寶有效吸吮時，舌頭和下顎肌肉往下方拉。此時，口腔容積增大，口腔內的負氣壓進一步增大。因此，奶從乳房流入寶寶口腔。當奶充滿口腔，自然反射是吞奶。吞奶後，寶寶呼氣和吸氣。這一連串「吸吮、吞奶、呼吸」的動作是需要協調，需要時間學習的，而學習進度有快有慢。這動作彷彿是初生嬰兒獨有的秘技。斷奶後，隔一段時間後再嘗試吸吮乳房時，他們彷彿已忘記怎樣吸吮呢！

有效吸吮是深而慢且有停頓，停頓是指下顎肌肉往下方拉的一刻。面頰肌肉夾著一層脂肪，幫助保持口腔的負氣壓，所以寶寶面頰保持脹脹代表有效吸吮。早產嬰兒欠缺這層脂肪，而唐氏綜合症的嬰兒面頰肌肉無力，會減弱負氣壓和吸吮（有關如何幫助這些寶寶，詳見第8.13 篇）。

不正確含乳

嘴巴張得小，下巴不緊貼乳房、下唇向前或向內翻都是不正確含乳的姿勢（圖 4.7.4）。嘴巴未能密封乳房，代表「漏氣」。這樣吸吮會發出聲音，所以在餵哺母乳的字典裡，「食到咂咂聲」是負面的表現。寶寶下唇內翻，舌頭沒法向前伸，所以只含著媽媽的乳頭，沒有拉長乳

頭和乳暈。舌尖掃著乳頭，會弄損乳頭，或壓扁乳頭（圖4.7.5）。當寶寶的嘴剛離開乳房時，乳頭看來被壓扁似的。

乏效吸吮

奶從乳房進入寶寶口腔，始終靠口腔形成的負氣壓。乏效吸吮指舌頭和下顎肌肉乏力沒往下方拉，反而過分使用嘴唇、面頰和下巴肌肉，去製造口腔的負氣壓。這樣吸吮較費力，但吸到的奶卻較少，即事倍功半。乏效吸吮時，吸吮淺而快，面頰凹陷起來，嘴唇外圍現皺紋，吸吮後仍不滿意。黐脷筋和吸吮奶瓶的寶寶正正是這樣吃奶。

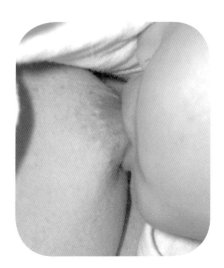

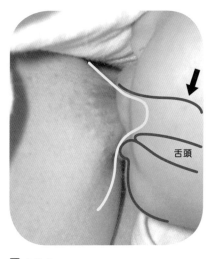

舌頭

圖 4.7.4
不正確含乳：嘴巴只輕微張開，嘴唇向前，下巴沒有緊貼著乳房，含較多乳暈的上半部。

圖 4.7.5
不正確含乳的透視圖：寶寶只含著乳頭，沒有拉長乳頭至硬顎較後的位置。舌尖掃著乳頭，弄損乳頭。硬顎和軟顎的交界位置（箭嘴位置）。

順應餵哺母乳

有人覺得母乳和奶粉寶寶都須定時定量餵哺；有人卻認為吸吮乳房無須定時餵哺，但奶瓶餵哺則須定時定量。究竟初生寶寶應該每天吃奶多少次？每次吃多少毫升？每次吃多少分鐘？筆者嘗試從生理學角度了解初生寶寶的情況，分析何謂「正常」的餵哺節奏。

按母嬰雙方的需要餵哺

初生寶寶（尤其首 1 個月）的胃部細小，又晝夜不分，而且人類屬「攜帶型」哺乳動物（詳見第 2.4 篇），少量多餐和吃夜奶是正常的，限時限量餵哺或強行戒夜奶未必如此容易實行。建議家長使用「順應餵養」（responsive feeding）[1]，根據寶寶當時的需要而適時適量地餵哺。「需要」主要指按寶寶的飽餓信號餵哺。吸吮乳房無法量化，也不須規定每次多少分鐘、一邊或兩邊乳房，詳見第 4.9 篇。

若是吸吮乳房，媽媽也可隨自己的需要餵哺寶寶，例如非常乳脹時，或上班離家前，媽媽可嘗試讓寶寶吸吮，幫忙紓緩乳脹。「順應餵養」

1　Black, M. M., & Aboud, F. E. (2011). Responsive feeding is embedded in a theoretical framework of responsive parenting. *The Journal of Nutrition*, *141*(3), 490–494.

的好處是食量不太多也不太少，而且適時餵哺的寶寶會吸吮得較有效。

表 4.8.1：6 個月以下寶寶的飽餓信號及家長的對應行動

寶寶的需要	寶寶發出的信號	家長的對應行動
早期肚餓 （圖 4.8.1）	• 寶寶頭轉向兩邊並張嘴覓食 • 舌頭舔嘴唇 • 手放在嘴邊 • 吮手 [2] • 發出吸吮聲音 • 表現不耐煩	適宜立即餵哺
極之肚餓 （圖 4.8.2）	• 哭鬧 [3]	先安撫，後餵哺
吃飽了 （圖 4.8.3）	經有效吸吮後： • 吸吮放慢或停止 • 含著乳房或奶瓶睡著了 • 手打開、完全放鬆 • 自行離開乳房或奶瓶 • 拱起背 • 頭轉開 • 推開乳房或奶瓶	不適宜強行餵哺

2　吮手：可代表寶寶早期肚餓（尤其 1 個月以下）或有倦意（尤其 3 個月以上）。
3　哭鬧：除肚餓之外，也可代表過度疲倦、生病、太熱、太冷、太吵、寂寞或原因不明，詳見第 8.7 及 9.5 篇。

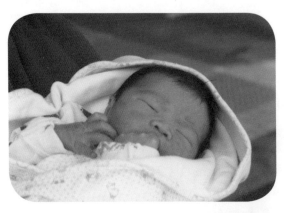

圖 4.8.1
早期肚餓信號，適宜立即
餵哺。

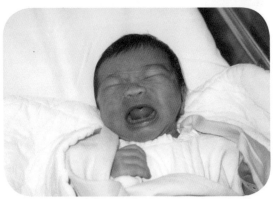

圖 4.8.2
哭鬧可代表極之肚餓。

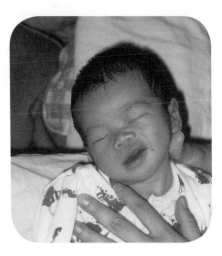

圖 4.8.3
寶寶吃飽了，不適宜強行
餵哺。

餵哺母乳，知易行難？（增訂版）

抓緊早期肚餓信號 = 適時餵哺

寶寶發出覓食信號，若趁此時機餵哺，有什麼好處？媽媽心情平和，奶會出得較順。寶寶較安定，媽媽較容易正確地擺位，而且寶寶舌頭會伸前多些，最後較易達至正確含乳和有效吸吮。有些寶寶一醒來很快便哭鬧，早期肚餓信號的時間很短，父母可能很易錯過這些短暫而適合餵哺的良機。

哭鬧 = 極之肚餓

若我們在寶寶哭鬧時才餵哺，媽媽會因感到焦急而影響出奶。寶寶在乳房前猛力掙扎時，媽媽較難正確擺位。此外，大哭時舌頭向上捲，阻礙正確含乳和有效吸吮。建議父母先安撫寶寶，然後餵哺。

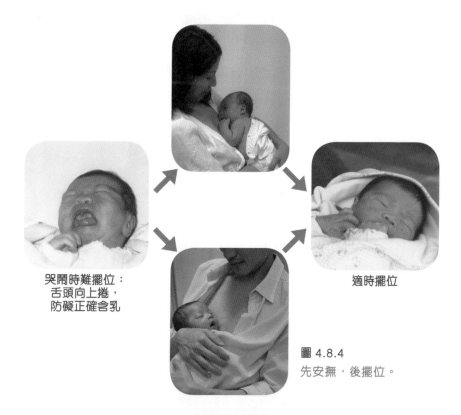

哭鬧時難擺位：
舌頭向上捲，
防礙正確含乳

適時擺位

圖 4.8.4
先安撫，後擺位。

寶寶正睡覺，要喚醒他吃奶嗎？

睡眠以週期運作，淺睡、熟睡和清醒循環出現。熟睡時（見第 1.1 篇圖 1.1.3），寶寶的身體及四肢甚少活動，呼吸平穩，不易受外界環境影響。勉強叫醒熟睡中的寶寶吃奶，通常吃得不好，甚至完全不肯吃呢！寶寶淺睡（見第 1.1 篇圖 1.1.2），身體開始有些活動時，便可嘗試喚醒他，並嘗試餵哺。若他不願意吃，不妨於半小時後再試。初生嬰兒的睡眠週期平均只有 30 至 50 分鐘，隨年齡漸漸拉長，直至 5 歲與成人相約，睡眠週期長達 90 分鐘。

健康寶寶不長時間熟睡

初生嬰兒的睡眠週期平均只有 30 至 50 分鐘，淺睡、熟睡和清醒循環出現。家長以為寶寶嗜睡可能是因為不懂分辨熟睡和淺睡。淺睡時寶寶可能出現張嘴覓食的信號，若家長錯過了這些信號，寶寶的睡眠週期可能連續循環數次。初生健康寶寶絕對不會長時間熟睡，除非生病了或生產時媽媽服用令人昏昏欲睡的藥物（包括：剖腹時的麻醉藥、無痛分娩、止痛藥等），有些藥性可以維持 1 至 2 天。

怎樣喚醒淺睡中的寶寶？

1. 燈光調至微暗，因強光會令寶寶閉上眼睛。
2. 掀起被子和衣服，更換尿片。
3. 直立式地抱起他。
4. 以眼神接觸，用不同音調與他交談。
5. 胸貼胸肌膚接觸。

6. 輕撫他的面部，輕拍他的背部、手掌和腳底（切勿大力拍打）。

7. 擠出一些母乳放在寶寶嘴唇。

「密集式吃奶」模式

曾有媽媽問：「為什麼寶寶黃昏時段特別吃得密呢？寶寶吃完也不睡覺，好像愈吃愈精神似的！弄得我身心疲累！是否不正常呢？」這情況稱為「密集式吃奶」[4]（cluster feeding），特徵是在每天的某數小時內吃奶需求特別高，連續吃多餐。這是初生嬰兒常見的現象，尤其首5至6週，原因不明，無論吃母乳或奶粉都有此情況，多於黃昏出現，但其他時段也有機會出現。密集吃奶後，寶寶通常會連續睡4至5小時，是正常的，這是母嬰雙方的休息時間，不用叫醒他再吃奶了。

「密集式吃奶」時，媽媽除感到身心疲累、不開心、焦慮、挫敗、自責和失去信心之外，母乳媽媽更常常覺得乳房已被「清空」，懷疑自己不夠奶，最後可能補奶粉。有此顧慮的媽媽，建議詳閱第4.11篇，媽媽要相信柔軟的乳房仍然有些奶的事實，給自己一點信心，繼續餵哺。至於奶瓶餵哺，需否擔心寶寶於密集吃奶期間吃過量？不用太擔心，密集吃奶是寶寶主導的，寶寶真的有吃奶的需要，不存在吃過量。

---

4 • Australian Breastfeeding Association. (2017). Do I need to wake my baby for feeds? Retrieved from http://www.breastfeeding.asn.au/bfinfo/do-i-need-wake-my-baby-feeds

• Pregnancy Birth & Baby. (2017). Cluster feeding. Retrieved from https://www.pregnancybirthbaby.org.au/cluster-feeding

第 4 章 ● 實戰篇

密集吃奶有別於吸吮乏效和無故哭鬧

密集吃奶指每餐都是有效吸吮，吃奶後隨即表現滿足，但很快想吃下一餐；充足的小便反映有效吸吮。如吸吮後隨即繼續哭鬧，而且大小便很少，即代表密集但吸吮乏效，詳見第 4.10 篇。若寶寶的哭鬧是於吃奶、換尿片，甚至抱著後，都無法安撫下來，即可能是無故哭鬧，詳見第 8.7 篇。

有信心面對「密集式吃奶」

1. 家長須明白並接受這是原因不明的正常現象，不是寶寶有問題，也不是自己有問題。
2. 於密集前 2 小時，媽媽先照顧自己飲食的需要及作小休。
3. 預備舒適的餵哺地方。
4. 抓緊早期肚餓信號餵哺。
5. 用前置式揹帶或布帶攜帶寶寶，並讓他吸吮乳房，媽媽可行動自如和騰出雙手。
6. 保持正面思想，在密集期間告訴自己：「寶寶總有一刻會睡覺的！密集吃奶也總有一天會過去的！」
7. 尋找支援自己的人。丈夫可鼓勵太太說：「加油！」

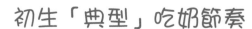

初生「典型」吃奶節奏

有人說：「初生首月，母乳寶寶的典型吃奶模式可以是：每天最少八次，每餐平均 5 至 40 分鐘。」筆者認為這只供參考，並非定律，因為寶寶可以有自己的節奏。可以每餐不一樣，也會隨著年齡而改變。家長須學懂如何順應餵養，以及觀察吃得足夠的表徵，詳見第 4.10 篇。

本篇參考資料

- Australian Breastfeeding Association. (2017). Do I need to wake my baby for feeds? Retrieved from http://www.breastfeeding.asn.au/bfinfo/do-i-need-wake-my-baby-feeds
- Black, M. M., & Aboud, F. E. (2011). Responsive feeding is embedded in a theoretical framework of responsive parenting. *The Journal of Nutrition, 141*(3), 490–494.
- Pregnancy Birth & Baby. (2017). Cluster feeding. Retrieved from https://www.pregnancybirthbaby.org.au/cluster-feeding
- UNICEF UK, Baby Friendly Initiative. Breastfeeding assessment tools. Retrieved from https://www.unicef.org.uk/babyfriendly/baby-friendly-resources/implementing-standards-resources/breastfeeding-assessment-tools/

第 4 章 ● 實戰篇

餵一邊抑或兩邊的疑惑

基本原則：先完成一邊乳房

媽媽產後平均 36 至 72 小時（第 2 至 3 天）上奶，奶量明顯上升。上奶後，寶寶在進食一餐奶的過程中，從開始吸吮到完成，母乳內的脂肪比例會漸漸上升。一般而言，前奶看來較稀和透明，因為水分和乳糖比例較高；後奶看來較白和濃度較高，因為脂肪比例較高（圖 4.9.1），令寶寶有吃飽的感覺，熱量也較多。不要以為只有後奶才有益，前奶都有豐富營養和熱量的。寶寶須要均衡地吸收前後奶，兩者缺一不可。所謂完成一邊乳房是指前後奶都吃了，然後媽媽要分辨寶寶是否已吃飽，抑或想繼續吸吮另一邊乳房。並不是說不准寶寶吃另一邊乳房，大原則是視乎寶寶的飽餓信號而作適切的回應，即上一篇提到的「順應餵哺母乳」。

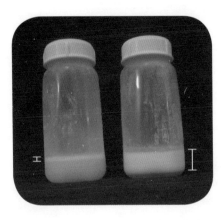

圖 4.9.1
脂肪的密度較乳糖和蛋白質為低，擠或泵奶數小時後，母乳內的脂肪會浮在上層。圖左為前奶，脂肪比例較少；圖右為後奶，脂肪比例較多。

怎樣確定已完成一邊乳房的前後奶？

吸吮乳房期間，母乳內的脂肪比例會漸漸上升，前後奶並不是一線之隔，不能用吃奶多少分鐘來衡量寶寶是否正在吃後奶。

1. 最可靠的指標：經過一段有效吸吮後，寶寶主動放開乳房，或吸吮變得慢而弱，像含著乳房睡著似的，雙手放鬆，表現滿足。
2. 寶寶吃奶後，乳房較吃奶前柔軟。

常見的謬誤

1. 覺得兩邊乳汁即吃較「新鮮」，乳汁留待下一餐會變壞，因此看著時鐘限時餵奶，每餐每邊餵若干分鐘。
2. 每餐限時餵奶，因為覺得餵哺時間不能太長，也不能太短。
3. 寶寶吸吮一邊乳房時，另一邊乳頭不停滴奶，為免浪費滴出的乳汁，便立即轉餵另一邊乳房。
4. 因為覺得吃另一邊乳房的前奶不好，即使寶寶完成一邊乳房後仍未滿足，也不准寶寶吃另一邊乳房。
5. 覺得前奶太稀、不夠後奶好，所以每次餵奶前先擠掉一些前奶。

每餐吃奶時間有長短

每個寶寶的吃奶速度和時間的長短都不一樣，也未必每餐一樣。雖然多數寶寶每餐平均需時約 5 至 40 分鐘完成，不過筆者見過有寶寶不需 5 分鐘便滿足地完成。吃奶時間的長短只是給不熟習餵奶的媽媽一個

提示，太短或太長時間可能代表吸吮有問題，建議尋求母乳指導。餵哺的重點不是時間的長短，而是吸吮的效率，只要寶寶吸吮有效、吃奶後表現滿足、大小便正常和體重增長達標（於首 3 個月，每個月最少增 0.5 公斤），便不須計算每次吃奶時間的長短了。

每餐餵一邊抑或兩邊──須視乎奶量

一般而言，奶量愈少就應該每餐餵兩邊，甚至可轉換兩邊餵哺數次（俗稱「超級轉」，switch nursing），目的是調高奶量。相反，奶量過多者則可連續兩餐「專心」餵同一邊（block feeding），這樣便能調低奶量。若懷疑自己奶量有問題，建議尋求母乳指導作多方面評估和跟進。不要誤以為自己一定是奶量不足，大部分擔心不夠奶的情況都是「假象」呢！若奶量已經調節理想，媽媽便可回復「先完成一邊乳房」的方法了。

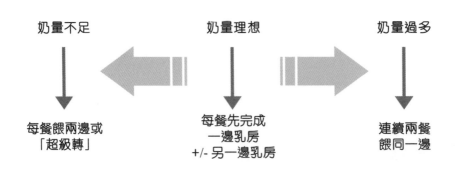

奶量不足	奶量理想	奶量過多
每餐餵兩邊或「超級轉」	每餐先完成一邊乳房 +/- 另一邊乳房	連續兩餐餵同一邊

圖 4.9.2

總括而言，除了奶量外，以下因素也影響寶寶全日的吃奶模式（包括每天吃奶的次數、每餐時間的長短或每餐餵一邊或兩邊乳房）：

1. 寶寶的年齡
2. 寶寶胃部的大小
3. 寶寶的食慾
4. 寶寶的性情
5. 奶的流速
6. 乳房的容量或儲存量（詳見第 9.1 篇）

全吃母乳，吃得夠嗎？

寶寶從乳房吸吮到多少奶永遠是個神秘的數字，令不少家長，尤其新手媽媽很不安心，常常懷疑自己不夠奶或寶寶的吸吮能力欠佳。筆者相信「有入必有出」的道理，所以，評估食量最客觀又可靠的方法應該是觀察寶寶的大小便和體重，這是較量化的方法。非量化的評估是觀察寶寶吃奶時和吃奶後的表現。

24 小時大小便反映全日食量

吃多少奶與排泄多少應該是成正比的，而且吃奶後通常不久已有小便，甚至大便。因此，大小便幾乎可反映每一餐的食量。不過，正常寶寶每餐食量會不同，所以觀察 24 小時的大小便情況，應可有效地評估全日的食量。不論吸吮乳房或奶瓶也適用。

表 4.10.1：初生首 28 天的大小便情況 [1]

寶寶年齡	24 小時 濕尿片	24 小時 大便次數	大便的樣式 （見第 8.1 篇圖 8.1.1 至圖 8.1.8）
第 1 至 2 天	1 至 2 次橙紅色 尿酸鹽晶體 （圖 4.10.1）[2]	最少 1 次	墨綠色或黑色的 黏狀胎糞
第 3 至 4 天	3 至 4 次	最少 2 次	綠色、褐色 過渡期大便
第 5 至 6 天	最少 5 次 [3]	最少 2 次	黃色 [4]、稀爛
第 7 至 28 天	最少 6 次 [5]	最少 2 次	黃色、稀爛、糊狀或 柔軟帶小顆粒

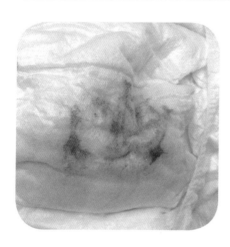

圖 4.10.1
橙紅色的是尿酸鹽晶體，代表小便很
濃，在初乳期是正常的。

1　UNICEF UK, Baby Friendly Initiative. How can I tell that breastfeeding is going
　　well? Retrieved from https://www.unicef.org.uk/babyfriendly/wp-content/
　　uploads/sites/2/2016/10/mothers_breastfeeding_checklist.pdf
2　因為初乳分量少，所以正常每天只有 1 至 2 塊濕尿片，小便有時甚至呈橙紅色，這
　　是尿酸鹽晶體的顏色（圖 4.10.1），代表尿少且濃，在初乳期是正常的。上奶後若
　　小便仍然呈橙紅色，即代表吃得不夠。
3　每條中等重量的濕尿片 = 45 毫升水加在一塊乾尿片上。
4　出生後 5 天內，大便從墨綠色的胎糞漸變為黃色。
5　每條中等重量的濕尿片 = 45 毫升水加在一塊乾尿片上。

體重反映每週、每月的食量

初生首數天的體重下降或「收水」可反映食量，九成寶寶收水少於 10%。詳見第 8.2 篇。

出生 5 天起，體重開始上升。於 14 日內回升至出生的體重。首 3 個月內，體重升幅每星期最少 125 克，每月最少 500 克。量度體重不宜太密，因為「食前疴後」會增加誤差。如果每天，甚至每餐量度寶寶的體重，家長的心理壓力必定很大，而且誤差也很大。相隔的日子愈長，體重愈能反映食量，建議最少相隔 3 天。

非量化的評估──寶寶吃奶的表現

「全吃母乳」的寶寶是否吃得足夠，最直接的評估是看到寶寶正確含乳及「認真、有效」地吸吮。寶寶通常會睜大眼睛，張大嘴巴，下巴緊貼乳房（圖 4.10.2），深而慢、有節奏地吸吮。吃飽便自行離開乳房或含著乳房睡著，雙手放鬆，表現滿足（圖 4.10.3）。若寶寶大部分時間只作乏效吸吮，吸吮淺而快，通常會閉上眼睛，像快要睡著似的，但一離開乳房又哭起來。

事實上，當寶寶還在最初數週的學習期，新手媽媽要準確地分辨寶寶的吸吮是否有效其實並不易。以筆者為例， 以前還以為大女兒吸吮得不錯，現在回想起來，於滿月前，她吸吮時甚少睜大眼睛，體重增長又緩慢。若你也沒有信心分辨寶寶的吸吮是否有效，或對寶寶的吸吮能力有懷疑，建議盡快向醫護人員尋求協助。

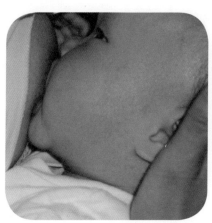

圖 4.10.2
筆者的大女兒正確含乳及「認真、有效」地吸吮乳房。

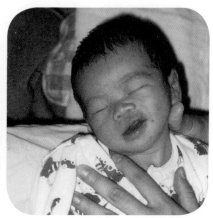

圖 4.10.3
筆者的老二 11 日大：吃飽後自行離開乳房，表現滿足，樣子像喝醉酒似的。

看不見吸吮多少，利多於弊

對於還處於學習期或吸吮能力不足的寶寶，「看不見吸吮多少」實在帶給媽媽很多憂慮和不安，甚至閃過放棄的念頭；但對於那些吸吮能力好的寶寶，「看不見吸吮多少」反而令事情簡單化。與奶瓶餵哺比較，授乳媽媽不用傷透腦筋去計算寶寶吃了多少或自己泵到多少奶呢！相比全泵奶的媽媽，「看不見吸吮多少」較容易達至全母乳。乳房是個「無底深潭」，於密集式吃奶或猛長期時，也不用擔心寶寶吃過量。

本篇參考資料

* UNICEF UK, Baby Friendly Initiative. How can I tell that breastfeeding is going well? Retrieved from https://www.unicef.org.uk/babyfriendly/wp-content/uploads/sites/2/2016/10/mothers_breastfeeding_checklist.pdf

餵飽後，柔軟的乳房剩 24% 奶

很多授乳媽媽有這樣的概念：乳房很脹才有奶，乳房柔軟時便等於無奶。這個想法或令很多人以為自己奶量少，於是便有以下的對應想法或行動：

1. 在還未上奶的「初乳期」以為乳房沒有奶。
2. 上奶後，等待乳房脹多一些才餵母乳或擠奶。
3. 餵完兩邊乳房後，寶寶仍想吃奶，但乳房很柔軟，覺得無奶了。

這些想法最終導致媽媽補充奶粉，久而久之，造成惡性循環，結果不久奶量真的減少。

不是有無奶，而是多少奶

曾有研究人員利用高解像超聲波技術看看上奶後的乳房有多少奶，分別在餵奶前後進行掃描，以作比較。結果出乎意料，在寶寶有效吸吮後而媽媽亦覺得乳房很柔軟時，原來寶寶只吃掉約 76% 的奶，即是還剩下約 24% 的奶儲在乳房內（圖 4.11.1）。筆者形容乳房是「無底深潭」或醫護行內流行一句話：「Breast is never empty」，很貼切地形容這個生理狀況，皆因乳房就好像「24 小時連鎖店」不停地製造奶。除非已回奶，否則授乳的乳房永遠都有奶，只有多與少之別。事實上，當寶寶吸吮乳房時便直接刺激乳房製造下一餐奶，換言之寶寶正享用的奶，正是他上一餐吸吮的成果，詳見第 4.1 篇。

餵奶前，
覺得乳房脹奶。

寶寶吃飽後，吃剩約24%
的奶，覺得乳房很柔軟。

圖 4.11.1

明白及相信以上的道理有助成功餵哺母乳：

1. 提升媽媽的自信心，不必等待乳房很脹才開始餵哺，減少不必要的
   補充奶粉，結果當然可調高奶量。

2. 當寶寶在數小時內進行「密集式吃奶」時，乳房通常較柔軟，媽媽
   要有信心，柔軟的乳房都有奶。詳見第 4.8 篇。

3. 若寶寶的吸吮及體重欠佳時，媽媽可於寶寶吸吮後隨即擠或泵出乳
   房內的奶，給寶寶補吃這些放出來的奶。這樣做一舉三得，首先幫
   助寶寶增長體重，又減少補充奶粉，而長遠計就能增加奶量。關於
   補奶，詳見第 7.4 篇。

4. 即使於擠或泵奶後乳房變得柔軟，只要寶寶的吸吮能力足夠而他亦
   願意吸吮，他絕對可以吸吮乳房中剩下的奶。

5. 媽媽復工 2 星期前，每天做 1 至 2 次「額外出奶」，目的是儲存五
   瓶後備冰奶，詳見第 4.17 篇。

本篇參考資料

- Daly, S. E. J., Owens, R., & Hartmann, P. E. (1993). The short-term synthesis and infant-regulated removal of milk in lactating mothers. *Experimental Physiology, 78*(2), 209–220.

- Daly, S. E. J., & Hartmann, P. E. (1995). Infant demand and milk supply, part 2: The short-term control of milk synthesis in lactating women. *Journal of Human Lactation, 11*(1), 27–37.

第
4
章
●
實
戰
篇

4.12 吃奶表現反映性情

俗語說「三歲定八十」，意思是指一個人的性情特質從小就顯露，不知道你是否認同？有心理學家把嬰兒的性情分類為溫和型、慢熱型和扭計型 [1]。筆者很認同這種說法，因為筆者的三個孩子都各有獨特的個性，跟他們吃奶時的表現頗為吻合呢！

喜歡新嘗試的老大

18 歲的大女兒個性活潑開朗，喜歡嘗試新事物，做事認真，對自己有要求。還記得當她還是初生嬰兒的時候，每次吃奶時她很努力地吸吮，但嘴巴總是張得不夠大，下唇也不向外翻開。由於她含乳不正確，所以在最初數星期裡，筆者的乳頭被弄損了，非常疼痛。一天，竟在淋單上發現一小灘血漬，相信是大女兒吃了筆者乳頭上的血，然後把血和奶一併吐出來。她願意接受不同的餵哺姿勢，還記得有幾次筆者乳管閉塞，嘗試採用「上下倒轉側臥式」的姿勢餵哺，她也欣然接受。她吸吮時也有其個人風格，例如她喜歡慢慢吸吮，不會焦急；後來即使她的吸吮能力大躍進，她的下唇也未必每次翻開。

1　Carey, W. B., & McDevitt, S. C. (1978). Revision of the infant temperament questionnaire. *Pediatrics, 61*, 735–739.

節奏明快的老二

16 歲的老二是個可愛的男孩，做事快，有主見，喜歡跟從既定的規律，不太容易接受新事物。他和姊姊的吃奶表現很不一樣。他會把嘴巴張得很大，下唇向外翻開，吸吮能力強，而且很快便完成一餐奶。不過，他從小性格較倔強，對餵哺姿勢也有獨特喜好，他極不喜歡筆者用側臥式的姿勢呢！

慢熱溫馴的老三

小老三 12 歲，是個溫馴、慢熱型的小男孩。他喜歡慢條斯理地吃奶，是三個孩子中吃得最慢的一個，是名副其實的「gentleman」。在剛出生後的 6 個星期裡，筆者要很有耐性地去餵哺他，因他平均要用一小時才完成一餐奶。筆者放產假期間，一邊餵奶，一邊看電影，有時更邊餵邊跟朋友通電話，實行「寓餵奶於娛樂」。不知何故老三總有些有趣的表現和特別的喜好，如他只喜歡吸吮筆者右邊乳房，卻抗拒吸吮左邊乳房。為了增加他吸吮左邊乳房的興趣，筆者嘗試改用其他餵哺姿勢，結果在 2 歲半斷奶前他一直只接受筆者用「滑行式」的姿勢（詳見第 5.1 篇）讓他吸吮左邊乳房，其他姿勢皆拒諸門外！

本篇參考資料

- Carey, W. B., & McDevitt, S. C. (1978). Revision of the infant temperament questionnaire. *Pediatrics, 61*, 735–739.

4.13 半夜餵哺猶如與寶寶拍拖

聽過一些媽媽對餵夜奶有不同體會：

> 寶寶初生頭幾個星期十分忙碌，尤其要捱更抵夜起牀餵奶，
> 若寶寶剛碰上在寒冷的季節出生就加倍辛苦呢！

> 自己就好像十X樓的牛牛，或是一部餵奶機器，從早到晚不
> 斷重複餵奶、掃風、換尿片的動作，沒完沒了，好像沒有了
> 自我似的！

但也有人說：

> 每當我見到孩子吃奶後滿足的樣子，即甜在心頭，覺得怎樣
> 辛苦也值得。

往事只能回味

想當年，老大和老二吃夜奶至 9 個月大，老三 5 個月大已自動戒夜奶，
即是黃昏 7 時吃奶後便睡到翌日早上 6 時（關於戒夜奶，詳見第 9.5
篇）。現在當筆者回望那段餵夜奶的日子，當時身體雖然辛勞，但心

底仍是甘甜的。夜闌人靜與孩子「拍拖」的日子很是特別，只有 one take，沒有重播。幸好當年沒有放棄，否則現在便不能回味了！就像很多長者常說：「趁孩子年紀還小，要好好珍惜與他親近的機會。孩子長大後未必常常與你親親呢！」早陣子與一位朋友交談時，她也說：「當年因為怕辛苦，所以餵夜奶的任務交給傭人。若將來有第二個孩子，縱然少了睡覺的時間，我一定不會錯過這些與孩子相處的機會！」

餵夜奶的四大目的

當年筆者堅持半夜餵母乳有四大目的：

1. 調節奶量。造奶荷爾蒙的水平於晚上較高，首 3 至 5 週是黃金期，想日後有足夠奶量，便要預先下工夫了。
2. 保持奶量。日間要上班的媽媽（尤其在上班期間沒有時間擠或泵奶），保持夜間餵哺母乳能穩定奶量。
3. 預防乳房腫脹、乳管閉塞及乳腺炎。
4. 讓寶寶在出生後首 6 個月能完全享用母乳，毋須飲用配方奶，寶寶身體可以得到最好的保護。詳見第 1.4 及 2.2 篇。

哺乳荷爾蒙可減壓催眠

在寶寶吸吮乳房時，母親的身體會分泌餵奶荷爾蒙。這些荷爾蒙除了刺激媽媽製造乳汁和令乳汁流通外，也有紓緩心理壓力和催眠的作用，所以有些餵哺技巧熟練的媽媽說：「我抱著孩子餵奶時孩子很安

靜，那是我最鬆弛的時候。雖然要斷斷續續起來餵奶，不能連續睡 8 小時，但睡眠質素還不錯呢！」

戒夜奶後泵夜奶

當孩子戒夜奶後，媽媽晚上理應可舒舒服服地安睡，不過筆者不太習慣早睡，於是便利用這空檔，於晚上約 11 時泵一次奶。這樣做除了達到以上四大目的外，亦可儲備多一些母乳給孩子日間享用，並減少筆者日間上班時泵奶的心理壓力。這樣上班時只需在午飯時泵一次奶，而不用因為要泵幾次奶而勞煩同事分擔筆者的工作，也可達致孩子全吃母乳的目標。

以上的個人經驗只供讀者參考，每位媽媽應就自己的情況而選擇適合自己的方法。餵母乳可以很有彈性，只要動動腦筋，就可把事情弄得輕省些。其實這些睡前泵夜奶的工夫只是短期性質，孩子約 1 歲便不用做了。

夜間餵哺小貼士

1. 在放產假或不用上班期間，媽媽應趁寶寶日間睡覺時同步休息。
2. 把嬰兒牀放近媽媽的牀邊。
3. 採用側臥式的餵哺姿勢，詳見第 5.1 篇。若媽媽不熟悉這個餵哺姿勢，最好先在日間最清醒時學習，熟習以後才在夜間使用。當寶寶漸漸長大，身體各部分協調更好時，他會更容易用這個姿勢吃奶。

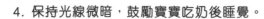

4. 保持光線微暗，鼓勵寶寶吃奶後睡覺。

5. 把餵哺枕頭或毛巾放近媽媽的牀邊，方便餵哺（圖 4.13.1）。

6. 除非寶寶排便，否則不用更換尿片。

7. 相比吸吮奶瓶，吸吮乳房通常只吞下少量空氣，所以吃母乳後未必需要掃風。

8. 爭取丈夫的支持。

圖 4.13.1
餵哺枕頭或毛巾放近媽媽
牀邊，方便餵哺。

母嬰同房，媽媽勞累？

產後首天亢奮難入睡

一般產後首天的媽媽會處於情緒亢奮的狀態，不易入睡。這與生產時間的長短、是日或夜都沒有關係。筆者三個孩子分別在早、午、晚不同時段出世，生產時間有長有短，但產後的心情同樣興奮。印象最深刻是大女兒出世，經歷長達 29 小時的分娩過程，最後她於晚上平安出生。那時雖然身體已經疲憊不堪，理應倒頭大睡，但事實剛剛相反，情緒極其高漲，無法入睡。當時不明所以，幾年後才知道產後精神如此亢奮是正常的生理反應，因為生產時體內腎上腺素（adrenaline）上升，使媽媽進入「作戰狀態」，而產後首天腎上腺素仍處於高位。

母嬰同房，媽媽反而睡得好

很多人覺得生產過程已這麼勞累，理應讓媽媽好好休息，若還要頻密地餵哺母乳，媽媽如何得到充分的休息呢？從醫學角度看，情況是相反的。這可從三方面解釋：

1. 產後荷爾蒙令媽媽發揮母性，渴望與寶寶親近。母嬰分離令媽媽感到焦慮或徬徨，焦慮令人難以入睡。母嬰同房可減少媽媽的焦慮，睡得好些。

2. 母嬰同房方便媽媽順應餵養，有效預防乳房腫脹。乳房腫脹時，媽媽會坐立不安，無法入睡。

3. 雖然媽媽需要斷斷續續地餵哺，但餵奶荷爾蒙有催眠作用，可提升睡眠質素。

母嬰同房，寶寶吃得好

母嬰同房對寶寶也有不少好處。若想寶寶吃奶吃得好，就不要錯過他的早期肚餓信號。待他哭鬧時才餵哺也許太遲了，因哭鬧的寶寶往往吃得較差。試想想寶寶大哭時，新手媽媽的心情如何？心情太緊張時奶就出得不順。因此，母嬰同房可避免父母錯過寶寶早期肚餓的表現。盡快回應寶寶的需要也能有效減少哭鬧和消耗過多熱量。讓寶寶早些學習吸吮乳房能增加日後成功吃母乳的機會。美國兒科學會稱父母與嬰兒同房可減低嬰兒猝死症（sudden infant death syndrome, SIDS）高達 50%[1]，餵哺母乳又可減少嬰兒猝死症 36%，所以醫學界絕對支持這兩種做法。

1   American Academy of Pediatrics Task Force on Sudden Infant Death Syndrome. (2016). SIDS and other sleep-related infant deaths: Updated 2016 recommendations for a safe infant sleeping environment. *Pediatrics*, *138*(5).

私院不行母嬰同房

公立醫院已於多年前實行母嬰同房（圖 4.14.1），但大部分私營醫院卻沒有。據說是基於安全理由（害怕嬰兒「失竊」）而不實施母嬰同房，但筆者猜想還有其他原因，包括：

1. 產後病房太擠迫，在媽媽牀邊放不下嬰兒牀。
2. 方便醫護人員為嬰兒做護理程序，如洗澡。
3. 覺得媽媽產後要多休息，母嬰同房會令媽媽勞累。
4. 覺得初生嬰兒須被醫護人員看管。
5. 媽媽要求護士幫忙照顧嬰兒。

圖 4.14.1
公立醫院產後病房實行母嬰同房：媽媽與寶寶一同休息。（照片提供：Lam Mo Kan）

「彈性育嬰室」

2007年，筆者的老三在一所私營醫院出世。當時醫護人員答應筆者的要求，將寶寶放在牀邊以便餵哺母乳。當筆者要到洗手間時，便把他放在育嬰室請護士暫代看管。這種「彈性育嬰室」最好與媽媽病房在同一樓層。2002年，有朋友在另一所私營醫院生產，她告訴筆者育嬰室在另一樓層，須要乘電梯前往，很不方便。她進入育嬰室的時間更有限制，若期間寶寶須要吃奶便可順利餵哺，碰著寶寶睡了就餵不到。若寶寶在其他時段哭了，有時護士會通知她去餵奶，不過寶寶哭鬧時也吃得不大好。「強制性」把寶寶放在育嬰室、限制媽媽進入育嬰室授乳的時間雖有助病房管理，但無形中增加了餵哺母乳的難度。

本篇參考資料

- American Academy of Pediatrics Task Force on Sudden Infant Death Syndrome. (2016). SIDS and other sleep-related infant deaths: Updated 2016 recommendations for a safe infant sleeping environment. *Pediatrics, 138*(5).

第 4 章 ● 實戰篇

與嬰同牀睡的爭議

照顧者與嬰兒同牀睡於世界各地都很普遍，有很多不同原因，例如：文化習俗、安撫嬰兒睡覺、助親子聯繫或地方陝窄等，但最常見的原因是為了方便餵哺母乳。有人觀察到母嬰同牀睡較多出現於餵哺母乳的情況，究竟是為了餵哺母乳而母嬰同牀，還是母嬰同牀令媽媽更容易哺乳？相信這是一個「雞和雞蛋」的問題。有些人認為既然母嬰同牀能方便媽媽餵哺母乳，而餵哺母乳又可減少 36% 嬰兒猝死症的機會，何不多些鼓勵母嬰同牀呢？可是，嬰兒猝死症的個案又偶有發生於母嬰同牀睡的情況。究竟父母應該如何選擇？至今母嬰同牀與餵哺母乳的關係仍是醫學界具爭議性的課題。

嬰兒猝死症普遍嗎？

嬰兒猝死症（sudden infant death syndrome）是指 1 歲以下嬰兒在睡眠期間突然死亡，死因不明，最常見的是 2 至 3 個月大的嬰兒。這情況在香港並不常見，從 1987 至 2002 年計[1]，每 10,000 名嬰兒，便

---

1   Nelson, E. A. S., et al. (2006). A case-control study of unexpected infant death in Hong Kong. *Hong Kong Med Journal, 12*(supple 3): S37–40.

有 1 至 3 個個案。根據社會福利署「兒童死亡個案檢討委員會」的第三份報告[2]，於 2006 至 2013 年間，本港有 24 宗可能與同牀睡或其他睡眠安全有關的嬰兒突然死亡個案。雖然個案不太多，但目標仍然是「零」死亡。

同牀睡、嬰兒餵哺、嬰兒猝死症的相互關係

有研究指母嬰同牀可能增加成功哺乳機率，但母嬰同牀並非成功授乳的唯一條件。很多成功全餵母乳的媽媽都沒有母嬰同牀，筆者便是其中之一。此外，一個荷蘭的研究[3]顯示，餵哺母乳並不能減少因與 4 個月或以下的嬰兒同牀睡而引起嬰兒猝死症的風險。結果是得不償失。

大小牀合併，一舉三得

多個國際醫學組織皆認為，對出生首 12 個月（尤其首 6 個月）的嬰兒而言，最安全是把嬰兒牀放到父母的牀邊（圖 4.15.1），甚至將嬰兒牀的一邊圍欄拆掉，緊貼父母的牀，彷彿把兩張牀合併起來（sidecar cot）（圖 4.15.2、圖 4.15.3）。這方法既可減低嬰兒猝死症，也方便媽媽餵哺母乳，也讓大家有足夠空間，可以睡得舒服些。

2   Social Welfare Department HKSAR. (2017). *Third report of the child fatality review panel, August 2017*. Retrieved from https://www.swd.gov.hk/storage/asset/section/2867/en/CFRP_Third_Report_Aug2017_Eng.pdf

3   Ruys, J. H., Jonge, G. A. D., Brand, R., Engelberts, A. C., & Semmekrot, B. A. (2007). Bed-sharing in the first four months of life: A risk factor for sudden infant death. *Acta Paediatrica, 96*(10), 1399–1403.

如房間放不下嬰兒牀，可在父母牀上放嬰兒睡籃或分隔牀，讓嬰兒有獨立牀位（圖 4.15.4、圖 4.15.5）。

圖 4.15.1
嬰兒牀在父母牀邊，父母與嬰兒同房而睡。

圖 4.15.2
大小牀合併，須確保兩牀褥同一水平。（照片提供：Louise Steger）

圖 4.15.3
大小牀合併：可用家具提升器調整兩牀的高度，並以家具帶連結兩牀腳，使兩牀緊貼，沒有間隙。（照片提供：Louise Steger）

圖 4.15.4
父母牀上放嬰兒睡籃，讓嬰兒有獨立牀位。

圖 4.15.5
父母牀上放嬰兒分隔牀，讓嬰兒有獨立牀位。

安全睡眠環境可預防嬰兒猝死症

1. 仰睡（不宜俯睡或側睡）
2. 切勿吸煙
3. 餵哺母乳
4. 安全睡眠環境：
   - 空氣流通，溫度適中。
   - 父母與嬰兒同房。
   - 嬰兒有獨立嬰兒牀或有自己的牀位（6至12個月前不建議與人同牀睡）。

- 不要讓嬰兒獨自睡在成人牀上。
- 牀褥結實，不能太軟（千萬不要讓嬰孩睡在沙發、水牀或大豆袋上）。
- 嬰兒牀不宜擺放毛公仔、玩具、枕頭等。
- 嬰兒腳部置接近牀尾（圖 4.15.6）。
- 不宜穿太多衣服。
- 嬰兒有獨立被子，被子不宜高過嬰兒的胳膊，雙手應在被子外。

5. 免疫接種

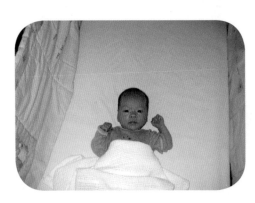

圖 4.15.6
安全睡眠環境：仰睡、嬰兒腳部置接近牀尾、被子不高過嬰兒的胳膊。

問：側睡可避免回奶時奶進入呼吸道？

答：足月健康寶寶有自我保護呼吸道的反射作用，即使有回奶情況，奶也不易進入呼吸道。側睡時，有潛在風險變成俯睡，而由於初生嬰兒不懂控制頭頸，所以有機會影響呼吸，增加嬰兒猝死症的風險。

問：襁褓包裹嬰兒（swaddling）可減少嬰兒猝死症嗎？

答：沒有證據支持這論點。

與嬰同牀睡，做足安全措施

有證據指嬰兒同房但不同牀可減低高達 50% 嬰兒猝死症的機會，相反母嬰同牀仍有些風險。因此，筆者傾向持較穩妥的方向，選擇最安全的做法，就是把嬰兒牀放到自己的牀邊。筆者不太習慣與孩子同牀，覺得母嬰同牀比較擠迫，令自己睡得不太舒服；再者，自己亦有些心理壓力，擔心熟睡時會壓到寶寶或令他掉到地上。哺乳後筆者會把孩子放回嬰兒牀，讓丈夫、孩子和自己也睡得安心些。不過筆者曾試過無意間與孩子同牀而睡（圖 4.15.7），因為在深夜以側臥式餵哺母乳後，自己也睡著了，忘記把孩子放回嬰兒牀，每次以側臥式餵哺母乳前，筆者會做足下列安全措施：

1. 先請丈夫在牀上預留多一點空間給筆者和孩子。
2. 避免與孩子共用一張被子，以防被子蓋過孩子的頭。
3. 不宜使用寬鬆的被單或大而軟的枕頭。

圖 4.15.7
在牀上以側臥式餵哺母乳後，
筆者無意間與 9 個月大女兒同牀
而睡。

4. 孩子所蓋的被子最好是棉質，並有疏氣孔的設計（在一般嬰兒用品店有售）。

5. 確保嬰兒不會掉到地上或夾於淋褥和牆壁之間的空隙。

以下情況與嬰同淋睡屬高風險

1. 早產、出生體重過輕，或足月 4 個月大以下。

2. 母親懷孕時吸煙，或父母在嬰兒出生後仍然吸煙。

3. 父母喝酒、服食令人昏昏欲睡的藥物。

4. 父母過度疲倦或患病以致警覺性較低。

5. 同睡在沙發、水淋、大豆袋、舊淋褥、躺椅、扶手椅或淋上有鬆軟的枕頭被褥。

本篇參考資料

- Academy of breastfeeding medicine clinical protocol #6: Guideline on co-sleeping and breastfeeding. (2008). *Breastfeeding Medicine, 3*(1), 38–43.

- American Academy of Pediatrics. (2016). SIDS and other sleep-related infant deaths: Updated 2016 recommendations for a safe infant sleeping environment. *Pediatrics, 138*(5).

- Lauren Blenker. (2013). Infant sleep campaign: Healthy start coalition of Manatee County. Retrieved from http://hsmanatee.com/our-services/infant-safe-sleep-campaign/

- Nelson, E. A. S., et al. (2006). A case-control study of unexpected infant death in Hong Kong. *Hong Kong Med Journal, 12*(supple 3): S37–40.

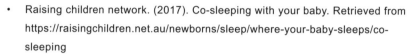

- Raising children network. (2017). Co-sleeping with your baby. Retrieved from https://raisingchildren.net.au/newborns/sleep/where-your-baby-sleeps/co-sleeping

- Ruys, J. H., Jonge, G. A. D., Brand, R., Engelberts, A. C., & Semmekrot, B. A. (2007). Bed-sharing in the first four months of life: A risk factor for sudden infant death. *Acta Paediatrica, 96*(10), 1399–1403.

- Sarah, S. M. (2016). New infant sleep recommendations and strategies. Retrieved from https://www.zerotothree.org/resources/1623-new-infant-sleep-recommendations-and-strategies

- Social Welfare Department HKSAR. (2017). *Third report of the child fatality review panel, August 2017*. Retrieved from https://www.swd.gov.hk/storage/asset/section/2867/en/CFRP_Third_Report_Aug2017_Eng.pdf

- UNICEF UK, Baby Friendly Initiative. *Caring for your baby at night: A guide for parents*. Retrieved from https://www.unicef.org.uk/babyfriendly/wp-content/uploads/sites/2/2016/07/Co-sleeping-and-SIDS-A-Guide-for-Health-Professionals.pdf

- UNICEF UK, Baby Friendly Initiative. *Co-sleeping and SIDS: A guide for health professionals*. Retrieved from https://www.unicef.org.uk/babyfriendly/wp-content/uploads/sites/2/2018/08/Caring-for-your-baby-at-night-web.pdf

- Young, J. (1999). *Night-time behaviour and interactions between mothers and their infants of low risk for SIDS: A longitudinal study of room sharing and bedsharing* (PhD thesis). Retrieved from https://research-information.bristol.ac.uk/en/theses/nighttime-behaviour-and-interactions-between-mothers-and-their-infants-of-low-risk-for-sids--a-longitudinal-study-of-roomsharing-and-bedsharing(2c6375b8-11f3-4450-8012-cd8e90cb7038).html

- 香港特別行政區政府衛生署家庭健康服務 （2019）。預防嬰兒猝死症。見 https://www.fhs.gov.hk/tc_chi/health_info/child/14799.html。

- 香港特別行政區政府衛生署家庭健康服務 （2019）。給寶寶一個安全環境。見 https://www.fhs.gov.hk/tc_chi/health_info/child/30107.html。

第
4
章

實
戰
篇

克服尷尬，在公眾場所餵母乳

很多地方如台灣、南韓的地鐵站內均設有哺乳室（圖 4.16.1、圖 4.16.2），但香港貴為國際都會，在公共場所設輔助餵哺母乳的設施雖比 20 年前多，但依然不足。媽媽不是刻意在街上餵哺，但沒可能完全足不出戶吧，所以對餵哺母乳的媽媽來說，在公眾場所餵哺母乳是一個很常遇到又具挑戰的難題。回想 2001 年餵哺老大時，筆者開始思考這問題。有什麼其他選擇呢？採用配方奶來代替母乳？或是先泵出母乳放在奶瓶去餵？

圖 4.16.1
高雄地鐵站內設有哺乳室。筆者攝於 2012 年 1 月。

圖 4.16.2
南韓首爾地鐵站內設有稱為 mom's lounge 的哺乳室。筆者攝於 2012 年 8 月。

在公園餵奶心情愉快

「餵奶衫」是頗理想的解決方法，用後也覺效果不錯，只可惜款式選擇不多。貪靚的筆者最終也放棄了，終於鼓起勇氣，戰戰兢兢地嘗試穿普通衣服在公眾場所以母乳餵哺大女兒。已忘記那是何月何日何地了，只記得女兒在懷中滿足地吃奶的情景。雖然最初不太習慣，但不久已能使用熟練的技巧，自信地在不同地方餵哺，甚至很多身邊的朋友也不察覺，常常以為孩子在筆者懷中睡覺呢！筆者很享受在大自然環境下餵奶，坐在公園的木椅上，望著綠油油的草地，聽著小鳥吱吱叫，心情是多麼舒暢的呀！（圖 4.16.3、圖 4.16.4）筆者更試過在行山徑，一邊步行一邊餵奶呢！但回想最初嘗試時很不自然，又擔心被人用有色眼鏡看。經驗告訴筆者「衝破自己的心理關口」是成功的秘訣。鼓勵餵哺母乳的媽媽不妨一試，更盼望社會人士明白媽媽的內心世界。

圖 4.16.3
筆者在山頂露天餐廳午膳時餵哺 4 個月大女兒。

圖 4.16.4
筆者在公園陪伴 2 歲女兒玩耍時餵哺剛滿月的老二。

帶寶寶往外地旅遊，餵母乳蠻方便

筆者第一次在飛機上餵母乳是老二9個月大的時候，一家四口飛往加拿大，參加好朋友的婚禮，順道旅遊觀光。事後發覺往外地旅遊餵哺母乳很方便，不需帶備奶粉、奶瓶及水，寶寶又可隨時隨地開餐。寶寶在飛機起飛和降落時吸吮乳房，更可紓緩因氣壓改變而引發的耳部不適。那次兩星期的旅程中，雖沒有像平日在家般煮粥給老二吃，他吃的是母乳、用水沖調的即食米糊、水果和餅等，但他完全適應。在旅途中老二突然發燒，患病時無胃口吃固體食物，幸好他還肯吃母乳和退燒藥，結果全家留在酒店休息了一整天，第二天他就痊癒了。幾年後老三出生，從他幾個月大至2歲半吃母乳期間，他也多次與家人外遊，讓筆者有機會使用外地餵哺母乳的設施。

在公眾場所餵母乳的好處

因為明白首6個月全吃母乳對嬰兒是最安全的，所以筆者堅持出外也不補充奶粉，而且在公眾場所餵母乳還有多方面的好處。

首先是可滿足寶寶肚餓的需要。若天氣炎熱寶寶容易口渴時，吃母乳更可止渴。同時媽媽可避免乳腺或乳管閉塞等的不良後果。有時寶寶會因不適應陌生的環境而鬧情緒，餵哺母乳可穩定他的情緒和給他安全感。當寶寶漸漸長大，約8至10個月大後通常可以用固體食物滿足寶寶肚餓的需要，媽媽就未必須要在公眾場所餵母乳。筆者最喜歡帶備香蕉，既「飽肚」又方便出外餵食（圖 4.16.5）。若在室內或朋友

家，筆者喜歡帶備火龍果，既大件又多汁，只要一開二便可用匙羹餵食。也可選擇乾糧，如大條的餅乾（圖 4.16.6），細粒的星形餅仔可訓練手部小肌肉。

圖 4.16.5
筆者的女兒 9 個月大時在酒樓吃香蕉。

圖 4.16.6
筆者的女兒 13 個月大時用手拿著餅乾吃，吃得津津有味。

做好準備工夫

要成功在街上餵哺母乳必先要得到丈夫和家人的支持，並且先在家中對著鏡練習，外出前選擇下列合適的衣服和輔助工具，以下是一些個人心得供讀者參考：

1. 避免穿連身裙或開胸上衣，最好選擇套頭的上衣，餵母乳時拉起上衣比較方便；也可使用各式的餵奶披肩。
2. 穿著可用單手解除和扣上鈕扣的胸圍（詳見第 1.8 篇圖 1.8.1）。
3. 帶備毛巾或包被外出，在餵哺時捲起的毛巾或包被可承托媽媽的手腕及手臂，令媽媽餵哺母乳時更舒服。

實戰時的注意事項

1. 初次實習時可選擇人流較少或有育嬰室設備的場所。

2. 採用你認為最舒適的姿勢餵哺。通常搖籃式姿勢比較方便,因為欖球式或側臥式姿勢較難在街上做到,詳見第 5.1 篇。

3. 在媽媽打開衣服而寶寶還未吸吮到乳房時,可用餵奶披肩遮擋或請家人幫忙暫做「人肉屏風」。

4. 餵哺寶寶時要保持自然,將餵哺母乳「正常化」,告訴自己無論身在何處餵哺母乳都是很自然的事,正如我們不會在廁所內進餐,寶寶吃母乳也不例外。

上班一族變「雙職奶媽」

根據香港政府統計處 2018 年的統計數字，不包括外籍家庭傭工，本港 25 至 44 歲的女性中有超過七成是勞動人口。有本地研究[1] 指出，「上班」是放棄餵哺母乳的第二號[2] 原因（31.4%），尤其是中等收入和中等教育程度的媽媽。選擇做「雙職奶媽」的人有 50% 至 75% 是全職工作的。對於本地的在職母親而言，現行產假雖於 2018 年增至 14 個星期，但要跟隨世界衛生組織的建議（即全以母乳餵哺初生嬰兒 6 個月，從 6 個月開始引進其他固體食物，同時持續母乳餵哺至 2 歲或以上）仍然有點困難。相信在香港帶著寶寶上班、在休息時段回家授乳、請人把寶寶帶到工作間餵哺也許是天方夜譚。為了能持續授乳，有些媽媽不惜從全職工作轉做兼職或半職。

「雙職奶媽」的疑惑

很多在職母親都深深認同持續餵哺母乳十分重要，但對能否成為「雙職奶媽」，不同母親會有不同的想法：

1　Tarrant, M., et al. (2010). Breastfeeding and weaning practices among Hong Kong mothers: A prospective study. *BMC Pregnancy and Childbirth, 10*(27).
2　研究指出，放棄餵哺母乳的頭號原因是「覺得自己不夠奶」。

1. 從來沒有考慮，因覺得絕對無可能做到。
2. 半信半疑，選擇不嘗試。
3. 雖缺乏信心，但仍戰戰兢兢地嘗試。
4. 充滿信心地嘗試。

不知道你有哪一種想法呢？多數新手媽媽的想法都是介乎第一至第三種，一來因為缺乏經驗，二來身邊甚少成功例子借鏡，加上大多數工作機構也沒有支持員工餵哺母乳的相關政策。想當年筆者第一次當媽媽時也對此缺乏信心，幸好見到一些同事的成功例子才有勇氣嘗試。剛起步時也不敢將目標定得太高，有一種「見步行步」的心態。累積了三次經驗之後，綜合了以下的心得與大家分享。

自我評估清單

決定是否做「雙職奶媽」之前，先作自我評估：

> ☐ 繼續餵母乳的動力何在？（詳見第 1 章）
>
> ☐ 若動力仍在，便做好準備工夫及想辦法解決各種問題（詳見本篇下文的「常見問與答」）。
>
> ☐ 訂定目標時，可參考兩大原則：
>   1. 不是 all-or-nothing：
>   你的選擇不止全母乳和全奶粉兩個，可選中間路線。
>   2. Every day counts：
>   多餵一天，好處就多一些；即使補些奶粉，也好過零母乳（詳見第 1.4 及 1.5 篇）。

僱主支持「雙職奶媽」締造「雙贏」

筆者知道有些機構容許雙職母親彈性工作時間、在家工作、壓縮工作時間（延長每天工作時間，縮減每週工作日數），或在 8 小時的辦公時間內，給予員工一節 60 分鐘或兩節（每節約 30 分鐘）的出奶時段。雙職母親若能繼續餵哺母乳，對公司及員工均有益處。餵哺母乳的媽媽通常會有種無形的滿足感。試想想：媽媽開心，自然提高工作效率；吃母乳的孩子較少患病，媽媽缺勤的次數也會減少；媽媽感激老闆的支持，對公司的歸屬感亦自然提升。待孩子能固定地吃固體食物後（約 9 個月大），媽媽可逐步減少在辦公時間內擠或泵奶（簡稱「出奶」）的次數。故此，確實是一項低風險兼有回報的投資，盼望僱主認真考慮這「雙贏」的方案。

復工前做好準備工夫

「雙職奶媽」復工前宜做好以下的準備工夫：

1. 爭取丈夫和家人的支持。
2. 爭取上司和同事的支持：建議在復工最少 2 星期前主動與上司和同事商量，在工作時間內於何時何地泵奶。
3. 評估復工後是否可保持同樣的出奶次數。若估計復工後出奶的次數少於現在，復工前 2 星期，便須逐漸調減出奶的次數。
4. 選擇適合自己的出奶方法。擠奶或泵奶是熟能生巧的技能，須要學習當中的竅門——在沒有實寶吸吮的情況下，讓身體都能釋放「噴奶反射」，詳見第 4.18 篇。

5. 如不想復工後補奶粉，在雪櫃內宜儲存大約五瓶後備冰奶（圖 4.17.1）。建議復工前數星期起，每天做 1 至 2 次「額外出奶」，即寶寶吸吮後也嘗試放出剩下的奶。「額外出奶」亦可以是寶寶未有吸吮的另一邊乳房，或者於兩次餵哺之間進行。不用太早開始儲奶，每天「額外出奶」的次數也不宜太多，否則奶量會被過分調高，容易引致乳管閉塞或乳腺炎。為什麼五瓶後備冰奶已經足夠？因為復工後在辦公時間出的奶可以給寶寶第二天飲用。若某天出的奶不多或因為須要加班而遲了回家，才須動用後備冰奶。因此，不用太早開始儲存或儲存太多後備冰奶。

6. 準備上班時使用的出奶及儲奶用具，例如適合盛載泵奶工具的盒子、消毒泵奶工具的用品、儲奶的奶瓶、冰袋及冰種（圖 4.17.2），後兩者用來將放出來的母乳在低溫保存下安全地運送回家。

7. 復工前 2 星期全家開始預習：媽媽、寶寶及家人均需要時間適應變化。寶寶要學習用杯或奶瓶飲奶，媽媽則要安排在適當時候擠奶或泵奶，照顧寶寶的家人或傭人也要學習如何用杯或奶瓶餵哺孩子。千萬不要明天復工，今天才預習呢！

圖 4.17.1
復工前在雪櫃冰格內儲存五瓶後備母乳。

圖 4.17.2
冰袋及冰種可將已冷藏的母乳保持低溫，安全地運送回家。母乳可以存放 24 小時。

復工後的注意事項

「雙職奶媽」復工後應注意以下事項：

1. 保持心境開朗有助保持奶量。「工作時工作，遊戲時遊戲」，同樣道理，出奶時不要讓工作影響情緒。

2. 出門上班前須要預留額外最少 30 分鐘預備。

3. 出奶的次數可因應寶寶的年齡和需要及母親的工作時間而作出調節。若寶寶年紀小於 6 個月，最好不要超過 4 小時出奶一次。當寶寶年紀漸長及在 6 個月大開始吃固體食物後，日間須要吃奶的次數會漸漸減少，所以上班期間須要出奶的次數也可隨之而減少。個人經驗是在寶寶 10 至 14 個月大時，筆者已不用於上班時出奶了。

4. 上班前、下班後及放假時盡量讓寶寶直接吸吮乳房，有助保持充足的奶量。

5. 在辦公時間內放出的奶可先放在 4℃ 的雪櫃內冷藏，下班時用冰袋和冰種把奶儲存運送，回家後盡快飲用，或盡快將之放回雪櫃或冰格 [3]。建議不一定將放出來的奶放在公司雪櫃的冰格，因為若奶凝固成冰狀，而在回家的運送過程中呈冰狀的奶溶解了，就不能再放回冰格，並須於 2 小時內飲用。如何儲存母乳，詳見第 4.20 篇。

3　Centers for Disease Control and Prevention. (2019). Proper storage and preparation of breast milk. Retrieved from https://www.cdc.gov/breastfeeding/recommendations/handling_breastmilk.htm

那些年──筆者的「雙職奶媽」日誌

大女兒 2 個月大筆者便要復工。

每天早上 7 時前，筆者一邊餵哺一邊泵奶，然後把女兒送到奶奶的家，隨即駕車從港島到新界上班。女兒日間由奶奶照顧，吃泵出來的母乳。

工作至上午約 10 時，筆者會泵奶一次。感謝同事的體諒，在泵奶時幫忙分擔工作。

下午 1 時吃午飯，通常是奶奶預備的「愛心便當」，午飯後再泵奶。筆者是用醫院級數的電動雙泵機，連事前事後工夫每次需時 25 至 30 分鐘，泵奶後還有 10 分鐘休息。有一次趕完上午繁重的工作，下午 1 時半才匆匆忙忙吃過午飯，然後才有時間泵奶呢！

下午 5 時下班，筆者匆匆趕到奶奶家接女兒回家，給她吸吮乳房。每天，筆者都很渴望下班回家見到女兒的一刻呢！

女兒 6 個月大開始，只須在午飯後泵奶一次。女兒 9 個月大，每晚 7 時睡覺至翌日早上，早晚吸吮乳房，日間吃固體食物和泵出來的奶。9 個月大戒了夜奶後的數個月裡，筆者在睡前仍維持泵奶一次，留些母乳給女兒日間吃。到她 10 個月大便將午飯時那次泵奶也省去了。

老二和老三出生後，筆者依然堅持全以母乳餵哺 6 個月。不過那時工作較繁忙，不好意思請同事分擔工作，之前又見到一位「全泵媽媽」同事

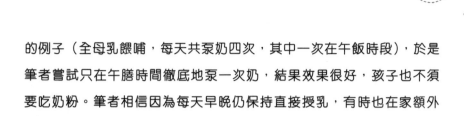

的例子（全母乳餵哺，每天共泵奶四次，其中一次在午飯時段），於是筆者嘗試只在午膳時間徹底地泵一次奶，結果效果很好，孩子也不須要吃奶粉。筆者相信因為每天早晚仍保持直接授乳，有時也在家額外邊餵邊泵一次，所以就算只在午飯後泵一次奶也可保持整天的奶量。

餵哺老二時奶量較多，午飯後的泵奶日子維持到他 14 個月大。餵哺老三時也泵奶至 12 個月大。老三 5 個月大已戒夜奶，我便利用這機會於晚上 11 時泵一次奶，這樣在上班時段只須於午飯時泵一次奶，也足夠孩子日間要吃的奶，不用補奶粉。

常見問與答

接觸過不同行業的「雙職奶媽」，她們要同時兼顧上班和餵哺。除了分擔她們的煩惱外，筆者最喜歡與她們一同想辦法解決各式各樣的難題。

問：我的工作時間很長，午飯時間又只有 10 分鐘，怎樣出奶呢？

答：若要把乳汁出得徹底，一般要花上 20 至 30 分鐘。假如你的休息時間有限，可考慮把部分乳汁放出，最低限度可紓緩乳脹或漏奶的情況。

問：我的工作時間不穩定，不能定時出奶，怎麼辦？

答：若寶寶小於 6 個月大，擠或泵奶相隔的時間最理想是不超過 4 小時。不過也不要小看身體的適應力，「彈性出奶」或許在你身上是可行的，這總比完全不出奶為佳。

問：如果在戶外工作、沒有固定的工作地點（例如營業員），或者在辦公室找不到適合的地方，可以怎樣出奶？

答：若你找不到合適的地方出奶，可能要選擇在洗手間進行。曾聽過有媽媽買了些掛鉤，方便把泵奶用具掛在洗手間門上，又預備膠墊鋪在坐廁上，然後便安心泵奶。在洗手間出奶的確不是最理想的做法，若你擔心洗手間的衛生問題，不妨考慮把放出的乳汁丟掉。這總比完全不出奶優勝，因為定時出奶可以保持奶量（詳見第 4.3 篇），而且更可防止塞奶等問題。最後筆者鼓勵你嘗試爭取上司的支持，切勿假設你的上司一定反對你在公司出奶，經商議後或許他／她願意支持你呢！

問：假如我真的無法在辦公時間內出奶，我是否可以繼續餵哺母乳？

答：當然可以！若寶寶小於 6 個月，你在復工前要用較長的時間（約 3 星期）漸漸拉長出奶相隔的時間，讓身體漸漸適應在辦公時間內不出奶的狀況。筆者曾見過成功的例子，媽媽日間在中國內地工作，無法在日間出奶，晚上回家和放假時爭取親自餵哺母乳，結果她餵哺母乳到孩子 1 歲。

問：我工作的辦公室沒有雪櫃，即使有，我也擔心把放出的母乳與其他食物放在一起不衛生，我應如何安全地存放母乳呢？

答：相信在一般辦公室，要求設置一個專放母乳的雪櫃是不大可能的。如果你的辦公室有雪櫃的話，筆者鼓勵你爭取上司和同事的支持，讓大家知道未經煮熟的食物應該放在雪櫃最低的位置，以免肉汁往下掉，污染已煮熟的食物。放出的母乳應該用有蓋的奶

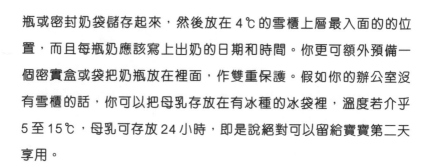

瓶或密封奶袋儲存起來，然後放在 4℃ 的雪櫃上層最入面的的位置，而且每瓶奶應該寫上出奶的日期和時間。你更可額外預備一個密實盒或袋把奶瓶放在裡面，作雙重保護。假如你的辦公室沒有雪櫃的話，你可以把母乳存放在有冰種的冰袋裡，溫度若介乎 5 至 15℃，母乳可存放 24 小時，即是說絕對可以留給寶寶第二天享用。

問：在我上班時，孩子吃很少奶，他會否不夠營養？

答：我們可將眼光放遠些，我們要看的是全日的攝取量，而不是只著重日間的食量。有些孩子懂得自我調節，顛倒吃奶節奏，在日間會多睡覺而少吃奶，待媽媽下班回家後才「飽嚐大餐」以作彌補，我們絕不可低估孩子的適應力呢！

問：在我上班期間，孩子不喜歡用奶瓶吃奶，該怎麼辦？

答：若孩子不喜歡用奶瓶，你可以嘗試以下的方法：

1. 試用不同款式的奶瓶。
2. 由於奶瓶的流速一般比吸吮乳房快，所以，你可選擇流速較慢的奶嘴。
3. 進行順應奶瓶餵哺，以模仿吸吮乳房。詳見第 10.7 篇。
4. 將奶嘴加溫，使之接近乳頭的溫度。
5. 抱姿要與餵哺母乳時不同，嘗試讓嬰兒不面向餵哺者坐著。
6. 有些寶寶會喜歡餵哺者抱著他走動一會。
7. 避免由媽媽親自以奶瓶餵哺。
8. 如果孩子堅持拒絕使用奶瓶，千萬不要強迫，待孩子不是極肚

餓時再嘗試。其實，奶瓶只是眾多餵食工具之一。少數嬰兒不喜歡用奶瓶，可選擇用小杯、匙羹，甚至針筒。

問：孩子不與我同住，我 1 星期只見到孩子 1 至 2 次，可否繼續餵哺母乳？

答：當然可以啦！雖然你未必可以時常直接授乳，但你仍可每天定時出奶。我也曾見過很多成功的例子，若媽媽能掌握擠或泵奶的竅門，保持每天出奶的次數不少於六次（若寶寶小於 6 個月大），她可以把放出的母乳儲存在雪櫃或冰格，然後用冰袋和冰種把幾天的母乳運送給孩子。你每星期見孩子的機會愈少，你愈須要預備多些儲奶的奶瓶、奶袋、冰袋及冰種。

問：我要到外地公幹 2 星期，我應怎樣繼續餵哺母乳？

答：其實道理都是一樣：「頻密、有效出奶」是乳房造奶的基本原理。出外公幹前，若預期母嬰分離的時間較長，就必須早些開始為寶寶儲糧。每天 1 至 2 次的「額外出奶」，目的是預備在公幹期間寶寶的糧食。在公幹期間，若你能掌握出奶的竅門，並且有恆心地保持每天出奶的話，是可以「長出長有」的！待你回家與孩子再見面時，你便可以恢復直接授乳了。若公幹的時間較長，應保持在公幹期間每天照常出奶，不過未必能把所有放出的奶運送回港。聽過有媽媽用尿片冰種，成功運冰奶回港。亦有媽媽分享她在返港的飛機上泵奶，並請空中服務員幫忙把奶暫放於機艙的雪櫃內，下機時再用冰袋和冰種運送回家。

餵哺母乳，知易行難？（增訂版）

本篇參考資料

- Centers for Disease Control and Prevention. (2019). Proper storage and preparation of breast milk. Retrieved from https://www.cdc.gov/breastfeeding/recommendations/handling_breastmilk.htm
- Family Health Service, Department of Health. (2015). *Employers' guide– to establishing breastfeeding friendly workplace*. Retrieved from https://www.fhs.gov.hk/english/breastfeeding/30031.pdf
- Family Health Service, Department of Health. (2016). *An employee's guide – to combining breastfeeding with work*. Retrieved from https://www.fhs.gov.hk/english/breastfeeding/20038.pdf
- Tarrant, M., et al. (2010). Breastfeeding and weaning practices among Hong Kong mothers: A prospective study. *BMC Pregnancy and Childbirth, 10*(27).

第
4
章

實
戰
篇

擠奶泵奶要適時

擠奶泵奶——原理不同

擠奶的原理是以手指按壓乳管,所以手指擺放的位置要正確,力度要適中,講求技巧。

泵奶的原理是利用泵奶機,以負氣壓將奶排出來,不需太多技巧,選擇適合自己的泵奶機很重要。

擠奶泵奶,各有優勢

「不論黑貓還是白貓,只要捉到老鼠就是好貓。」出奶的道理也一樣,只要出到奶,什麼方法都可以。其實兩者各有好處,適用於不同的情況。

擠奶既方便,又節省金錢,特別適用於乳房不太脹的時候(例如初乳期、奶量較少);而且較安靜,沒有機器發出的聲音。遇到乳頭發炎腫脹時,若用機器泵奶,乳頭被來來回回拉長會加劇乳頭的痛楚;擠奶因不會碰到乳頭,所以比泵奶舒服。

有些媽媽不善於用手擠奶，卻能有效地泵奶。只要按下開關按鈕便可，較省氣力。一般來說，泵奶機適用於上奶後或較脹的乳房。有些媽媽甚至在泵奶後隨即用手再擠，把泵不出的奶也擠出來。若用雙泵機的話（即兩個乳房同時泵奶），更可省時呢！有些泵奶高手能用一隻手臂同時固定兩個奶泵，騰出另一隻手做其他事情。更有免提式奶泵（hands-free pump）把奶泵固定在胸圍內，雙手可騰出來做其他事情呢！

用手擠奶

擠奶的步驟

1. 擠奶前洗手。

2. 前奏：釋放「噴奶反射」。詳見第 4.4 篇。

3. 拇指及食指以「C」字形手勢放在乳暈上下方（從乳頭底部邊圍約 3 厘米），壓向胸口（圖 4.18.1）。

4. 拇指及食指輕輕擠壓乳房（好像夾扁一件三文治）（圖 4.18.2）。

5. 拇指及食指放鬆（圖 4.18.3）。

6. 重複步驟 3 至 5。

7. 如乳汁未能出得順，可調節手指擠壓的位置。

8. 拇指及食指以「U」字形手勢放在乳暈左右方，擠出不同部分的乳汁（圖 4.18.4）。

9. 當乳汁流量少時，便擠壓另一邊乳房。

10. 輪流擠壓每邊乳房數次，共需時約 20 至 30 分鐘。

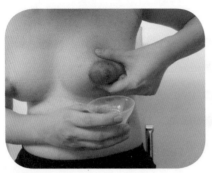

圖 4.18.1
拇指及食指以「C」字形手勢放在
乳暈上下方，壓向胸口。

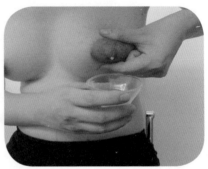

圖 4.18.2
拇指及食指輕輕擠壓乳房（好像夾扁
一件三文治）。

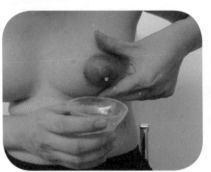

圖 4.18.3
拇指及食指放鬆。

圖 4.18.4
拇指及食指以「U」字形手勢放在乳
暈左右方，擠出乳房內不同部分的乳
汁。

擠奶大忌

1. 只擠壓乳頭，放在乳頭上的手指會阻礙乳汁的排出。

2. 只在皮膚上掃動，會令皮膚變紅，而又按壓不到乳管，所以擠不出
   奶。

關於擠奶手勢，詳情可尋求母乳專業指導。

用機器泵奶

奶泵的種類

1. 手動奶泵（圖 4.18.5）

2. 迷你電動奶泵（圖 4.18.6、圖 4.18.7）

3. 醫院級數電動奶泵（圖 4.18.8）

圖 4.18.5
手動奶泵

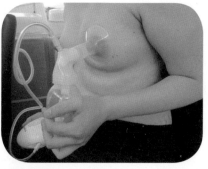

圖 4.18.6
迷你電動奶泵（單泵）

圖 4.18.7
迷你電動奶泵（雙泵）

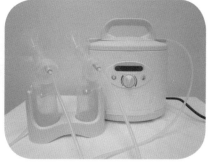

圖 4.18.8
醫院級數電動奶泵（可配上單泵或雙泵）

表 4.18.1：醫院級數電動奶泵與迷你電動奶泵的比較

	醫院級數電動奶泵	迷你電動奶泵
吸力放鬆的頻率	接近寶寶 吸吮乳房的頻率 （每分鐘 40 至 60 次）	可能每分鐘少於 40 次
設計系統	封閉式（乳汁與奶泵 完全分隔）	開放式（乳汁與奶泵 不是完全分隔，乳汁 內的細菌或病毒有機 會進入奶泵內）
傳播傳染病的風險	沒有	有
適宜自用或 供多人共用	可供多人共用或租用	只適宜自用（使用二 手奶泵有潛在風險）
機身重量	較重	較輕巧，方便攜帶
電源	濕電	電池或濕電

表 4.18.2：雙泵和單泵電動奶泵的比較

	雙泵	單泵
每次泵奶需時	15 至 20 分鐘	20 至 30 分鐘
另一邊乳房滴出來的奶	接住了	浪費了
每次泵奶	不用轉換兩邊乳房	輪流泵每邊乳房數次

何謂有效的奶泵？

- 接近寶寶的吸吮頻率（每分鐘 40 至 60 次）
- 於合理時間內完成泵奶
- 泵奶後乳房柔軟

為了更接近寶寶的吸吮模式，現時不少電動奶泵都設置兩個程式：「快 mode」和「慢 mode」。「快 mode」的負壓較少但頻率快，是模仿寶寶剛含乳時淺而快的吸吮，目的是刺激媽媽的噴奶反射。「慢 mode」的負壓較強，頻率較慢，是模仿寶寶深而慢的有效吸吮，於正式泵奶用。

有些媽媽噴奶反射良好，無論用什麼奶泵也出得好。若噴奶反射不佳，建議選擇符合以上條件的有效奶泵，如醫院級數的電動雙泵機。

問：有媽媽用「快 mode」才泵得出奶，用「慢 mode」反而泵不出，
　　為什麼？
答：有機會是奶泵的「慢 mode」頻率太慢，所以用「快 mode」時勉
　　強泵到些奶。

泵奶的步驟

1. 泵奶前洗手。

2. 前奏：釋放「噴奶反射」。詳見第 4.4 篇。

3. 選擇大小適中的「喇叭」，喇叭管道直徑比乳頭略大約 3 至 4 毫米（圖 4.18.9）。

4. 乳頭置「喇叭」正中（圖 4.18.10）。

5. 從最低力度開始，慢慢提升力度達至最舒服的感覺（適用於有力度調校的電動奶泵）。

6. 正確泵奶時，媽媽感到舒服、乳頭於喇叭管道內自由伸出伸入、奶出得順。

圖 4.18.9
因應乳頭的大小，選擇大小適中的「喇叭」。

圖 4.18.10
乳頭置於「喇叭」正中。

泵奶大忌

1. 喇叭管道直徑太小，會磨損乳頭。

2. 喇叭管道直徑太大（圖 4.18.11），會減低泵奶效率；而且太多乳暈
   組織進入喇叭管道，會弄致腫脹、發紅、脫皮（圖 4.18.12），甚至
   乳管發炎。

3. 乳頭偏在「喇叭」的一側，乳頭會因磨擦而受損（圖 4.18.13）。

4. 一開始便用最高的力度，容易弄傷乳房組織。

5. 泵奶時，過分用力將喇叭壓在乳房上，乳管容易閉塞。

圖 4.18.11
喇叭管道太大。

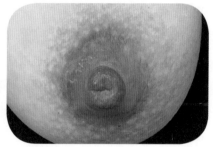

圖 4.18.12
乳暈腫脹、發紅、脫皮。

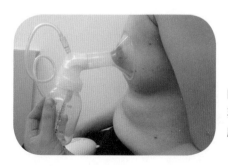

圖 4.18.13
乳頭偏側在「喇叭」的一邊，會因
磨擦而受損。

第 4 章 ● 實戰篇

清潔泵奶配件

每次泵奶後，隨即折下配件用凍水沖洗，然後用清潔液和熱水清洗，可用小擦子擦洗小配件，再用熱開水沖最少兩次，最後在乾淨紙巾上風乾，風乾後把配件還原，存放於乾淨密封的容器內待用。如果泵奶配件是自用及寶寶是健康足月，多數資料建議以上清潔程序已足夠。若寶寶小於 3 個月大、早產、生病、免疫能力較低或媽媽的衛生標準較高，可每天進行最少一次消毒程序。詳見第 10.6 篇的參考資料。

乳房很「谷奶」，也不出奶？

當嬰兒吸吮乳房時，會刺激母親體內分泌荷爾蒙，從而使乳腺的肌肉細胞收縮，把儲存在乳房內的乳汁排出，這種身體反應稱為「噴奶反射」。簡單來說，擠奶泵奶是模仿嬰兒的吸吮，成功擠奶泵奶的關鍵是：一、能否釋放「噴奶反射」，把儲存在乳房內的乳汁排出。保持愉快的心情很重要，因為任何負面情緒、疼痛、焦慮、過度疲累、缺乏自信等，都會壓抑「噴奶反射」，令儲存在乳房內的乳汁無法排出。詳見第 4.4 篇；二、手擠奶的技巧是否純熟；三、選擇適合自己的泵奶機。擠奶泵奶是一門要學習的技能，勤加練習就熟能生巧。

筆者也親身經歷過「噴奶反射」受影響的情況。猶記得多年前的某天，工作特別忙碌，連吃午飯的時間也幾乎沒有。終於當筆者預備好一切，坐下來泵奶時，竟發現乳房已脹得像石頭，卻只泵到少許奶。原來愈是著急，就愈抑壓「噴奶反射」。最後只好停下來，休息一會。當筆者閉上眼睛，想想孩子可愛的模樣，即時心情放鬆，有助噴奶。

「同步吸吮泵奶」助新手

猶記得當筆者第一次用泵奶機時,一滴奶也泵不出,還以為是機件故障。經好朋友指點後才知道是因為當時自己太緊張了。她建議筆者採用「同步吸吮泵奶」方法,即是給女兒吸吮一邊乳房,利用女兒吸吮時所產生的「噴奶反射」同時在另一邊乳房泵奶,這樣泵奶就會變得容易些。最初聽到這方法也感疑惑,不知道能否同時兼顧餵奶和泵奶,不過一試之下果然成功!泵奶或擠奶初學者不妨一試。

評估奶量不能單靠每次泵或擠多少奶

每次出到多少奶限制於乳房的儲存量。儲存量大,每次出多些奶,但奶量是以 24 小時計算的,所以有些儲存量小的媽媽可能每天須泵奶八次;而有些儲存量大的媽媽可能每天只用泵奶四次。另外,每次出到多少奶也須視乎當時有沒有「噴奶反射」。有時泵得少是因為媽媽不懂如何引發「噴奶反射」或「噴奶反射」暫被抑壓而已。即若「噴奶反射」出得不好,泵出多少奶便不能完全反映奶量。假若「噴奶反射」出得好,全日泵出多少奶也是奶量的指標之一。不過放出多少奶又未必等同寶寶每餐吸吮多少奶。因此,評估奶量或寶寶食量不能單憑放出多少奶。關於如何評估奶量,詳見第 7.3 篇。

擠奶泵奶能力有高低

寶寶的吸吮能力有高低，媽媽的擠奶泵奶能力也有高低。擠奶泵奶是一門須要學習的技巧，要學習如何在沒有吸吮乳房的情況下，身體仍能釋放「噴奶反射」。有些人輕易出到超過 200 毫升奶，有些人「出盡法寶」也放不出 5 毫升，有研究[1]指出在一些吸吮能力很好的寶寶當中，約有 10% 的受訪媽媽不能有效地泵奶，俗語稱「不受泵」，箇中原因不明。

吸吮乳房一定比擠奶泵奶有效？

奶泵能否完全做到吸吮乳房的效果？很多人說不能，有些人更形容寶寶是最出色的奶泵！不過筆者認為這說法不能一概而論，要視乎寶寶的吸吮能力和媽媽的擠奶泵奶能力，哪樣較為優勝，詳見第 4.19 篇。在現實生活中，以下四種情況皆存在：

1. 最常見是在首 3 至 5 週的適應期間，有些寶寶吸吮能力不足，但媽媽能成功擠奶泵奶，代表那時媽媽勝過寶寶。

2. 待寶寶的吸吮能力有進步時，吸吮效果可能會勝過擠奶泵奶，有些媽媽說：「我完成擠奶泵奶後，孩子依然有效地吸吮乳房呢！」

3. 兩者同樣出色，不分高下。

4. 兩者皆不理想。

---

1 Mitoulas, L. R., Lai, C. T., Gurrin, L. C., Larsson, M., & Hartmann, P. E. (2002). Efficacy of breast milk expression using an electric breast pump. *Journal of Human Lactation, 18*(4), 344–352.

什麼情況須擠奶泵奶?

1. 若因某些原因暫時未能親餵,如寶寶早產、媽媽要上班、寶寶嚴重黃疸入院照燈,可利用擠奶泵奶來保持奶量。

2. 當寶寶的含乳嘴形不正確而令媽媽乳頭十分疼痛時,「暫時性擠奶泵奶」既可紓緩乳頭痛楚,又可讓寶寶繼續吃母乳。

3. 當媽媽被證實奶量低或寶寶的吸吮能力欠佳,即單靠吸吮不能令寶寶體重達標時,補吃放出來的奶能確保寶寶攝取足夠的熱量,額外的擠奶泵奶亦有助媽媽調節奶量。適應期長短因人而異,這些「暫時性擠奶泵奶」可幫助母嬰雙方渡過適應期。

4. 有些情況則不須要徹底擠奶泵奶的,例如乳房太脹而寶寶難於吸吮時,可於吸吮前把少量乳汁擠出,令乳暈較柔軟,方便寶寶有效吸吮。

如無法親餵

以擠奶泵奶去調節或保持奶量,關鍵是頻密和有效出奶。頻密指擠奶泵奶的次數應接近寶寶的吸吮,有效指每次在合理的時間內擠或泵奶致乳房柔軟。若全以擠奶泵奶代替吸吮乳房,建議產後 2 小時內開始。初期每次不用太長時間(短至 5 至 10 分鐘也可), 但每天最少 8 至 10 次,其中一次在晚上進行。不用規限定時進行,媽媽可選擇自己的節奏,例如:在 4 小時內密集進行 2 至 3 次。

初乳期手擠奶比較有效,上奶後可泵奶加擠奶。當奶量穩定後,擠奶泵奶的次數可視乎乳房的儲存量而調節。儲存量小的媽媽須保持每天

泵奶約八次，儲存量大的可能每天只需泵奶約四次，便可達至 24 小時相當的奶量。

兩次出奶時間不宜相隔太長，日間避免超過 4 小時，晚上避免超過 6 小時。也有人進行「密集式泵奶」（cluster pumping 或 power pumping），即於 1 小時內重複「雙泵 10 分鐘、休息 10 分鐘」三次。這方法是仿效寶寶的密集式吃奶，希望快些調高奶量。「密集式泵奶」只需每天做一次，其他時段相隔數小時便可。

當寶寶不在身邊但要出奶時，有什麼方法能增加「噴奶反射」？

1. 嘗試使用你的五官和想像力，增加「噴奶反射」。

    眼：看看寶寶的照片

    耳：聽聽預先收錄的寶寶聲音

    鼻：嗅嗅寶寶的衣服

    皮膚：觸摸寶寶的衣服或用品

    腦：想像你和寶寶一起、與他擁抱或授乳時的感覺

2. 暖敷乳房、用手指輕掃乳房或用拳頭在乳房上輕輕按摩不超過 3 分鐘。

3. 用任何方法自我鬆弛，例如：聽柔和的音樂、閉目養神、深呼吸、喝杯飲品、打電話給朋友聊天等等。

4. 將你的擔心和掛慮暫時放下，例如：把你掛慮的事情寫在紙上，然後把紙放入抽屜裡，待擠或泵奶完成後才處理。

5. 增強自信心，多稱讚自己，例如：「我真厲害，可以兼顧工作和家庭，寶寶又可以繼續吃母乳。」

本篇參考資料

- Academy of Breastfeeding Medicine. (2017). ABM clinical protocol #8: Human milk storage information for home use for full-term infants, revised 2017. Breastfeeding Medicine, 12(7), 390–395.
- Australian Breastfeeding Association. (2015). Suggestions on using an electric breast pump. Retrieved from https://www.breastfeeding.asn.au/bf-info/breastfeeding-and-work/suggestions-using-electric-breast-pump
- Centers for Disease Control and Prevention. (2018). *How to keep your breast pump kit clean*. Retrieved from https://www.cdc.gov/healthywater/pdf/hygiene/breast-pump-fact-sheet.pdf
- FDA. (2018). Cleaning a breast pump. Retrieved from https://www.fda.gov/medical-devices/breast-pumps/cleaning-breast-pump
- Mitoulas, L. R., Lai, C. T., Gurrin, L. C., Larsson, M., & Hartmann, P. E. (2002). Efficacy of breast milk expression using an electric breast pump. *Journal of Human Lactation, 18*(4), 344–352.
- Unicef UK, Baby friendly Initiative. (2017). *Assessment of breastmilk expression*. Retrieved from https://www.unicef.org.uk/babyfriendly/wp-content/uploads/sites/2/2016/10/Assessment-of-breastmilk-expression-checklist-2017.pdf

拆解「全泵奶」

全泵奶能替代吸吮嗎？

愈來愈多媽媽早於懷孕期已選購不同款式的奶泵，為什麼？擔心寶寶吸吮得不夠好？預備日後返工泵奶？究竟泵奶的價值是什麼？全以泵奶替代吸吮乳房有何利弊？

長遠而言泵奶花工夫

城市人講求效率，餵哺母乳也不例外。最初，當寶寶正學習吸吮乳房時，花在吃奶的時間通常較長，這時媽媽或會覺得泵奶較省時及方便，因可自己主導泵奶的時間。但隨著寶寶漸漸熟習吸吮技巧，吃奶所需的時間漸短，此時泵奶反比直接吸吮乳房費工夫。晚上直接給寶寶授乳，若用舒適的姿勢（例如側臥式）反而比泵奶更方便，媽媽不但不須要下牀，更可省掉泵奶事前事後的工夫。長遠而言，泵奶比吸吮乳房花費更多工夫。媽媽宜考慮清楚長遠目標，決定是否投放時間和精力給寶寶學習吸吮乳房。

「全泵奶」對媽媽的不良後果

1. 難於調節奶量

「不受泵」的人會愈泵愈少奶；而「很受泵」的人會愈泵愈多奶，因而

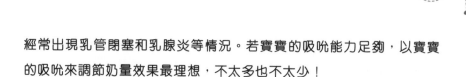

經常出現乳管閉塞和乳腺炎等情況。若寶寶的吸吮能力足夠，以寶寶的吸吮來調節奶量效果最理想，不太多也不太少！

2. 難於自然回奶

若全泵奶致奶量過盛，奶會「長泵長有」。曾有媽媽全泵奶一年多之後，要為如何回奶而煩惱。這些多奶的「全泵媽媽」回奶須要刻意漸漸減少泵奶的時間和次數，否則很容易出現乳管閉塞和乳腺炎等不良後果。相反讓寶寶吸吮乳房，回奶來得自然而舒服。因為當寶寶約 6 個月大開始吃固體食物後，吃母乳的分量自然減少，直至完全不吃母乳時，媽媽就會自然回奶。筆者三次回奶的經驗都是這樣的，大女兒 19 個月大時主動說：「媽媽，我大個啦，不吃奶了！」兩個兒子與姊姊一樣從約 13 個月大起只早晚吸吮乳房，分別在 2 歲和 2 歲半斷奶，當時筆者嘗試與他們商量，又找丈夫幫忙照顧他們，結果很容易便斷奶了。

3. 難「通」乳管閉塞

筆者試過無數次乳管閉塞，每次都靠寶寶吸吮來解決問題。單靠手擠奶或泵奶都較難達到相同效果，大力按壓乳房也不是通塞奶的最佳方法，過分按壓更會有反效果。趁寶寶仍肯吸吮乳房時，千萬不要輕易「廢掉他的武功」而改為「全泵奶」。他日遇到乳管閉塞時，寶寶就是你的救星！

4. 難「追」寶寶的食量

曾有「全泵媽媽」說：「寶寶愈吃愈多，但泵出的奶量卻維持不變！」此時媽媽或許開始補奶粉，跟著愈補愈多。日間上班的媽媽只要維持早晚讓寶寶吸吮乳房就能彌補他全日所需熱量。甚至泵奶

後若寶寶仍想吃奶，媽媽可讓他吸吮乳房，而不用補奶粉。因此，長遠計「全泵奶」較難達致全母乳餵哺 6 個月。

5. 難以維持晚上起牀泵奶

媽媽上班後若不敵睡魔的引誘而減少晚上起牀泵奶，會調低奶量，有時更會出現乳管閉塞或乳腺炎的情況。

6. 減少母嬰互動溝通

吸吮乳房是母親和寶寶無比親密的肌膚接觸，並趁機互動溝通。「全泵奶」可能減少了這些溝通的機會。

「全泵奶」對寶寶的不良後果

母乳餵哺（breast-feeding）包含多重意義。母乳是指奶的成分；而餵哺是指吸吮乳房的動作。相比用奶瓶吃母乳，吸吮乳房有很多額外好處，例如能減少吃過量，因而進一步減少肥胖症等。總結而言，使用奶瓶喝母乳會有以下缺點（詳見第 8.9 篇）：

1. 較易吃過量。
2. 妨礙頸、面、頭部的正常發育，如牙齒咬合不正，減少嚼肌和下顎肌肉的訓練。
3. 欠協調呼吸。
4. 肚風較多。
5. 較易患中耳炎。
6. 含著奶瓶的奶睡覺易蛀牙。
7. 日後較難戒掉奶瓶。

儲存母乳很安全

母乳含抗體，可以儲存

有些人覺得擠或泵出的母乳沒有營養價值，對寶寶的健康無益；亦有人擔心擠或泵出的母乳很容易變壞，會令寶寶生病。以上都是對母乳的誤解。無數研究報告指出，母乳是擁有生命力的食物。配方奶因為完全沒有抗體，所以已沖調的奶粉必須於 2 小時內享用，否則必須丟掉。相反，母乳含有大量抗病元素，如抗體、白血球、酵素、乳鐵傳遞蛋白、低聚糖等等，因此可以儲存較長時間。研究亦指出，擠或泵出的母乳內的大部分營養和抗病成分可在一定的存放時間內保存不變，儲存溫度愈低，儲存時間就愈長。雖然新鮮的母乳永遠是最好的，但是對在職媽媽來說，與使用奶粉作替代相比，以擠或泵出的母乳替代直接餵哺，對寶寶的健康已是一大保障。

一般家庭怎樣儲存母乳？

表 4.20.1：給健康足月寶寶儲存母乳的方法[1]（圖 4.20.1）

母乳	室溫 16℃–19℃	雪櫃冷藏格 4℃	雪櫃冰格
新鮮擠或泵出	4 小時	4 天	單門雪櫃：2 星期 雙門雪櫃 （零下 18℃）： 6 個月（最理想） 12 個月（可接受）
在雪櫃已溶解的冰奶	2 小時	24 小時	不能放回冰格
冰奶用暖水快速溶解	2 小時	不能再冷藏	不能放回冰格
吃剩的奶	不能留待下一餐	不能再冷藏	不能放回冰格

1 • Academy of Breastfeeding Medicine. (2017). ABM clinical protocol #8: Human milk storage information for home use for full-term infants, revised 2017. *Breastfeeding Medicine, 12*(7), 390–395.
• Centers for Disease Control and Prevention. (2018). Proper storage and preparation of breast milk. Retrieved from https://www.cdc.gov/breastfeeding/recommendations/handling_breastmilk.htm
• Enger, L., & Hurst, N. M. (2018). Patient education: Pumping breast milk (Beyond the basics). In *UpToDate*. Retrieved from http://www.uptodate.com/contents/pumping-breast-milk-beyond-the-basics#31159895
• NHS. (2016). Expressing and storing breast milk. Retrieved from http://www.nhs.uk/conditions/pregnancy-and-baby/expressing-storing-breast-milk/

冰格零下 18°C：
6 個月（最理想）；12 個月（可接受）

冷藏格 4°C：4 天

圖 4.20.1
嬰兒足月而且健康，一般家用雙門雪櫃儲存母乳的建議。

儲存母乳須知

1. 把母乳儲存於已經消毒的有蓋奶瓶或奶袋（消毒餵奶或泵奶器具的方法，詳見第 10.6 篇）。至於玻璃或硬膠奶瓶，哪樣較好？母乳的成分會否黏在奶瓶上？其實玻璃或硬膠奶瓶都安全。兩者都有少量母乳的成分黏在奶瓶上，但流失的成分很少。硬膠宜選用聚丙烯（polypropylene），不宜選用聚碳酸酯（polycarbonate）或含雙酚 A（bisphenol A, BPA）。若使用聚乙烯（polyethylene）奶袋，應選擇品質較佳者，品質較差的奶袋容易破裂。

2. 切勿把母乳放在雪櫃或冰格的櫃門，因為櫃門溫度不穩定。要放在雪櫃上層最裡面的位置，那裡溫度最穩定（圖 4.20.2）。

3. 在同一天內於不同時段放出的奶可混入同一容器儲存，不過新鮮的奶不應立即混入已冷藏的奶，必先將新鮮的奶冷藏約一小時，才混入已冷藏的奶。加入的奶分量要少於已冷藏的奶。

圖 4.20.2
母乳要存放在雪櫃上層
最裡面的位置，因為櫃
門的溫度並不穩定。

4. 若預計新鮮擠或泵出的奶不會於 4 小時內飲用，宜盡快將奶儲存在
雪櫃或冰格。若預計已冷藏的凍奶暫不飲用，可於 24 小時內（擠
奶起計）移至冰格[2]。

5. 奶結成冰後體積會增大，儲存冰奶時宜預留一點空間，不應儲滿容
器。

6. 在工作地點擠或泵出的奶可先放在 4℃ 的雪櫃內冷藏，下班時用冰
袋和冰種把奶運送（見第 4.17 篇圖 4.17.2），可儲存 24 小時。回
家後盡快飲用，或盡快將之放回雪櫃或冰格[3]。

7. 冰奶發出酸味或異味，是否變壞了？其實不是變壞，而是奶的脂肪
酶將脂肪酸分解，變成脂肪酸鹽，所以產生異味。放心，奶仍安全
可飲用的！母乳含有多少脂肪酶，因人而異。有些母乳含有較多脂
肪酶，較容易出現此情況。可試試將新鮮擠出的母乳，輕微加熱，
但不是煮沸，隨即冷卻及放回冰格。這樣或可減低脂肪酶的活躍程
度。

2　British Dietetic Association. (2016). *Guidelines for the preparation and handling of expressed and donor breast milk and special feeds for infants and children in neonatal and paediatric health care settings*. Retrieved from http://www.bda.uk.com/regionsgroups/groups/paediatric/sfu_guidelines

3　Centers for Disease Control and Prevention (2018)

飲用不同溫度的奶

4℃冷藏的奶

1. 寶寶可直接飲用凍奶。

2. 可於飲用前以溫度不高於 40℃ 的暖水加熱（圖 4.20.3），避免溫度過高破壞奶的脂肪、蛋白質和抗體。

冰奶

1. 把冰奶預先移至雪櫃冷藏格（4℃），讓冰奶慢慢溶解，減少脂肪流失。冰奶完全溶解後，限於 24 小時內飲用（並非從冰格移至冷藏格起計 24 小時），於飲用前以暖水加熱。

2. 可用暖的自來水令冰奶快速溶解（圖 4.20.4）。

3. 已溶解又加熱了的冰奶若放於室溫，須於 2 小時內飲用。

4. 已溶解的冰奶不能再放回冰格。

圖 4.20.3
飲用前可以溫度不高於 40℃ 的暖水加熱母乳。

圖 4.20.4
用暖的自來水沖灑奶瓶，可令冰奶快速溶解。

加熱了的奶（冷藏或冰奶）

必須於 2 小時內飲用，吃剩的奶不能再冷藏或留待下一餐。

可以用微波爐加熱嗎？

切勿使用微波爐（圖 4.20.5）加熱冷藏的奶或溶解冰奶，因為：

1. 微波會破壞母乳的抗體和維他命。

2. 微波令奶的溫度不均勻，容易燙傷寶寶。

圖 4.20.5

寶寶早產或患病住院，怎樣儲存母乳？

表 4.20.2：給早產或患病住院寶寶儲存母乳的方法 [4]

母乳	室溫 25℃以下	雪櫃冷藏格 4℃	雪櫃冰格
新鮮擠或泵出	4 小時	48 小時	單門雪櫃：2 星期 雙門雪櫃（零下 18℃）：3 個月
在雪櫃已溶解的冰奶，未經加熱	2 小時	12 小時	不能放回冰格

4 • British Dietetic Association (2016)
  • World Health Organization, UNICEF. (2009). *BFHI section 3: Breastfeeding promotion and support in a baby-friendly hospital–A 20 hour course for maternity staff*. Retrieved from http://whqlibdoc.who.int/publications/2009/9789241594981_eng.pdf

第
4
章
● 實戰篇

本篇參考資料

- Academy of Breastfeeding Medicine. (2017). ABM clinical protocol #8: Human milk storage information for home use for full-term infants, revised 2017. *Breastfeeding Medicine, 12*(7), 390–395.
- British Dietetic Association. (2016). *Guidelines for the preparation and handling of expressed and donor breast milk and special feeds for infants and children in neonatal and paediatric health care settings*. Retrieved from http://www.bda.uk.com/regionsgroups/groups/paediatric/sfu_guidelines
- Centers for Disease Control and Prevention. (2018). Proper storage and preparation of breast milk. Retrieved from https://www.cdc.gov/breastfeeding/recommendations/handling_breastmilk.htm
- Enger, L., & Hurst, N. M. (2018). Patient education: Pumping breast milk (Beyond the basics). In *UpToDate*. Retrieved from http://www.uptodate.com/contents/pumping-breast-milk-beyond-the-basics#31159895
- NHS. (2016). Expressing and storing breast milk. Retrieved from http://www.nhs.uk/conditions/pregnancy-and-baby/expressing-storing-breast-milk/
- World Health Organization, UNICEF. (2009). *BFHI section 3: Breastfeeding promotion and support in a baby-friendly hospital–A 20 hour course for maternity staff*. Retrieved from http://whqlibdoc.who.int/publications/2009/9789241594981_eng.pdf

餵哺母乳，知易行難？（增訂版）

適時引進固體食物

當寶寶年紀漸長便須加固，因為寶寶需要更多元化的營養，但這並不代表母乳的營養減少了。適時引進固體食物對寶寶的成長十分重要。適時指寶寶身體的發展是否達某程度的成熟，可安全地接受固體食物。大部分寶寶於接近 6 個月大都有準備加固的表徵，見表 4.21.1。有些寶寶早於 4 個月已開始有。若 7 個月大仍沒有以下表現，建議請教醫護人員。

表 4.21.1：已準備加固的發展表徵

活動能力	進食表現
• 能抬起頭部 • 靠椅背坐著 • 能伸手抓物件	• 對成人的食物感興趣（或開始厭奶） • 看見匙羹會張嘴 • 匙羹放入口時，會含著匙羹，舌頭不頂著匙羹 • 閉上嘴，吞嚥食物

何時引進固體食物，眾說紛紜

對於何時適合引進固體食物，坊間有不同說法。世界衛生組織指出，母乳的營養是足夠初生嬰兒首 6 個月的一切所需，約 6 個月大要逐漸引進固體食物，與此同時母乳餵哺應持續至 2 歲或以上。美國兒科學會（American Academy of Pediatrics）建議全母乳 6 個月和餵哺母乳最少 1 年。歐洲兒科腸胃肝臟病學及營養學會（European Society for Pediatric Gastroenterology, Hepatology and Nutrition, ESPGHAN）於 2008 年建議添加固體食物不應早過 17 週及不應遲過 26 週[1]。筆者個人認為很快厭奶的寶寶最早可於 4 個月（17 週）試吃固體食物，否則可於約 6 個月才開始。至於早產嬰兒應何時引進固體食物呢？英國國民醫療保健服務系統（National Health Service, NHS）建議出生後 5 至 8 個月才開始[2]，同時從預產期計最少 3 個月後。

引進固體食物要適時，太遲引進固體食物擔心寶寶出現營養不良、缺鐵貧血或日後有偏食習慣。不要錯過好奇探索新食物的黃金期——即 6 至 12 個月大，詳見第 10.5 篇。

1 European Society for Pediatric Gastroenterology, Hepatology, and Nutrition and North American Society for Pediatric Gastroenterology, Hepatology, and Nutrition. (2008). Complementary feeding: A commentary by the ESPGHAN Committee on nutrition. *Journal of Pediatric Gastroenterology and Nutrition, 46*(1), 99–110.

2 National Health Service. (2011). *Weaning your premature baby*. Retrieved from http://www.lnds.nhs.uk/Library/WeaningPrematureBabyOct11.pdf

吃固體食物後吃多少奶？

引進固體食物之後，寶寶期望吃奶的需求逐漸減少。一般而言，6 至 8 個月大的嬰兒約 70% 的熱量是來自奶（可能是每天 4 至 5 次奶，1 至 2 次固體），9 至 11 個月大約 55% 的熱量來自奶（約每天 3 至 4 次奶，2 至 3 次固體食物），12 至 23 個月大只有約 40% 的熱量來自奶（約每天 2 次奶，4 至 5 次固體食物）。12 個月後，不一定全奶餐，即奶加固成一餐，如一杯奶加水果為茶點。

以筆者身為「上班一族」的個人經驗而言，孩子約 9 至 12 個月大已能較穩定地吃固體食物，所以日間以固體為主，另加一餐泵出來的母乳，早晚就吸吮乳房（詳見第 4.22 篇表 4.22.1）。13 個月大後，除了早晚吸吮乳房之外，早午晚吃三餐固體，另加兩餐小食，如芝士、餅乾、水果，建議每天最少吃一次水果。雖然早上 6 至 7 時他會吸吮乳房，之後也會與大人同枱一起吃早餐，進食時也是互動溝通的理想時候。養成吃早餐的習慣很重要，對減低日後肥胖症有幫助。很多家長只注重早餐要喝奶，而忽略了澱粉質類的食物。從 13 個月大起，筆者給孩子預備的早餐就是大人的食物，如麵包、燕麥片、穀類食品和饅頭。用手拿起食物吃（圖 4.21.1）和使用匙羹（圖 4.21.2）均可訓練孩子的小肌肉發展；另加一盒全脂牛奶，孩子喜愛用飲管或杯喝牛奶（圖 4.21.3）。另外，筆者也喜歡於早餐和下午茶點加入水果，這個習慣從孩子小時候維持到現在。

圖 4.21.1
筆者 2 歲女兒與大人同枱用膳。用膳時也是互動溝通的理想時候。孩子用手拿起食物吃有助小肌肉發展。

圖 4.21.2
筆者 1 歲半女兒自己用匙羹吃飯。

圖 4.21.3
筆者 1 歲多女兒吃早餐時喜歡用飲管喝盒裝牛奶。

順應餵養（加固）

每個孩子的性情、喜好和能力都不同，所以，加固的進度會有快有慢。建議使用「順應餵養」方法（responsive feeding）。家長和孩子要分責，家長負責在適時提供安全有營養的食物及良好的進食環境（包括移除令孩子分心的玩具和電視等）；至於吃什麼、吃多少，應由孩子決定。餵養過程中，家長須觀察、解讀及回應孩子的飽餓信號，尊重孩子的意願，用說話表情動作，鼓勵但不強迫他進食。家長自身須樹立好榜樣，讓孩子模仿。所有照顧者須有一致的餵養方式，否則孩子無所適從。

順應餵養的好處是增加孩子對食物的興趣、鼓勵他自己進食、避免吃過量及患上肥胖症，也減少吃得不夠而影響生長。

表 4.21.2：6 個月以上寶寶的飽餓信號

寶寶的需要	寶寶發出的信號
肚餓了	• 寶寶頭部湊近食物或匙羹 • 表現興奮
吃飽了	• 不專心進食 • 吃得愈來愈慢 • 閉嘴 • 吐出食物 • 拱起背 • 推開食物或匙羹

嬰兒主導加固法（BLW）

傳統的加固法多以家長主導，由家長以匙羹餵飼為主；食物的質感則以糊狀開始，逐漸轉變至搗碎、剁碎或切成小塊。近年多了家長使用另一種方法──嬰兒主導加固法（baby-led weaning，簡稱 BLW）。此方法始於 Rapley G. 於 2008 年出版的暢銷著作 *Baby-led Weaning: Helping Your Baby to Love Good Food*。

BLW 的基本原則是讓寶寶自己進食，完全不由家長餵飼。初期寶寶用手抓著食物吃（圖 4.21.4），長大些便學習使用食具進食。把食物放於餐桌上，鼓勵寶寶捉摸它，舔它，然後咬它，最後進食。家人餐桌上的食物便是寶寶的食材。不將食物磨成糊狀，讓孩子進食原食材。食物的體積須比寶寶的手掌大些，不要讓整個食物放進口。比較硬的蔬果須先煮軟一點，再給孩子用手抓食。

圖 4.21.4
寶寶以 BLW 享用西蘭花和飯團。（照片提供：Lillian Fong）

BLW 的好處包括：

1. 寶寶主導食量，避免吃過量。

2. 快些接觸多元的家庭食材。

3. 訓練手部和口部肌肉。

有人或會擔心寶寶會否嗆到、熱量不足影響生長或營養失衡，如缺鐵貧血？新西蘭一個簡稱 BLISS 的研究顯示[3]，修改版的 BLW 並沒有增加以上三種不良的情況。此外，研究發現 BLW 的孩子於 12 及 24 個月時較享受進食，於 12 個月時較少偏食；以及家長較少負面行為或情緒，例如：對進食產生心理壓力、擔心孩子的體重。

傳統或 BLW，哪方法較優勝？

筆者認為如何加固沒有絕對的方法，傳統或 BLW，各有好處。可以因應寶寶的年紀、喜好、能力及家庭的習慣，選擇適合自己的方法，也可靈活地混合兩種方法。共同目標都是令寶寶吸收足夠熱量、多元營養、安全進食及愉快進食。即使採用傳統加固法，家長須留意孩子的飽餓信號，食量應由寶寶主導。

3   Daniels, L., et al. (2015). Baby-led introduction to solidS (BLISS) study: A randomised controlled trial of a baby-led approach to complementary feeding. *BMC Pediatrics*, 15(1).

第 4 章 ● 實戰篇

本篇參考資料

- Daniels, L., et al. (2015). Baby-led introduction to solidS (BLISS) study: A randomised controlled trial of a baby-led approach to complementary feeding. *BMC Pediatrics, 15*(1).
- European Society for Pediatric Gastroenterology, Hepatology, and Nutrition and North American Society for Pediatric Gastroenterology, Hepatology, and Nutrition. (2008). Complementary feeding: A commentary by the ESPGHAN Committee on nutrition. *Journal of Pediatric Gastroenterology and Nutrition, 46*(1), 99–110.
- Infant and Toddler Forum. Healthy Eating for Toddlers: Factsheets for healthcare professionals. Retrieved from https://www.infantandtoddlerforum.org/factsheets
- National Health Service. (2011). *Weaning your premature baby*. Retrieved from http://www.lnds.nhs.uk/Library/WeaningPrematureBabyOct11.pdf
- Pan American Health Organization. (2003). *Guiding principles for complementary feeding of the breastfed child*. Washington, D.C: Pan American Health Organization.
- Rapley, G., & Murkett, T. (2009). *Baby-led weaning: Helping your baby to love good food*. London: Vermillion.

餵哺母乳，知易行難？（增訂版）

斷奶的藝術

「你打算餵母乳餵到何時呀？」媽媽的回應各有不同，背後亦有各自的原因。不少人打算餵哺直至恢復工作；有些認為母乳不夠營養，覺得餵哺6個月已足夠；有些則擔心孩子出牙後會弄損乳頭。

什麼是「斷奶」？

「斷奶」（wean，或稱「離乳」）意指孩子何時停止吃母乳，這是一個過程：從孩子開始進食母乳以外的食物，直至完全停止吃母乳。「斷奶」可由媽媽或孩子主導，亦可由雙方協議下進行。「斷奶」多數是自願的，對一些人來說是快樂而滿足的經歷，但有些人卻要在無可奈何的情況下作出這個決定。一位在醫院當護士的朋友，多年前為病人抽血時不慎被針筒刺傷。由於擔心受愛滋病病毒感染，她被迫在孩子4個月大時停止哺乳。另一位媽媽就因為要接受甲狀腺放射性治療，孩子被迫在6個月大時斷奶。她們的內心不約而同充滿掙扎。現在再深思，若她們真的不願意提早斷奶的話，其實她們可以考慮每天定時擠或泵奶，但放出的奶必須丟掉。數月後，若媽媽的血液報告證實沒有受愛滋病病毒感染，或者放射物質的指數降至安全水平，她們就可以恢復哺乳了。當然在此期間她們必須付出很大的耐性和時間去擠奶泵奶！

斷奶的歷史

不同民族有其獨特的斷奶時間表。二十世紀前，中國人和日本人普遍餵哺母乳到 4 至 5 歲。埃及人在法老王年代餵哺母乳到 3 歲。很久以前，英美也奉行在 2 至 4 歲才斷奶。美國兒科學會建議餵哺母乳最少 1 年，而世界衛生組織更建議全以母乳餵哺 6 個月及持續母乳餵哺最少 2 年。

什麼是「自然斷奶」？

「自然斷奶」指非刻意地停止餵哺，通常是超級慢板地斷奶，從孩子開始進食母乳以外的食物起，直至完全停止吃母乳止，整個過程可持續超過 1 年！斷奶所需的時間有長短，在互聯網曾見過 8 歲女孩吃母乳的視像片段。有些媽媽擔心若她不主動斷奶的話，孩子會愈來愈依賴她。不過，可以肯定的是孩子不會永遠吃母乳的，總有一天孩子會離乳！

寶寶 2 歲前自然斷奶，媽媽須接受

世衛建議餵哺母乳可到寶寶 2 歲或以上，是否所有寶寶都 2 歲後自然斷奶？斷乎不是，因為何時斷奶是寶寶的選擇。近年期望哺乳 2 年以上的媽媽的確多了，如果寶寶選擇於 2 歲前斷奶，媽媽可能會感到失望和失落吧。自然斷奶的藝術是媽媽須接受寶寶的意願，即使早於自己所定的餵哺目標，建議媽媽無須強行繼續，應慢慢接受寶寶的選擇。寶寶「畢業了！」，是一個新階段的開始！

筆者的斷奶經歷

老大在 6 個月大開始試吃固體食物，9 至 12 個月大開始較穩定地吃固體食物，9 個月大戒了夜奶，所以日間以固體為主，另加一些泵出來的母乳，早晚就吸吮乳房。13 個月大後，除了早晚吸吮乳房之外，就是早午晚吃三餐固體，另加小食兩次。直到她 19 個月大的某個晚上，當筆者正如常準備餵哺時，她忽然說：「媽媽，我大個啦，不吃奶了！」那時，筆者雖然正再次懷孕 2 個月，但從書本中得知餵哺母乳是不會影響胎兒，所以從沒想過因懷孕而停止餵哺。當女兒說出她的意願時，起初筆者也有點驚訝，不過很快就欣然接受了。

老二極之喜歡吃母乳，他與姊姊一樣從 9 個月大起戒了夜奶，日間以吃固體為主，另加一些泵出來的母乳，早晚吸吮乳房。13 至 15 個月大後日間不用吃泵出來的母乳。直到 2 歲時他仍然沒有任何意欲停止早晚吸吮乳房，但筆者心想也許是時候考慮「收爐」吧！因此筆者便嘗試與他商量，又找丈夫幫忙照顧他，結果在幾個星期內成功斷奶。

小老三的情況與哥哥姊姊相似，都是在 9 至 12 個月大時日間以固體為主，另加一些泵出來的母乳，早晚就吸吮乳房。不同的是他從 5 個月大起已戒夜奶，即晚上 7 時吸吮乳房後便睡到翌日早上 6 時，於是筆者便利用這段時間泵一次奶，目的是保持奶量和預防乳管閉塞。自他 16 個月大起，即使我不能於黃昏臨睡前餵哺他，他不一定須要吸吮乳房也可自行睡覺了，甚至連泵出來的母乳也不需要呢！從他 25 個月大開始，筆者嘗試用不同的方法幫助他斷奶，結果他需要母乳的次數由每天一次漸漸減至每星期幾次，在此期間彼此仍很享受那些「甜蜜的約會」，直至 2 歲半他完全斷奶。

「自然斷奶」的進程

表 4.22.1：
綜合個人經驗，母乳寶寶的吃奶和斷奶的進程可歸納如下[1]

年齡	日間吃固體	日間吃母乳[2]	早晚吸吮乳房[3]	晚上睡前若媽媽不在家，寶寶吃泵出來的母乳[4]	吃夜奶[5]
0 至 6 個月	-	+++	++	+	++
7 至 8 個月	+	++	++	+	+/-
9 至 12 個月	++	+	++	+	-
13 至 17 個月	+++	+/-	++	+/-	-
18 個月或以上	++++	+/-	+/-	-	-

「自然斷奶」的好處

這種「超級慢板」的斷奶法讓母嬰雙方的身心作出適應，有些媽媽更認為這是不用費神又最容易的斷奶方法。「斷奶」的英文「wean」的原文意思是「滿足」。在《聖經‧詩篇》第 131 篇 2 節中，大衛王這樣形容斷奶的孩子：「我的心平穩安靜，好像斷過奶的孩子在他母親的懷中；我的心在我裡面真像斷過奶的孩子。」

1 　表內「+」代表大略的多少，「+/-」代表可有可無。
2 　日間吃母乳：吸吮乳房（媽媽不用上班時）或吃泵出來的母乳（媽媽日間上班時）。
3 　早晚吸吮乳房：清晨和日落時分吸吮乳房。
4 　媽媽須要於黃昏時外出而不能於寶寶晚上睡前直接授乳：0 至 17 個月大，須要吃泵出來的母乳來代替吸吮乳房，目標是 18 個月之前戒奶瓶。
5 　夜奶：日落後。

「急速斷奶」有惡果

「斷奶實在太痛苦了！差點弄致乳腺炎和乳房膿腫，幸好及早求醫才不致惡化。」有些媽媽因為心急斷奶，出現這種慘痛的經歷。所謂「欲速則不達」，千萬不要「急速斷奶」！「斷奶」的速度愈慢，媽媽與孩子會愈容易適應，還可避免乳房腫脹、乳管閉塞、乳腺炎，甚至乳房膿腫等不良後果。

斷奶前自我心理評估

斷奶前，你要自我評估期望和心理狀況，看看心理上是否有足夠的準備。

- ☐ 你最初期望餵哺多久？
- ☐ 想像斷奶後會比現在開心還是不開心？
- ☐ 想像斷奶後會否後悔？
- ☐ 可曾考慮先徵詢醫護人員的專業意見？

無論決定斷奶與否，大原則是不會對決定後悔。曾有研究指出，若在孩子 3 個月大之前斷奶，當中有約六成的媽媽會感到後悔。若在 4 至 6 個月大斷奶，也有約五成的媽媽會感到後悔呢！假如你斷奶的原因並不符合你的餵哺目標，那麼你必須三思了。決定前，最好先徵詢醫護人員的專業意見。斷奶可能只是解決問題的其中一個方法。

第 4 章 ● 實戰篇

有計劃地「慢慢斷奶」

經自我評估後，若決意斷奶，便要好好計劃如何慢慢斷奶。首先，逐漸減少每次餵哺的時間或出奶的分量，因為剩餘在乳房的奶愈多，製奶量就會愈少。若餵哺時間或放出的奶量已減至原來的一半，便可減少一次餵哺或出奶的次數。然後再逐漸減每次出奶量和次數，如此類推，直至完全斷奶。建議一般最少用 2 至 3 個星期去完成整個斷奶的過程。斷奶期間要留意乳房是否有異常硬塊或不適。

替 1 歲以上的孩子慢慢斷奶

1. 除非孩子要求，否則不主動餵哺。
2. 當孩子早上睡醒時，請丈夫或家人幫忙照顧孩子。
3. 定時提供其他食物給孩子。
4. 在孩子要求吃母乳之前，給予一些其他小食或飲品。
5. 漸漸縮短每次餵哺的時間。
6. 嘗試改變吃奶的規律，例如時間、地點、餵哺時用的坐椅等。
7. 若孩子已屆 3 歲以上，可嘗試與他商議。
8. 要因應孩子和自己的情緒變化而調節斷奶的速度。
9. 遇到突發事情時，或許要將斷奶計劃暫時擱置，例如孩子生病。

替 1 歲以下的孩子慢慢斷奶

如果寶寶小於 6 個月大，決定斷奶前建議先請教醫護人員，為孩子選擇適合的母乳替代品，以確保孩子得到足夠的營養。若孩子接近 1

歲，可盡量鼓勵他用杯和飲管喝配方奶，因為戒奶瓶或許比斷母乳還要困難呢！開始時每隔幾天減少一餐母乳，最好把早上第一餐母乳留待最後才減。預計最少需要 2 至 3 個星期才可完全斷奶。過程中，或許孩子須要用其他方法，例如啜手指來安撫自己。

在特殊情況下盡快斷奶

遇上特殊情況而須要盡快斷奶，你可考慮以下方法：

1. 穿著支持度足夠的胸圍，但切忌紮緊乳房。
2. 過分脹奶時可擠出少量乳汁以紓緩疼痛及避免乳管閉塞、乳腺炎等問題。
3. 若乳房脹痛，可服用止痛藥。
4. 冷敷乳房有助止痛、消腫及減少奶量。
5. 減少進食脂肪含量高的食物或可減低患上乳腺炎的機會（醫學證據不多）。
6. 別忘記給予孩子更多肌膚接觸及互動溝通，避免讓孩子覺得失去了母乳就等於失去母愛。
7. 在斷奶過程中，如懷疑有乳腺炎的病徵（例如：發燒、類似感冒病徵、渾身骨痛、乳房硬塊或紅腫），應及早求醫。
8. 回奶藥物有不良的副作用，筆者不建議使用。

回奶乳 = 黃金初乳

我的三個孩子都是自然離乳的,大女兒 19 個月,老二 24 個月,老三 30 個月斷奶。從孩子加固後,乳房已不脹。常常懷疑這時候的母乳是否已沒有營養和抗體?這些母乳是否沒有價值呢?

事實是「回奶乳」雖然量少,但仍充滿營養和含有超多抗體。研究證實「回奶乳」與「初乳」的成分相若,而鈉(sodium)的成分較高,所以味道較鹹。研究 [1] 更指即使完全離乳後,乳房並非即時停止運作,約 42 天後才完全停產。

全母乳媽媽,從加固起,乳房已開始減產,直到完全停產,整個過程稱為「回奶期」(involution)。自然離乳者的回奶期可以很漫長,讓母嬰雙方的身心逐漸適應,也減少因回奶而引發塞奶。

本篇參考資料

• Hartmann, P. E., & Kulski, J. K. (1978). Changes in the composition of the mammary secretion of women after abrupt termination of breast feeding. *The Journal of Physiology, 275*(1), 1–11.

1　Hartmann, P. E., & Kulski, J. K. (1978). Changes in the composition of the mammary secretion of women after abrupt termination of breast feeding. *The Journal of Physiology, 275*(1), 1–11.

假如我失敗了……

筆者曾碰到不少成功餵哺母乳的媽媽，當中有些很順利，有些卻要克服種種困難之後才開花結果。當然，失敗的情況也有。媽媽要面對餵哺失敗絕對不是簡單的事，尤其是對自己有所期望的媽媽。要恰當地處理「失敗」所帶來的情緒反應，必須從媽媽懷孕時的預備說起。

合理期望成推動力

期望的高低往往直接影響我們對結果的接受程度。眼見有些毫無經驗又沒甚期望的媽媽可以成功地餵哺母乳；相反有些期望很高的媽媽卻失敗了。筆者這樣說並不是鼓勵大家採取「零期望」的態度。合理的期望不但成為推動力，使我們有勇氣去克服困難，也能讓我們積極地面對失敗呢！

合理期望的四大要點

1. 世事無絕對，我們必須有心理準備，相信每件事都有某程度的失敗率。不過，成功的機會仍然存在。

2. 要有心理準備最初 3 至 5 週會較吃力，因為這段時間是媽媽與寶寶雙方的適應期和調節奶量期。今天未成功不代表數星期後仍然一樣。
3. 不要期望每個孩子的吃奶表現都一樣，有時是因為寶寶不配合引致失敗。
4. 若家人唱反調，要有心理準備逆流而上。

失敗後的情緒反應

若你不是採取「零期望」的態度餵哺母乳，那麼，失敗後出現負面的情緒亦可理解，常見的反應包括：

1. **情緒低落、失望**：因為付出了努力，卻得不到回報。
2. **後悔**：責備自己沒有做某些功夫去避免失敗。
3. **內疚**：覺得自己很失敗，不是一個好媽媽。
4. **嫉妒**：嫉妒成功哺乳的媽媽。
5. **忿怒**：責怪自己得不到足夠的幫助和支持，以致未能成功。

假如真的失敗了，怎麼辦？

盡了努力還是失敗，你可以選擇正面地面對：

1. 容許自己有短暫的情緒低落。
2. 找信任的人傾訴，讓情緒得以紓緩。

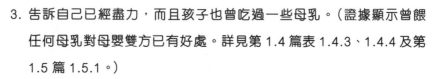

3. 告訴自己已經盡力,而且孩子也曾吃過一些母乳。(證據顯示曾餵任何母乳對母嬰雙方已有好處。詳見第 1.4 篇表 1.4.3、1.4.4 及第 1.5 篇 1.5.1。)

4. 明白父母為孩子一生所作的計劃有時未必如願以償,吃母乳只是其中之一。

5. 提醒自己除了餵哺母乳之外,照顧孩子的其他方面也十分重要。

6. 忘記背後,努力面前。

7. 接受配方奶都是一個理想的替代品。

8. 嘗試從多方面去了解失敗的原因。

9. 相信今次的失敗不代表永遠失敗,而且吸收了經驗,有機會增加下次的成功率。筆者見過不少「失敗乃成功之母」的例子。

第5章

餵得容易些

三個「S」

不少人覺得餵哺母乳很困難，或不知從何入手。其實要令餵哺母乳變得事半功倍，可緊記三個「S」：Skills（技巧）、Support（支援）、Skin-to-skin contact（肌膚接觸）。

一、SKILLS（技巧）

1. 母嬰同房

要短時間開始一種新模式，實在不容易，成功的關鍵當然以方便為先。寶寶與媽媽同房，可讓媽媽及時了解及回應寶寶的需要，又方便餵哺。詳見第 4.14 篇。

2. 順應餵哺母乳

有人說：「初生首月，母乳寶寶的典型吃奶模式可以是：每天最少八次，每餐平均 5 至 40 分鐘。」筆者認為這只供參考，並非定律，因為每個寶寶有自己的節奏，可以每餐不一樣，也會隨著年齡而改變。家長須學懂如何順應餵養，以及觀察吃得足夠的表徵，詳見第 4.10 篇。筆者常常說：「餵母乳或奶粉都一樣，照顧初生寶寶不是看著時鐘，而是觀察寶寶的表現和嘗試解讀。家長是需要時間學習這門學問的。」

3. 抓緊早期肚餓信號

筆者是近十年才懂得這個竅門。當年筆者與大部分家長一樣,都是等孩子哭才餵奶。現在回想起來,孩子一邊哭,一邊在乳房猛力掙扎,要把他們擺放在正確的位置吃奶十分困難,結果孩子吃得不太好,有時甚至拒絕吸吮呢!看見他們大哭,自己的心情也較焦急,影響出奶。而且寶寶大哭時,舌頭向上捲,很難正確含乳。建議媽媽先安撫,後擺位(見第 4.8 篇圖 4.8.4)。奉勸媽媽在早期肚餓信號便要餵奶了。這道理也適用於餵哺奶瓶的孩子。

4. 媽媽舒適地餵哺

無論用什麼姿勢,都要注意媽媽的背部、前臂和腳部均須得到支持(圖 5.1.1),舒適的姿勢有助乳汁流通(通俗的說法是「奶出得順」),也避免身體勞損。穿著舒適的衣服,並要脫掉肚封。太緊的胸圍、衣服及肚封會阻礙出奶。

圖 5.1.1
媽媽舒適地餵哺:背部、前臂和腳部均得到支持。(照片提供:Christian Ho)

第 5 章 ● 餵得容易些

5. 寶寶舒適地吃奶

媽媽將寶寶擺放於舒適的姿勢可以幫助改善寶寶含乳的嘴形,而嘴形正確有助增加吸吮的效率,尤其在首數週的學習期。當寶寶漸長大,可能什麼姿勢也不打緊。

表 5.1.1:嬰兒吃母乳姿勢的正誤

正確 (圖 5.1.2)	不正確 (圖 5.1.3、圖 5.1.4)
寶寶的頭和臀部成一直線	寶寶身體向下傾斜
寶寶面部和身體均向著媽媽	寶寶扭側頸部
寶寶肚子緊貼媽媽	寶寶肚子朝向天

正確姿勢

圖 5.1.2
寶寶的頭及臀部成一直線,面部及身體向著媽媽,肚子緊貼媽媽。

不正確姿勢

圖 5.1.3
寶寶的身體向下傾斜。（在公眾地方餵哺時，
筆者會用這姿勢）。（照片提供： Christian
Ho）

不正確姿勢

圖 5.1.4
寶寶扭側頸部，肚子朝天，而且小手
阻礙自己貼近媽媽的身體。

親身體驗活動 1：

想像你是正在吃奶的寶寶。請你面向左側或右側吞口水；然後請你面
向正前方吞口水。請問在哪個情況下吞口水比較舒服？

結論：面向正前方最容易吞嚥，扭側頸部妨礙吞嚥。

6. 帶領寶寶向乳房進發（圖 5.1.5）

先擠出少許乳汁以味覺吸引寶寶面向乳房，用橫臥式（如餵哺左邊乳房，媽媽的右手帶領寶寶向乳房進發）。

Figure 1
待寶寶張大嘴巴時，鼻對著乳頭，下巴先接觸乳房，下唇距離乳頭約 3 至 4 厘米。

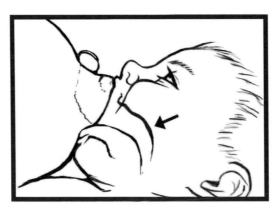

Figure 2
媽媽的手指輕壓在乳房上方，手指與寶寶的嘴唇平衡，令乳頭指向上方。

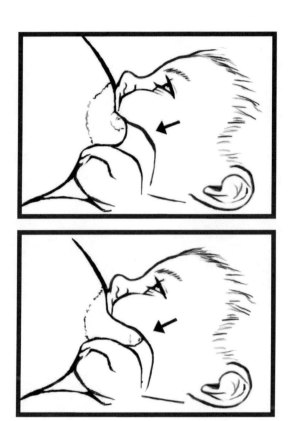

Figure 3 & 4
將乳房滑入寶寶的口，最後寶寶的上唇含著乳頭，媽媽的手指離開乳房。

圖 5.1.5 "The Fipple"（圖片提供：@2005 Peter Mohrbacher from the book *Breastfeeding Made Simple: Seven Natural Laws for Nursing Mothers*）

目標：讓寶寶含著多些乳暈的下部，拉長乳頭，把乳頭尖端伸延到接近硬顎和軟顎的交界位置（箭嘴位置）。

表 5.1.2：帶領寶寶向乳房進發的正誤

正確（圖 5.1.6）	不正確（圖 5.1.7、圖 5.1.8）
鼻對著乳頭	口對著乳頭
頭微向上仰	頭向下垂
下巴先接觸乳房	口先接觸乳房
最後上唇含著乳頭	上下唇一同含著乳頭

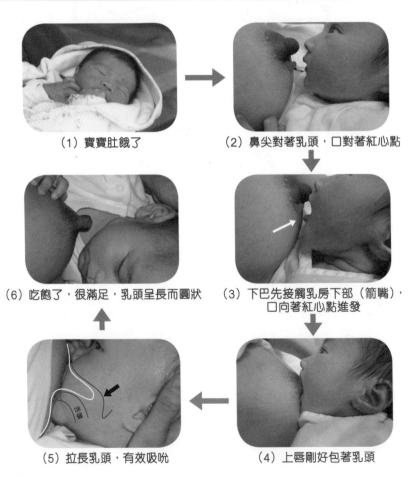

（1）寶寶肚餓了

（2）鼻尖對著乳頭，口對著紅心點

（3）下巴先接觸乳房下部（箭嘴），口向著紅心點進發

（4）上唇剛好包著乳頭

（5）拉長乳頭，有效吸吮

（6）吃飽了，很滿足，乳頭呈長而圓狀

正確擺位　圖 5.1.6　適時、正確擺位，達至正確含乳和有效吸吮。

不正確擺位   不正確擺位

圖 5.1.7
口對著乳頭。

圖 5.1.8
口先接觸乳房，上下唇一同含著乳頭。

親身體驗活動 2：

想像你是正在吃奶的寶寶。請你把頭輕微向上仰並吞口水；然後再把頭輕微向下垂並吞口水。請問在哪個情況下吞口水比較舒服？

結論：頭輕微向上仰較容易吞嚥。

        頭微向上仰 = 下巴貼著乳房

                   = 鼻離開乳房（不致阻礙呼吸）

                   = 含多些乳暈的下部（令吸吮更有效）

親身體驗活動 3[1]：

想像你正想辦法吃一件很厚的三文治。方法一：請你同時張開上下唇吃整件三文治（圖 5.1.9）。方法二：請你先用下唇吃三文治的下層作固定的支點，然後手輕按三文治的上層，把三文治輕微壓扁，再張大口吃整件三文治（圖 5.1.10）。哪個方法比較容易吃？

結論：先用下唇吃三文治的下層作固定的支點較容易。

---

1   Wiessinger, D. (1998). A breastfeeding teaching tool using a sandwich analogy for latch-on. *Journal of Human Lactation, 14*(1), 51–56.

第
5
章 ● 餵得容易些

圖 5.1.9
同時張開上下唇較難吃到厚三文治。

圖 5.1.10
先用下唇在三文治的下層作固定的支點，然後把三文治輕微壓扁，再張大口，這樣較容易吃到整件厚三文治。

7. 正確含乳嘴形

表 5.1.3：寶寶含乳嘴形的正誤

正確（圖 5.1.11）	不正確（圖 5.1.12）
嘴巴張大如打呵欠（大於 140°）	嘴巴張得小
下唇向外翻開	嘴唇向前或內翻
下巴貼著乳房	下巴離開乳房
含多些乳暈的下部 （露出多些乳暈的上部）	含乳暈的下部不夠多 （露出乳暈的上下部一樣多）

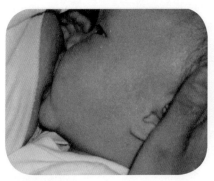

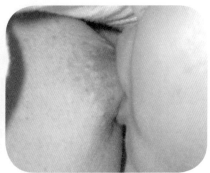

正確含乳

不正確含乳

圖 5.1.11
筆者的大女兒「認真、正確」地含
乳：睜大眼睛、嘴巴張大如打呵
欠（角度大於 140°）、下唇向外翻
開、下巴緊貼乳房、含較多乳暈的
下半部。

圖 5.1.12
嘴巴只輕微張開、嘴唇向前、下巴離
開乳房。

有關含乳的嘴形，須注意以下事項：

- 正常的乳暈有大有小，寶寶不一定要含著整個乳暈，重點是含多些
  乳暈的下部，將乳頭拉長約兩倍長度，乳頭尖端伸延到硬顎和軟顎
  交界數毫米前的位置，而舌頭包圍著這個長奶嘴的下方，這樣吸吮
  便更有效了。詳見第 4.7 篇。

- 若媽媽的乳頭沒有痛，代表寶寶含乳的嘴形大概有七八成正確，有
  時寶寶含乳的嘴形不盡完美，但整天也能吃到足夠的奶。當年老大
  經過數星期的學習，吸吮能力已經足夠，但吃奶時下唇仍有時向內
  翻。筆者覺得只要自己的乳頭沒有痛，那便看成是老大的個人風格
  吧！

- 人手拉低下唇無實際幫助。有人說：「如寶寶吸吮乳房時嘴巴張得不夠大或下唇向內翻，可刻意將他的下唇拉下和向外翻。」究竟這樣做有效嗎？其實當年在無計可施下，筆者也試過無數次這樣做，但始終治標不治本，女兒的嘴形似乎短暫性好看了，但是「嘴是屬於她的」，最終由她自己控制，所以很快「打回原形」。短暫性嘴形好不代表吸吮能力提高了呢！吸吮能力始終需要時間磨練。也有說長期這樣做會有反效果，寶寶會過分大力吸吮，甚至弄損乳頭呢！

8. 有效吸吮 [2]

表 5.1.4：有效與乏效吸吮之別

有效吸吮	乏效吸吮
通常睜大眼睛	通常吸吮不久便閉上眼睛，像睡著似的
吸吮深而慢（每分鐘 40 至 60 次），下顎往下拉，間歇停頓	吸吮淺而快
面頰保持脹脹	面頰凹陷像用飲管吸吮，嘴唇和下巴肌肉過分用力
有吞奶 [3]	沒有吞奶
吃飽後，吸吮慢而弱，含著乳房睡著或自動離開乳房，手部放鬆，表現滿足	不肯離開乳房，或放開後表現不滿足
離開乳房時，乳頭仍短暫保持長而圓狀或已回復原狀	離開乳房時，乳頭呈被壓扁狀

2　由於「吸吮、吞奶、呼吸」是一連串需要協調的動作，憑本書的照片只可以看到含乳嘴形是否正確，但不能分辨吸吮是否有效。若媽媽沒有信心如何分辨寶寶的吸吮能力，建議盡快向醫護人員尋求專業協助。

3　怎樣知道寶寶有吞奶？一、聽到吞奶的聲音；二、看到吞奶的動作。

9. 不要忍痛餵奶

若寶寶吸吮弄痛媽媽的乳頭，代表他含乳嘴形不正確，不要強忍痛楚繼續餵哺，因為這不但會弄損乳頭，增加乳管發炎的風險，也會壓抑噴奶反射；可是也不應大力扯開寶寶令乳頭受損。建議媽媽將一隻手指放入寶寶的嘴角（圖 5.1.13），輕輕向下壓，以終止吸吮，然後再嘗試把寶寶帶回乳房。若吸吮時媽媽仍然感到痛楚，要重複以上的動作，最好直至完全沒有痛楚才繼續餵哺。

圖 5.1.13
若寶寶吸吮時媽媽感到疼痛，可將一隻手指放入寶寶的嘴角，輕輕向下壓以終止吸吮，不要勉強忍痛餵哺整餐奶。

10. 不同姿勢，各有好處

a. 搖籃式（cradle）（圖 5.1.14）

特色：方便。

適合：在家裡或街上使用、寶寶已掌握基本吸吮技巧。

注意事項：寶寶的手要放在媽媽的背側；寶寶的肚子貼緊媽媽另一邊乳房；使寶寶的頭微微向上仰，可吸吮多些乳暈的下部。

常見錯誤　衣物太多或寶寶的手夾在雙方中間，阻礙自己貼近媽媽的身體（圖 5.1.13）。

圖 5.1.14
筆者以搖籃式在家餵哺女兒。

b. 橫臥式（交叉手）
（transitional or cross-cradle）

特色：引導寶寶尋找乳房。

適合：初生、未懂得尋找乳房或吸吮能力較弱的寶寶、新手媽媽。

注意事項：若餵左邊乳房，媽媽的左手呈大「C」字形承托乳房（圖
5.1.15），右手支持寶寶的頭頸（拇指食指放在耳後，承托
頸部，手掌在背部上方）（圖 5.1.16）。當寶寶張大口時，
帶領寶寶吸吮乳房。當寶寶吸吮正確時，手可轉回搖籃式
抱法，因為若整餐奶用橫臥式會令手腕勞損，甚至肌腱發
炎。

常見錯誤 媽媽把身體傾前（圖 5.1.17），好像要將乳房送入寶寶口
中似的，容易引致背痛；承托乳房的手（像剪刀般）太
接近乳暈，阻礙奶的流通（圖 5.1.18）；推寶寶的頭會令
寶寶反感，甚至拱起背部（圖 5.1.19）。

正確 **圖 5.1.15**
橫臥式（交叉手）：餵哺左邊乳房時，左手以大「C」字形手勢承托乳房。

正確 **圖 5.1.16**
橫臥式（交叉手）：餵哺左邊乳房時，右手支撐寶寶的頭頸（拇指和食指放在寶寶耳後，承托他的頸部，手掌在他的背部上方），當寶寶張大口時，帶領寶寶正確含乳。

常見錯誤 **圖 5.1.17**
橫臥式（交叉手）：媽媽身體傾前。（照片提供：Christian Ho）

常見錯誤 **圖 5.1.18**
橫臥式（交叉手）：承托乳房的手（像剪刀般）太接近乳暈，阻礙奶的流通。

常見錯誤 **圖 5.1.19**
橫臥式（交叉手）：推寶寶的頭會令他反感，甚至拱起背部。

第 5 章 ● 餵得容易些

c. 半躺臥（laid back or semi-reclining）（圖5.1.20）

特色： 利用地心吸力把寶寶緊貼乳房，地心吸力令寶寶的舌頭向下和向前伸，刺激初生嬰兒的原始反射（primitive neonatal reflexes），使寶寶發揮與生俱來的吃奶本能[4]，同時能減慢奶的流速。

適合： 拒絕吸吮乳房的寶寶、結舌（黐脷筋）、乳汁太多的媽媽。

注意事項： 寶寶可放在不同的角度，橫、直、斜、側或從媽媽的肩膀上下倒轉。

寶寶不會因伏在乳房上而影響呼吸，因為抬起頭是初生嬰兒的原始反射本能。

圖 5.1.20
半躺臥式：利用地心吸力令寶寶緊貼乳房，適合拒絕吸吮乳房的寶寶和乳汁太多的媽媽。

4 Colson, S. D., Meek, J. H., & Hawdon, J. M. (2008). Optimal positions for the release of primitive neonatal reflexes stimulating breastfeeding. *Early Human Development, 84*(7), 441–449.

d. 欖球式（underarm or football）（圖 5.1.21）

特色：引導寶寶尋找乳房，讓寶寶含多些乳房組織。

適合：剖腹生產、乳頭扁平凹陷、乳房較大、乳管閉塞（尤其乳房外側閉塞）、早產、同時餵哺兩個孩子、吸吮較弱或拒絕吸吮的寶寶。

注意事項：
- 用幾個枕頭把寶寶升高至乳房水平，不要長時間只用一隻手來支撐寶寶的身體，可用捲起的毛巾支持媽媽的手腕和前臂。
- 最少用兩個枕頭支持媽媽的背部。
- 可在沙發、較寬闊的坐椅、扶手椅、成人牀或在成人牀邊放置有靠背的坐椅。
- 若坐在成人牀使用此姿勢，宜放置枕頭在膝下使雙腿輕微屈曲，防止過分拉扯背部和大腿的肌肉。
- 若不夠位置平放寶寶的腳，可屈曲他的臀部使雙腳朝天。

常見錯誤 寶寶的頭放得太前，令頸部向下屈曲，妨礙吞嚥；寶寶的腳踢到背板，把自己的身體移離乳房；推寶寶的頭會令寶寶反感，甚至拱起背部。

圖 5.1.21
欖球式：用咕臣或枕頭將寶寶升高至乳房水平。（照片提供：Christian Ho）

e. 欖球式變奏或橫向欖球式
（modified football）（圖 5.1.22）

特色：寶寶稍為向橫擺放，使他的腳踢不到背板。

適合：早產、肌肉較弱的寶寶。

注意事項：詳見欖球式。

圖 5.1.22
欖球式變奏：在成人牀邊放置有靠背的坐椅，寶寶稍向橫擺放。

f. 滑行式（slide-over）

特色：搖籃式和橫向欖球式的混合版。

適合：寶寶拒絕吸吮一邊乳房。

注意事項：先以搖籃式餵哺寶寶喜歡的一邊乳房1至2分鐘，待另一邊乳房滴奶時便把寶寶滑行至那邊乳房，用橫向欖球式餵哺寶寶不喜歡的乳房。滑行時不須改變寶寶的姿勢。

g. 坐立式（straddle）（圖 5.1.23）

特色：寶寶打開雙腿，正面向著媽媽，坐在她的大腿上。

適合：容易哽嗆（例如呼吸有困難、裂顎）的寶寶。

注意事項：若寶寶年紀小（0 至 3 個月），媽媽的手要支撐寶寶的頭頸，如有需要可用枕頭把寶寶升高至乳房水平。

圖 5.1.23

h. 側臥式（side-lying）

特色：主要靠寶寶自己尋找乳房。

適合：當媽媽想一邊休息一邊餵奶（例如晚上、生病、疲倦），或當陰部傷口或痔瘡痛得坐不下來時。躺在牀上可支持較大的乳房、上肢有缺陷而無法抱著孩子餵奶的媽媽及肌肉較有力的寶寶。

注意事項：
- 預備三或四個枕頭和一條毛巾。
- 媽媽可把手臂舉高放在一個枕頭下面或兩個枕頭之間（圖 5.1.24），也可攬著寶寶的頭及背部（圖 5.1.25）。
- 另一個枕頭支持媽媽的背部，最後一個枕頭放在微微屈曲的兩膝之間，使媽媽的大腿更舒服（圖 5.1.25）。
- 因為每個媽媽的乳房大小不一，可在乳房或寶寶頭部下

放置毛巾以調節適合的高度，務求令乳房和寶寶的頭部置同一水平。

- 雙方側身相對，把寶寶的腳和身體緊貼媽媽。

- 當寶寶張大嘴巴時，把他的胳膊輕輕移向媽媽，使他吸吮到乳房。用捲起的毛巾支撐著寶寶的背部可以減省媽媽的手力。

- 餵哺年紀較大的寶寶，或不須支撐其背部（圖 5.1.26）。

常見錯誤 寶寶放得太接近媽媽的肩膀，令他的頸部向下屈曲，妨礙吞嚥。

圖 5.1.24
側臥式：媽媽的右手舉高放在枕頭下面。

圖 5.1.25
側臥式：媽媽的手攬著寶寶的頭及背部。枕頭（箭嘴）放在微微屈曲的兩膝之間，使媽媽大腿更舒服。

圖 5.1.26
側臥式：餵哺年紀較大的寶寶，不一定要用枕頭支撐他的背部。

i. 上下倒轉側臥式
（upside down side-lying）（圖 5.1.27）

特色：不常用的姿勢。

適合：乳房上方乳管閉塞的媽媽。

注意事項：先將寶寶放在牀上，然後媽媽躺下去配合寶寶；若擺位有
　　　　　　困難，可請家人幫忙。

圖 5.1.27
上下倒轉側臥式：有助疏通於乳房上
方的乳管閉塞。

j. 上下倒轉懸垂式（upside down dangle）

特色：不常用姿勢，地心吸力幫助出奶。

適合：乳房上方乳管閉塞的媽媽。

注意事項：寶寶躺在成人牀上，媽媽懸垂餵哺寶寶（圖 5.1.28）；或
　　　　　　寶寶躺在升高的平面上，媽媽跪著或站著，俯身餵哺寶寶
　　　　　　（圖 5.1.29、圖 5.1.30）。

圖 5.1.28
上下倒轉懸垂式：寶寶躺在成人牀
上，媽媽懸垂餵哺。

圖 5.1.29
上下倒轉懸垂式：用枕頭把寶寶從
牀上升高，媽媽跪著懸垂餵哺寶
寶。

圖 5.1.30
上下倒轉懸垂式：用枕頭把寶寶從
牀上升高，媽媽站在牀邊懸垂餵哺
寶寶。

k. 站立式（standing）（圖 5.1.31）

懂得走路的大孩子可站著吃奶。

圖 5.1.31
寶寶 13 個月大，懂得走
路，站著吃奶。

二、SUPPORT（支援）

要成功餵哺母乳，即使沒有「天時、地利、人和」的「人和」也有機會成功。不過要令餵哺母乳變得容易和輕鬆些，「人和」實在十分重要。從產前到產後，嘗試尋找支持你餵哺母乳的人，包括身旁的丈夫、家人、陪月員、同行者、成功「人辦」及醫護人員。

至於怎樣面對唱反調的家人，詳見第 3.2 篇。

三、SKIN-TO-SKIN CONTACT（肌膚接觸）

母嬰肌膚接觸讓雙方在最自然的情況下發揮天然的本能，令餵哺母乳變得容易些。母嬰肌膚接觸可隨時隨地進行。產後盡快進行有助嬰兒學習吸吮乳房，無論自然分娩或剖腹分娩（圖 5.1.32）也可以。肌膚接觸亦可吸引拒絕吃乳房的寶寶再吸吮乳房。心情不好的媽媽藉肌膚接觸可穩定情緒、改善睡眠質素，甚至可能減少產後情緒低落。經常無故哭鬧的寶寶可藉肌膚接觸快些安靜下來。於餵奶、擠奶或泵奶前作肌膚接觸可促進噴奶反射，令乳汁出得暢順。詳見第 2.1 篇。

圖 5.1.32
剖腹分娩後也可盡早進行母嬰肌膚接觸。（照片提供：Wang Shu-fang）

肌膚接觸不是吃母乳的專利，吃奶粉的寶寶也可以。

肌膚接觸不是媽媽的專利，爸爸同樣可以（圖 5.1.35、圖 5.1.36）。

肌膚接觸怎樣做？

雙方穿著開胸上衣，解開衣服的鈕扣（圖 5.1.33），然後胸貼胸，媽媽可半躺臥使手部更省力。不一定脫掉所有衣服，故不用擔心著涼，體溫是最好的保暖方法呢！若室溫保持在 25 至 28℃ 或以上，也可脫下寶寶的上衣（圖 5.1.34），與他胸貼胸肌膚接觸。

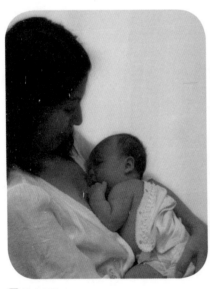

圖 5.1.33
母嬰雙方穿著開胸上衣，打開衣服的鈕扣，然後進行胸貼胸肌膚接觸。

圖 5.1.34
母嬰肌膚接觸時也可脫下寶寶的上衣，但注意室溫應保持在 25 至 28℃。（照片提供：Christian Ho）

圖 5.1.35
爸爸與寶寶胸貼胸肌膚接觸，不用
脫去衣服。雙方穿開胸上衣，背部
和胳膊可覆蓋衣服。

圖 5.1.36
爸爸與寶寶胸貼胸肌膚接觸，可以脫
下寶寶的上衣，但注意室溫應保持在
25 至 28 ℃。（照片提供： Christian
Ho）

三個「No」

餵哺母乳也須緊記三個「No」──三個「不」:

一、不要水

不須飲水的三大理由

1. 初生寶寶不但不須要喝水,而且須於首數天把部分水分排出體外。
   結果出生後體重會正常地下降(俗稱「收水」),九成嬰兒的收水少
   於 10%。詳見第 8.2 篇。
2. 母乳含超過八成水分,水分子與母乳內的營養成分是連成一體的,
   吃奶時其實一併飲水。就算在炎熱和乾燥的天氣,母乳的水分已經
   足夠。
3. 水可將身體的溶解物排出體外。母乳含較少的溶解物,所以寶寶不
   須要額外飲水。

嘴唇脫皮，是否口乾須要飲水？

這是常見現象，無論是吸吮乳房還是奶瓶，寶寶的嘴唇都會因經常吸吮而出現看似水泡的東西，其實是死皮，死皮會經新陳代謝而脫落（圖 5.2.1）。這並非代表寶寶口渴或身體不夠水分。

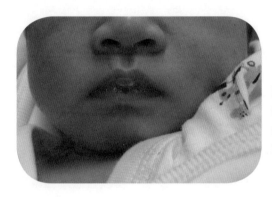

圖 5.2.1
嘴唇經常吸吮而造成狀似水泡的死皮，這並非代表寶寶口渴或身體欠缺水分。

是否須要飲水來制止打嗝？

打嗝是人類常見的表現，對身體不會構成不良影響，無須制止它。飲水未必是終止打嗝的最有效方法，而且水對初生寶寶是有風險的（見下文），因此遇到寶寶打嗝，還是按兵不動為宜。

0 至 6 個月飲水有三大弊端

1. 母乳是寶寶幼嫩腸道最好的保護膜，額外飲水會破壞保護膜，增加有害物質的入侵，從而增加感染的風險。
2. 被污染的水可能含有害物質。母乳裡的水才是「最清潔、最安全的水」。

3. 初生寶寶的胃部很小，額外飲水後可能減低吃奶的胃口，影響體重的增長。有研究更指出於初生首週補充葡萄糖水會加劇寶寶體重的下降和延長住院時間。

二、不要奶粉

同樣道理，奶粉與水都會破壞腸道的保護膜，增加有害物質入侵的機會。而且奶粉不是絕對無菌的製成品，會增加感染的風險。此外，初生寶寶的胃部很小，補充奶粉後可能減少吃母乳的次數和分量，繼而令奶量逐漸下降，最後進一步減低寶寶吸吮乳房的意欲。寶寶滿月時有補奶粉者較多於寶寶 3 個月前停餵母乳[1]。曾有過來人跟筆者說：「當自己意志稍為薄弱時，奶粉是個很大的誘惑，所以若想增強餵母乳的決心，應盡量不要把奶粉放在家中。」

三、不要奶嘴奶瓶

人造奶嘴會暫時安撫寶寶吃奶的意欲，令他減少吸吮媽媽的乳房，繼而減低媽媽的奶量，最後進一步減低寶寶吸吮乳房的興趣。有些吃過奶瓶的初生嬰兒（尤其早產），可能會出現偏愛奶瓶的情況，令他們往後吸吮乳房時出現困難。因此，若想較容易餵哺母乳，在最初 3 至 5 週的適應或學習期內，不建議使用安撫奶嘴和奶瓶。詳見第 9.4 篇。

1   Tarrant, M., et al. (2010). Breastfeeding and weaning practices among Hong Kong mothers: A prospective study. *BMC Pregnancy and Childbirth, 10*(1).

本章參考資料

- Colson, S. D., Meek, J. H., & Hawdon, J. M. (2008). Optimal positions for the release of primitive neonatal reflexes stimulating breastfeeding. *Early Human Development, 84*(7), 441–449.

- Linkages. (2004). *Exclusive breastfeeding: The only water source young infants need*. Retrieved from http://www.linkagesproject.org/media/publications/ frequently%20asked%20questions/FrequentlyAskedQuestions_Water_eng.PDF

- Mohrbacher, N., & Kendall-Tackett, K. A. (2005). *Breastfeeding made simple: Seven natural laws for nursing mothers*. Oakland, CA: New Harbinger Publications.

- Tarrant, M., et al. (2010). Breastfeeding and weaning practices among Hong Kong mothers: A prospective study. *BMC Pregnancy and Childbirth, 10*(1).

- Wiessinger, D. (1998). A breastfeeding teaching tool using a sandwich analogy for latch-on. *Journal of Human Lactation, 14*(1), 51–56.

第6章
飲飲食食

均衡飲食，始於懷孕，確保優「質」母乳

媽媽從懷孕開始便應注意吸收足夠熱量。懷孕初期胎兒處於器官發展期，重點不在於體重增長，所以媽媽不須吃得太多，每天只須額外攝取100千卡（kcal），約相等於一塊全麥方包的熱量便可。懷孕中期媽媽每天須額外攝取 285 千卡，而懷孕後期則須額外攝取 475 千卡，同時須注意均衡營養。除了供應胎兒成長之外，也須為產後餵哺母乳作儲備。製造母乳每天消耗額外 700 千卡，當中的 200 千卡是從懷孕時已儲存的營養而來，另外 500 千卡從飲食吸收。授乳媽媽毋須戒口，均衡飲食才能確保乳汁有更好的質素。

基本原則：

- 足夠熱量
- 食物多元化，避免偏食
- 多選全穀麥類
- 多吃不同顏色的蔬菜、水果（維生素 C 可幫助吸收鐵質）
- 適量肉、魚、蛋、奶類
- 每天 6 至 8 杯飲品（飲多少水不直接與製奶量成正比）
- 按醫護人員指示，服用營養補充劑

表 6.1.1：均衡飲食概覽

營養成分	主要功用	來源	注意
奧米加 -3 脂肪酸 （DHA）	腦部、 視力發展	魚類 （例如：三文魚、 沙甸魚）	宜選水銀含量較低、 1 斤以下魚類
碘	腦部發展； 甲狀腺功能	紫菜、海帶、 含碘食鹽	每星期不宜吃多於 一次海帶
鐵	腦部發展； 預防貧血	肉、蛋、肝臟、 深綠色蔬菜、果仁	鐵與鋅並存（鋅維持 免疫系統運作）
鈣	骨骼、牙齒發 展；減少早產、 妊娠高血壓	奶類、豆腐、 深綠色蔬菜、芝 麻、蝦米、小魚乾	鈣質集中在菜葉部分
維生素 D	幫助吸收鈣、調 節免疫力、神經 肌肉功能	曬太陽 [1]	每星期 2 至 3 次，每 次 5 至 15 分鐘，外露 臉、手臂、手
葉酸	預防貧血； 預防胎兒神經 管缺陷	深綠色蔬菜、 果仁、水果	計劃懷孕及懷孕初期 應服用葉酸補充劑

媽媽飲食與母乳成分的關係

不是所有從媽媽飲食吸收的營養會直接影響母乳的成分，包括：總脂肪含量、乳糖、蛋白質、鐵、鈣、磷、鋅。不用狂吃高脂肪食物來增加母乳的脂肪含量啊！

有些母乳的成分與媽媽的飲食有直接關係的，包括：水溶性維生素，如維生素 B12、碘和脂肪酸。媽媽進食魚類，可望提升母乳的奧米加 -3 脂肪酸。素食者須注意吸收足夠的維生素 B12。

1　高脂魚類、蛋黃、肝臟只含少量維生素 D。

第 6 章 ● 飲飲食食

飲食禁忌

懷孕：

- 避免吃未徹底煮熟的食物。

- 避免吃易受李斯特菌（Listeria）污染的食物，如未經煮熟的食物、軟芝士、軟雪糕、魚生、煙三文魚、預先製作的自助沙律等。

- 避免吃過多維生素 A 的食物，如魚肝油、肝臟。

- 減少高卡路里、高糖分的食物，如汽水。

懷孕及授乳：

- 避免進食體形大的魚（如鯊魚、劍魚），宜選擇甲基汞（即水銀）含量較低、體形較小的魚類（如魷魚、紅衫魚、沙甸魚、桂花魚），過量水銀會影響胎兒神經系統的發展。

- 過量咖啡因會引致流產、嬰兒出生時體重過輕，或令母乳寶寶表現得煩躁不安，影響睡眠。消委會與食物安全中心於 2013 年 10 月 15 日公佈，測試本港市面 80 個咖啡及奶茶樣本，發現個別樣本的咖啡因濃度較高，喝 1 杯可能已超標，建議孕婦及授乳婦女應少喝咖啡及濃茶。可考慮脫咖啡因的咖啡或茶，也應減少食用含咖啡因的汽水及巧克力。

- 孕婦應避免喝酒，酒精會影響胎兒發育。至於授乳媽媽應否喝酒，詳見第 6.5 篇。

6.2

素食媽媽須知

素食媽媽的飲食有什麼須要注意，視乎她是哪一類素食者。植物不含維生素 B12，而維生素 B12 對腦部、神經系統的運作，及預防貧血很重要。全素食者因完全不進食肉類、蛋類和乳製品，所以有可能缺乏維生素 B12。建議懷孕及授乳的素食媽媽進食蛋類或乳製品，確保胎兒及嬰幼兒能健康成長。若堅持不吃蛋類、乳製品或加入維生素 B12 的食物，便須服用補充劑。同時建議選擇以下多元化的素食品：

表 6.2.1：素食媽媽宜選擇多元化的素食品

食物種類	所含營養
豆類、豆腐、果仁、種子	蛋白質
合桃、亞麻籽、芝麻、芥花籽油	亞麻酸（ALA）於人體內轉化成 DHA
深綠色蔬菜、西蘭花、豆腐、芝麻	鈣
深綠色蔬菜、果仁、種子	鐵
海藻類、加碘鹽	碘
加入維生素 B12、鈣、鐵的早餐穀物片或豆奶	維生素 B12、鈣、鐵

飲食不影響奶「量」

很多餵哺母乳的媽媽關注個人飲食，常常擔心自己吃得不夠便會造成乳汁不足。究竟奶量的多少與媽媽的飲食有沒有直接關係？什麼食物可以增加乳汁分泌？授乳媽媽是否須要進補？什麼食物有「回奶」的作用？

熱量不夠，無損奶量

製造母乳每天要額外從食物吸收 500 千卡的熱量。不過，世衛 2014 年母乳餵養培訓課程指出只有在嚴重營養不良的情況下才會令奶量減少，輕微至中度營養不足的媽媽，奶量並沒有減少，因為身體會自動燃燒媽媽懷孕時體內儲存的營養去造奶，但營養不夠卻會影響奶的質素，詳見第 6.1 篇。

產後要進補才有足夠乳汁？

只要媽媽向來健康，是無須依靠特別進補才有足夠母乳。調節奶量的多少關鍵在於多少奶離開乳房，即寶寶頻密而有效的吸吮，或媽媽頻密而有效的擠奶泵奶。單靠進補而缺乏吸吮或擠奶泵奶是不能刺激乳汁的分泌。關於如何調節奶量，詳見第 4.3 篇。

授乳媽媽吃薑醋會否影響寶寶？

其實薑、醋、豬腳和雞蛋都是健康的食物，適量食用對授乳媽媽是有益的。豬腳和雞蛋含豐富蛋白質，骨頭長時間（至少 2 星期）浸泡在酸性的醋內，加上不時翻熱，酸性和熱力會促進骨頭的鈣質溶解，因此豬腳薑醋含大量鈣質。這實在是中國人的飲食智慧。

什麼食物能加快上奶？

胎盤離開母體後，體內荷爾蒙的改變會自動刺激乳房製造乳汁，即使選擇只餵奶粉的媽媽一樣會上奶。醫學上亦未有證據指哪種食物能加快上奶。無論媽媽的飲食如何或寶寶有否吸吮乳房都不會加快上奶的時間，不過若沒有寶寶的吸吮就有機會延遲上奶。關於上奶，詳見第 2.3 篇。

多奶靠魚湯？

每個民族都有自己的傳統習俗，相信某些食物能夠加快上奶和增加奶量。醫學上暫時仍未能證實這些食物是否真有其效用，還是只有安慰性質。在此，與大家分享筆者的個人經驗。當筆者授乳給大女兒時，最初 2 天未上奶，很是擔心，於是開始飲用木瓜魚湯，結果翌日（即產後第 3 天）便上奶，那時見到魚湯似乎對上奶有效果，於是往後數個月裡，差不多每天都飲用木瓜魚湯，希望能增加奶量。那時可以成

功全餵母乳，筆者並不知道奶量與魚湯是否有直接關係。老二出生後，筆者嘗試不飲用這些湯水，看看奶量又如何，結果奶量比第一胎還要多！筆者相信是因為老二的吸吮能力好，所以較易調高奶量吧。當老三出生後筆者也照樣不飲用這些湯水，奶量也足夠小老三享用。以上個人經驗顯示飲用湯水對上奶和奶量看來沒有必然關係。

什麼食物有「回奶」的作用？

究竟坊間傳聞所說的乳鴿、豬肝、淡豆豉等食物是否真的有回奶作用呢？道理與上文一樣，醫學上暫時仍未能證實哪些食物能回奶。曾有媽媽說吃了淡豆豉後奶量驟降，但經寶寶頻密吸吮幾天後，奶量再次回升。其實食物發揮的功效與藥物並不相同，即使這些食物真的對奶量有影響，但寶寶有效的吸吮絕對可以扭轉局面。若懷疑個別中藥是否影響奶量，建議諮詢註冊中醫師。

6.4 媽媽戒口不能預防濕疹

「懷孕時戒口」的做法十分普遍，2001 年筆者首次懷孕和授乳時也戒吃蝦蟹，希望可預防孩子日後患上敏感症，如哮喘、濕疹等，結果女兒很健康，亦沒有任何敏感症的徵狀。2 年後當筆者再次懷孕和授乳時，便「照辦煮碗」地戒口，怎料老二 2 個多月大時竟被診斷患上異位性皮膚炎（atopic eczema，俗稱「濕疹」），便開始懷疑究竟「媽媽戒口」對預防敏感症的效用有多大。筆者愛吃，要戒口多月實在不容易。到第三次懷孕時，筆者決定不戒口，結果老三並沒有任何敏感症。

全母乳餵哺預防濕疹

濕疹屬敏感症之一，大多成因不明，或與家族遺傳和環境等多方面因素有關。至今仍沒有足夠醫學證據證明懷孕和授乳時戒口可以預防敏感症。此外，至今亦沒有足夠證據顯示長期飲用豆奶配方[1]或「低敏配方」[2]能預防或減低嬰兒患敏感症的機會。若孩子患濕疹，除非有確實

---

1 Crawley, H., & Westland, S. (2013). *Infant milks in the UK: A practical guide for health professionals* (pp. 54–55). London: First Steps Nutrition Trust.
2 National Institute for Health and Clinical Excellence. (2008). *Maternal and child nutrition: Public health guidance*. Retrieved from https://www.nice.org.uk/nicemedia/live/11943/40092/40092.pdf

證據證明牛蛋白是引起濕疹的「致敏原」，否則停止飲用牛奶配方也未必可減輕病情。

最有效預防濕疹的方法就是餵哺母乳了。曾有證據[3]顯示若直系親屬（即父母或兄弟姊妹）有敏感症的前科，全以母乳餵哺最少3個月可以減少2歲以下兒童患小兒濕疹的機會達42%。即使直系親屬沒有敏感症，全以母乳餵哺最少3個月也可以減少患上濕疹的機會27%。不過，最新研究[4]卻顯示兩者關係未有足夠證據。

吃母乳的寶寶若患濕疹，母親是否須要戒口，甚至停餵母乳？

患濕疹的人不一定同時有食物敏感症。除非患濕疹的寶寶同時確診食物敏感，否則授乳媽媽無須戒口，寶寶亦無須戒吃母乳，因為母乳給寶寶的好處遠遠超越奶粉。寶寶一旦停吃母乳，便吸收不到母乳內的天然元素如抗體等，濕疹情況或會更差呢！因此，當年筆者仍堅持給患濕疹的老二餵哺母乳直至2歲。

3　Ip, S., et al. (2007). Breastfeeding and maternal and infant health outcomes in developed countries. *Evidence Reports/ Technology Assessments*, *153*(153), 1–186.

4　Victoria, C. G., et al. (2016). Breastfeeding in the 21st century: Epidemiology, mechanisms, and lifelong effect. *The Lancet*, *387*(10017), 475–490.

餵哺母乳，知易行難？（增訂版）

延遲引進固體食物無助減敏感症

無論餵哺母乳或奶粉，建議約 6 個月大開始引進固體食物。延遲（即超過 6 個月大）引進固體食物不但無助減低患敏感症的機會，更會引致營養不良，如缺鐵性貧血（iron deficiency anaemia）。

吃母乳的孩子若確診食物敏感，母親是否須要戒口？

確診食物敏感不能單靠一些非針對性的病徵，例如紅疹、嘔吐等判斷，專科醫生會用多種方法診斷。小朋友經醫生確診食物敏感後，應避免進食令其致敏的食物，即若孩子確診對牛蛋白敏感，便須戒掉牛奶及牛奶製品。至於餵哺母乳的媽媽應否針對性戒口，建議先諮詢專科醫生的意見。若母親須要針對性戒口，也必須注意保持均衡飲食，並諮詢醫生是否需要服用補充劑。

煙酒影響母乳質量

相信對很多市民來說,「吸煙危害健康」這個口號並不陌生,但是吸煙對餵哺母乳又有什麼影響呢?很多懷孕中的吸煙一族都較容易戒煙,因為胎兒在自己體內,明白寶寶直接吸入「二手煙」的壞處,例如胎死腹中、早產、出生時體重較輕等。但當寶寶出生後,她們或許較難聯想到,亦不太清楚「二手煙」或「三手煙」[1]對孩子的不良影響,因此大部分在懷孕時已戒煙的媽媽都會在產後再次成為「煙民」。事實上,吸煙對餵哺母乳有無數不良影響,盼望各位吸煙媽媽三思。

尼古丁不易排出體外

吸煙後,尼古丁會存留體內一段頗長的時間,經過 60 至 90 分鐘之後僅能排出一半分量,要 3 至 6 小時才能將九成的尼古丁排出體外。試想想初生寶寶每隔 2 至 3 小時就要吃奶,就算媽媽刻意在授乳後才吸煙,尼古丁也趕不及在下次餵哺前完全排出體外。話雖如此,我們仍然鼓勵吸煙的媽媽繼續餵哺母乳,因為始終是利多於弊。

吸煙減母乳「量」與「質」

媽媽若在懷孕或哺乳期間吸煙,孩子可透過胎盤或母乳吸到「二手煙」,煙內的有害物質(例如尼古丁和其他致癌物質)會對孩子造

---

1 「三手煙」指吸煙者曾在某地方吸煙,而煙的浮游粒子停留在那地方(例如地氈、家具),被後來進入那地方的人吸入。

成傷害。研究證實二手煙會增加嬰兒猝死症、肺炎、支氣管炎和哮喘的機會，亦有研究指出寶寶的腸絞痛也與媽媽吸煙有關。那麼二手煙對媽媽的乳汁又有什麼影響呢？原來吸煙會減低母乳的「量」和「質」。「量」即是減低母乳的產量，「質」就是減低母乳的脂肪含量。脂肪是重要的熱量來源，因此若授乳媽媽吸煙，寶寶的體重增長可能會減慢。

酒後 2 小時內不能授乳

曾聽過有人說：「飲酒可以幫助媽媽放鬆心情，有助噴奶反射。」事實剛好相反，酒精會減低噴奶反射，甚至減少奶量。

酒精不須經過消化便能直接進入乳汁內傳給寶寶。酒精防礙胎兒發育，對嬰幼兒腦部和身體成長有永久影響，因此懷孕及哺乳期不應喝酒。

雖然醫學上並未確定多少酒精會對寶寶身體造成傷害，不過以下數字可供讀者參考。每公斤體重應少於 0.5 克酒精，即一個體重 60 公斤的女士，每日不應吸收超過 2 安士烈酒或 8 安士紅白酒。酒精在體內含量最高的時段是酒後 30 至 90 分鐘[2]，如果媽媽間中喝酒，建議酒後最少 2 小時以後才授乳[3]。

可以吃「薑酒煮雞」嗎？

產後常吃的「薑酒煮雞」經過烹煮後，如大部分酒精已揮發掉，問題應該不大。

2　Wendy, J., & The Breastfeeding Network. (2017). *The breastfeeding network drug information pack: Alcohol and breastfeeding.* Retrieved from https://www.breastfeedingnetwork.org.uk/wp-content/dibm/EntireDrugPack_BfN%20FINAL%20090217.pdf

3　Richard, J. S., & Debra, C. P. (2018). Breastfeeding: Parental education and support. Retrieved from https://www.uptodate.com/contents/breastfeeding-parental-education-and-support

本章參考資料

- Academy of Nutrition and Dietetics. Breast-feeding. Retrieved from https://www.eatright.org/Public/list.aspx?TaxID=6442452092

- American Academy of Pediatrics Committee on Drugs. (2001). The transfer of drugs and other chemicals into human milk. *Pediatrics, 108*(3), 776–789.

- Crawley, H., & Westland, S. (2013). *Infant milks in the UK: A practical guide for health professionals* (pp. 54–55). London: First Steps Nutrition Trust.

- Department of Health, HKSAR. *Eating well during pregnancy and breastfeeding*. Retrieved from https://www.fhs.gov.hk/english/health_info/files/an_21.pdf

- Food Standards Agency. Retrieved from https://www.food.gov.uk/about-us/what-we-publish

- Frank, R. G., Scott, H., Sicherer, A., Wesley, B., & the Committee on Nutrition and Section on Allergy and Immunology. (2008). Effects of early nutritional interventions on the development of atopic disease in infants and children: The role of maternal dietary restriction, breastfeeding, timing of introduction of complementary foods, and hydrolyzed formulas. *Pediatrics, 121*(1), 183–191.

- Ip, S., et al. (2007). Breastfeeding and maternal and infant health outcomes in developed countries. *Evidence Reports/ Technology Assessments, 153*(153), 1–186.

- National Institute for Health and Clinical Excellence. (2008). *Maternal and child nutrition: Public health guidance*. Retrieved from https://www.nice.org.uk/nicemedia/live/11943/40092/40092.pdf

- NHS Choices. Breastfeeding and diet: Your pregnancy and baby guide. Retrieved from https://www.nhs.uk/conditions/pregnancy-and-baby/breastfeeding-diet/#close

- Richard, J. S., & Debra, C. P. (2018). Breastfeeding: Parental education and support. Retrieved from https://www.uptodate.com/contents/breastfeeding-parental-education-and-support

餵哺母乳，知易行難？（增訂版）

- Sachs, H. C. (2013). The transfer of drugs and therapeutics into human breast milk: An update on selected topics. *Pediatrics, 132*(3).

- Victoria, C. G., et al. (2016). Breastfeeding in the 21st century: Epidemiology, mechanisms, and lifelong effect. *The Lancet, 387*(10017), 475–490.

- Wendy, J., & The Breastfeeding Network. (2017). *The breastfeeding network drug information pack: Alcohol and breastfeeding*. Retrieved from https://www.breastfeedingnetwork.org.uk/wp-content/dibm/EntireDrugPack_BfN%20FINAL%20090217.pdf

第 7 章

媽媽
問題篇

7.1 乳頭凹陷也能成功哺乳

若擔心乳頭扁平（圖 7.1.1）或凹陷（圖 7.1.2）能否成功哺乳，請看看以下的個案：

> 我一向有乳頭凹陷的情況。大仔出生後，我以母乳餵哺他。最初數星期裡，他吸吮母乳時有很大的困難，但在雙方的努力及醫護人員的幫助下，我成功餵哺母乳 12 個月，而且乳頭也漸漸凸出來。現在小兒子出生第二天，我覺得餵哺母乳比第一胎容易。

我們可以怎樣從醫學角度分析這個情況？

圖 7.1.1
扁平的乳頭

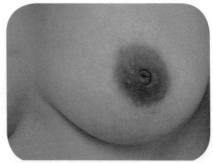

圖 7.1.2
凹陷的乳頭

懷孕增乳頭彈性

要令寶寶吃到母乳，最重要在於媽媽的乳頭和乳暈有彈性，而且寶寶懂得用正確的方法吸吮——即寶寶含著乳頭和大部分乳暈，而不是單單含著乳頭。想像我們有透視眼，看到寶寶口腔內部，會發現寶寶將媽媽的乳頭拉長約兩倍（見第 4.7 篇圖 4.7.2），這就是正確含乳。相反，即使乳頭是凸出來，如果寶寶的吸吮方法錯誤，僅含著乳頭（見第 4.7 篇圖 4.7.5），也只會吃到很少奶，甚至弄損媽媽的乳頭呢！懷孕時荷爾蒙的變化和產後寶寶的吸吮都會自然增加乳房組織的彈性和柔軟度，寶寶的吸吮進一步增加這彈性。每個寶寶都有吸吮乳房的潛能，只是程度不同，視乎家長是否給予機會讓自己及寶寶發揮這潛能吧。以上的個案是一個很好的示範，經歷兩次懷孕加上大兒子 12 個月的吸吮，乳房組織的彈性漸漸提高，第二胎餵哺母乳就變得較容易了。

懷孕時無須搓弄乳頭

懷孕時無須刻意按摩乳房、搓弄乳頭或用任何儀器將乳頭吸出來，因為這些方法都沒有足夠的醫學理據，嚴重者更會弄傷乳房組織，結果得不償失呢！

成功哺乳小貼士

授乳媽媽若有乳頭扁平或凹陷的情況，可參考以下的處理方法：

1. 產後即時在產房作胸貼胸母嬰肌膚接觸。

2. 嘗試不同的餵哺姿勢，如半躺臥、欖球式。詳見第 5.1 篇。

3. 留意寶寶的早期肚餓信號（例如張嘴覓食、把手放在口邊），按他
   的需要隨時餵哺，因為若能適時餵哺，乳汁會流通得較順暢，寶寶
   也會吸吮得較好。試想當寶寶大哭時，你的心情會如何？緊張的
   心情自然會減慢乳汁的流通，這樣便會減低寶寶吃母乳的興趣；而
   且，你亦較難將掙扎中的寶寶正確擺位。因此，最好不要等到寶寶
   忍無可忍、大哭大鬧時才餵哺。

4. 餵哺前先用奶泵將乳頭吸出來，方便寶寶尋找乳房。約 30 至 60 秒
   便可，切忌弄痛自己。

5. 假如寶寶真的不想吸吮乳房，可繼續保持母嬰肌膚接觸，然後頻密
   有效擠或泵奶，再用非奶瓶方法餵寶寶吃奶。

6. 使用矽樹脂乳頭罩（silicone nipple shield）（圖 7.1.3）蓋在凹陷
   的乳頭上或許可幫助一些寶寶吸吮乳房，但有些寶寶只會視之為人
   造奶嘴，最終也掌握不到如何吸吮乳房。有些甚至懂得分辨乳頭罩
   和乳頭的不同質感，因而更討厭吸吮乳房呢！

圖 7.1.3
矽樹脂乳頭罩

隆胸後可否餵母乳？

隆胸手術潛在的影響

很多人直覺認為接受過隆胸手術的女士一定不能餵哺母乳，但美國兒科學會（American Academy of Pediatrics）於 2001 年指出，即使曾接受隆胸手術也可授乳。不過這些媽媽可能須要接受多些餵哺母乳的專業指導，為什麼？讓我們先從以下三方面了解隆胸手術對餵哺母乳的影響：

1. 開刀的位置

乳暈附近有神經線和乳管。寶寶的吸吮能刺激位於乳暈的神經線，神經線則負責傳遞訊息刺激腦部製造荷爾蒙，令乳房製造和排出乳汁。乳管則負責輸送乳汁到乳頭。若隆胸手術開刀的位置接近乳暈，可能會有部分神經線和乳管受損而減少奶量或奶的流通，但不等於「零」奶量。建議媽媽產後盡快開始餵哺，若有疑問應盡快求助。

若開刀位置於乳房底部或腋下，對餵哺母乳的影響可能會減少。

2. 植入物的位置

植入物，如鹽水袋（圖7.2.1）可能壓著乳腺令奶量減少，或壓著乳管而引致乳管閉塞。若植入的鹽水袋放於胸部肌肉下面，就能避免直接壓著乳腺和乳管。

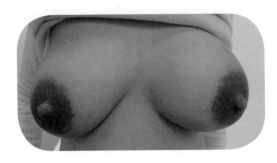

圖7.2.1
接受隆胸手術植入鹽水袋的
乳房。

3. 手術令乳房組織收縮

乳房組織收縮引致造奶的乳腺受壓而減少奶量。

植入的矽樹脂袋一旦破裂，
矽樹脂會否經人體吸收後進入乳汁？

我們於日常生活中也經常接觸到矽樹脂（silicone），如牛奶、配方奶、嬰兒奶嘴、美容用品、某些藥物（包括醫治嬰兒腸絞痛的藥物）、抗胃酸藥等。一般而言，即使植入的矽樹脂袋破裂，矽樹脂亦不易被人體吸收，對人體和乳汁無大礙。

PAAG 隆胸後不宜授乳

十多年前曾為人熟悉的 PAAG 注射隆胸術又會否影響母乳餵哺呢？

PAAG 即聚丙烯酰胺水凝膠（polyacrylamide hydrogel），對人類的神經系統會造成損害，更被認為可能是致癌物質。直接注射入乳房的 PAAG 會滲入乳汁而被嬰兒吸收，因此曾接受 PAAG 注射隆胸術的婦女是不適宜授乳的。

一個乳房足夠餵養一個寶寶

因為不同原因而切除了一個乳房，那麼剩下的乳房是否有足夠的乳汁呢？其實大部分女士的兩個乳房都有潛力同時餵養 2 至 3 個寶寶，因此即使只有一個乳房，只要餵哺的次數足夠與技巧正確，也有機會成功餵哺一個孩子。

進行乳房手術前衡量得失

曾接受任何手術的乳房有較大機會因乳房的結構受影響而導致乳汁不足。因此，若你將來或會餵哺母乳而正考慮隆胸或須進行乳房手術，建議你衡量得失，並與醫生商討開刀的位置等細節。

真的不夠奶？

為什麼覺得自己不夠奶？

「覺得自己不夠奶」是放棄餵哺母乳的頭號原因，有本地研究[1]指出，約 34.5% 的受訪者因為這個原因而放棄餵哺母乳。很多媽媽在不同階段也曾懷疑自己「不夠奶」，大部分是因為對一些常見現象有誤解或信心不足，表 7.3.1 解釋了這些現象背後的真正意思，盼可消除授乳媽媽的誤解。

表 7.3.1：常見的現象、媽媽的想法及相應的解釋

現象或媽媽的想法	如何解釋	詳見
吸吮乳房後，寶寶仍然哭鬧、無法安睡數小時	擺位或含乳不正確、吸吮乏效。	第 4.7 及 5.1 篇
	哭鬧有其他原因。	第 8.7 篇
	初生寶寶腦部未成熟，控制睡眠的能力未足夠，所以睡眠規律未穩定。	第 9.5 篇
寶寶每餐吸吮乳房的時間很長，吸吮次數很頻密	擺位或含乳不正確、吸吮乏效。	第 4.7 及 5.1 篇
	很多因素影響寶寶吃奶的模式。	第 4.9 篇
	初生寶寶有時需要「非養分性吸吮」以滿足心理需要。	第 1.3 篇

---

1   Tarrant, M., et al. (2010). Breastfeeding and weaning practices among Hong Kong mothers: A prospective study. *BMC Pregnancy and Childbirth, 10*(27).

現象或 媽媽的想法	如何解釋	詳見
補充奶粉才能 安撫寶寶	擺位或含乳不正確、吸吮乏效。	第4.7及5.1篇
	寶寶覺得吸吮奶瓶較容易，或偏愛奶瓶。	第9.4篇
覺得乳房脹才 有奶，乳房柔 軟就等於無奶	除非已回奶，否則授乳的乳房永遠都有一些奶。 餵飽寶寶後，柔軟的乳房還有24%奶。	第4.11篇
母乳看起來 很稀	看起來很稀的母乳都有熱量。 前奶看來較稀是正常的。 寶寶須要均衡地吸收前後奶。	第4.9篇
擠或泵不出奶	放出多少奶不完全代表奶量的多少。 能否成功擠奶泵奶，關鍵是（1）能否釋放「噴奶反射」；（2）手擠奶的技巧是否純熟 ；（3）是否選擇適合自己的泵奶機。有研究指約有10%的受訪媽媽不懂得有效地泵奶，箇中原因不明。	第4.18篇

「數天食慾非常強」——猛長期

有時寶寶會有幾天突然更頻密地吸吮，令媽媽以為自己不夠奶，有些人形容這是寶寶的猛長期（growth spurt），即是他的生長正加速。猛長期可以在任何年紀出現，也有人說多數在寶寶 2 星期、6 星期和 3 個月大出現。特徵是寶寶吃奶次數突然比平日明顯增加，好像「食極都唔飽」（要知道寶寶是否吃得夠，詳見第 4.10 篇），大小便卻很正常，甚至比平日多，而數天後又回復之前的餐數。其實，只要媽媽有信心，深信「餵飽後，柔軟的乳房還有 24% 奶」，並堅持不補充配方奶，數天後猛長期便會過去，一切回復正常。

第
7
章
●
媽媽問題篇

奶量──配合寶寶的食量

奶量多少因人而異，千萬不要跟別人比較。以筆者個人的經驗，三個孩子中，老二的吃奶能力最好，所以那時筆者的奶量最多。筆者三個孩子都是全吃母乳的，三次授乳經驗的結論是：即使奶量有別也沒有問題，只要配合寶寶的需要便可。

從多方面評估奶量

評估奶量不是一件容易的事，不可單憑是否乳脹來評估，須觀察母嬰多方面的表現，包括：

1. 全母乳或只補少量奶粉者，寶寶的食量反映媽媽的奶量，而寶寶的體重和大小便正是最可靠的證明。詳見第 4.10 篇。
2. 補奶粉的比例較多者，很大機會代表奶量正在調低。
3. 觀察寶寶含乳是否正確及吸吮是否有效。詳見第 4.7 及 5.1 篇。
4. 媽媽是準時於產後 72 小時內上奶，還是遲上奶。
5. 上奶後，在寶寶吃奶前會感到乳房有些脹（調節奶量期過後，乳脹可能沒那麼明顯）；吃奶後乳房較柔軟，代表相當分量的奶被吮走。
6. 當媽媽用手擠奶或泵奶時，全日擠或泵出多少奶可部分反映奶量。詳見第 4.18 篇。
7. 良好的「噴奶反射」某程度可反映奶量的情況。奶出得順有較大機會代表奶量好。奶出得不順一半機會是「噴奶反射」暫時被抑壓，而另一半機會是奶量真的較少。「噴奶反射」的表徵，詳見第 4.4 篇。

證實奶量低，八成可回升

少數先天不足

少數的奶量不足是原發性，乳房先天發育不全可能是原因之一，亦有些是原因不明的。這些媽媽無論跟寶寶如何努力，最終都不能全母乳餵哺。這並不等於「零」奶量，但實際奶量因人而異。

多年前筆者認識一位很想全母乳餵哺的媽媽，她兩次餵哺的經歷一樣：寶寶吸吮能力良好，自己也努力餵哺，每天最少十次，每次餵哺時同步用嬰兒餵飼軟管補奶，詳見下文。每天泵奶八次，將每次泵出來極少量的母乳累積成每天 5 毫升給寶寶吃。服用醫生處方的催乳藥物後，泵出來的奶量增加至每天 30 毫升。但始終力不從心，無法達致全母乳餵哺，令她的情緒十分低落，最後需要很長時間才能接受乳房可能有先天不足的情況。

怎樣確定是否先天不足？其實並不容易的，確診主要憑：

1. 改善下文提及的各種繼發性的原因後，奶量仍沒增加。
2. 確定寶寶吸吮乳房的能力不俗。
3. 服用催乳藥物後，奶量沒有明顯增加。（後天不足者也不一定對藥物有良好反應。）
4. 多過一胎都有相同情況，因此，較難於第一胎確診。

多數後天因素

在確定奶量不足的媽媽中，大多數是繼發性或後天因素，主因是於黃金調奶期出奶不夠頻密或不夠有效，包括：餵哺次數不夠、餵哺時間太短、沒有於晚上餵哺、餵哺姿勢不正確、含乳不正確或吸吮乏效。此外，太快補奶粉或太快使用奶嘴奶瓶也是常見原因。有研究[1] 指約 83% 低奶量情況可成功回升奶量，關鍵是在黃金調奶期，尤其首 2 週。宜尋求母乳指導，愈遲求診，成功回升奶量的機會相對愈低。

太快補奶粉 = 調低奶量

奶粉是從牛蛋白提煉出來，較難消化，留在胃部的時間較長，可能會延長寶寶的睡眠時間，讓媽媽有多點時間休息。這似乎是補奶粉的「短期好處」。

長遠計，在黃金調奶期補奶粉很大機會調低奶量。在補奶粉的初期，奶量尚維持相當水平。不過當寶寶對母乳的需求漸漸減少、出奶少後，乳房接收的訊息就是減產。而且，奶瓶餵哺方式傾向增加寶寶的胃口，又或者影響寶寶吸吮乳房的興趣。結果進入惡性循環，寶寶須要補奶粉的次數和分量愈來愈多，吸吮乳房的興趣便愈來愈低。數星期後，奶量真的調低了！當寶寶感受到奶量低，結果吸吮乏效，吸吮乳房時大部分時間像睡著似的，但離開乳房不久便大哭。有些寶寶更拒絕乳房呢！

1　Woolridge, M. W. (1995). Nutrition in child health. In D. P. Davies (Ed.). *Nutrition in child health: Based on a conference organised by the Royal College of Physicians of London and the British Paediatric Association* (Chapter 2). London: Royal College of Physicians of London.

補奶粉破壞「腸道保護膜」

此外，初生寶寶的腸臟十分幼嫩，母乳的抗體猶如給腸臟塗上一層保護膜，防止有害物質入侵。補奶粉會減低這種保護作用。

證實奶量少，如何增加奶量？

除了本書第 5.1 及 5.2 篇介紹的基本技巧外，建議再加以下方法，有效提升奶量：

1. 每餐轉換兩邊乳房餵哺數次（「超級轉」，switch nursing，詳見第 4.9 篇）。
2. 餵哺時，間歇地以適中力度按壓乳房（breast compression）。詳見第 8.10 篇。
3. 嬰兒餵飼軟管（infant feeding tube）連接乳房上，同步吸吮乳房的母乳和軟管的補奶。詳見下文。
4. 餵哺時同步泵奶或餵哺後再擠奶泵奶。
5. 服用催乳藥物有機會提升奶量，須經醫生評估是否適宜服用。

經過專業的哺乳指導後，媽媽的奶量或有機會提升。筆者認識一位朋友，因為寶寶早產，初期無法餵哺母乳，泵奶效果又欠佳，結果 2 星期後奶量驟降。後來寶寶終於出院了，經過與他肌膚接觸、頻密泵奶及讓寶寶學習吸吮乳房，結果 2 星期後奶量明顯提升。

藥物草藥增奶量？

草藥（例如：葫蘆巴 fenugreek、茴香 fennel）是否有催乳作用，醫學研究沒有一致結論。有說一些西藥能增加催乳素的水平而有增加奶

量的功效，不過醫學研究對此仍未有一致結論。從臨床經驗看，催乳藥的效果因人而異，從「零反應」到「升至全母乳」都有。須經醫生評估是否適宜服用。服用催乳藥期間，仍須同時還原基本步——頻密有效出奶。

由奶粉轉母乳

基於不同原因由最初補很多奶粉，奶量被調低，到後來又想寶寶吃多些母乳的媽媽，應如何減奶粉？成功減奶粉的速度可快可慢，主要視乎寶寶的吸吮能力及媽媽擠奶泵奶的能力。曾見過每天吃八餐奶粉，每次 60 毫升的寶寶，迅速於翌日變為全母乳，但這情況只屬少數。即使從沒補奶粉者，調奶也需要 3 至 5 週，所以奶量要從低位回升至全母乳，平均需要最少 2 個星期。減奶粉期間，大前提是「頻密有效出奶」及「減少奶瓶餵哺」，以額外擠奶泵奶逐漸取代奶粉，最後以有效吸吮逐漸取代擠奶泵奶。擠奶泵奶是成功的踏腳石，至於怎樣補奶視乎寶寶是否願意吸吮乳房。

1. 若寶寶願意吸吮乳房

筆者最鼓勵使用「乳房＋餵飼軟管」同步吸吮乳房和補奶。嬰兒餵飼軟管連接乳房，同步吸吮乳房的母乳和軟管的補奶。這方法能令寶寶「以為」乳房充滿乳汁，增加其吸吮乳房的興趣，提升吸吮能力。從乳房吸奶多了，有望調高奶量。同時可省卻另外補奶的時間，又避免使用奶瓶的弊處。一舉三得！

方法一：先讓寶寶吸吮乳房，隨即從他的嘴角放入一條幼長的嬰兒餵飼軟管（圖 7.4.1），軟管的另一端放入泵出的母乳或奶粉。視乎寶寶的吸吮能力，可升高或降低補奶的器皿來調節補奶的速度。

方法二：先將軟管固定在乳房上（圖 7.4.2），然後讓寶寶同時吸吮乳房和軟管。

也可先吸吮每邊乳房 10 至 15 分鐘，然後補奶，補奶以非奶瓶方法，詳見下文。目標是吸吮、補奶和擠奶泵奶在 1 小時內完成，讓媽媽有時間休息。至於每天重複這三步曲「triple feeding regime」的次數，媽媽須衡量自己的期望與實際情況，最理想是每天八次。

圖 7.4.1
用嬰兒餵飼軟管補奶，即補奶與吸吮乳房同時進行。

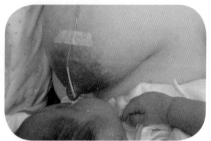

圖 7.4.2
可先將餵飼軟管固定在乳房上，然後讓寶寶吸吮乳房。

2. 若寶寶不願意吸吮乳房

媽媽可先少量補奶作安撫，然後再嘗試讓寶寶吸吮乳房。如最終仍拒絕吸吮乳房，便直接補奶。補奶後可再試吸吮乳房的（圖 7.4.3 至 7.4.6）。

補奶不一定用奶瓶

除了奶瓶之外，尚有其他餵奶工具，例如餵飼軟管、杯、匙羹和針筒可供選擇。醫學界對於哪一樣最好，仍未有結論，家長可因應寶寶的情況而選擇。例如，若寶寶用杯時有太多奶漏出來而體重又不理想，家長可考慮用奶瓶。至於奶瓶會否造成乳頭混淆，詳見第 9.4 篇。

表 7.4.1：不同餵飼方法的比較 [2]

餵飼方法	優點	弊處
乳房＋餵飼軟管 （圖 7.4.1、圖 7.4.2）	• 增加吸吮乳房的興趣 • 提升吸吮能力 • 調高奶量 • 由寶寶自行控制吃多少奶，避免吃過量	• 須每天更換軟管 • 媽媽須學習技巧 • 有些寶寶不喜歡乳房上有軟管
手指＋餵飼軟管 （圖 7.4.3）	• 手指與乳頭形狀相似，希望寶寶稍後願意回歸乳房 • 訓練寶寶吸吮的動作 • 由寶寶自行控制吃多少奶，避免吃過量	• 須每天更換軟管 • 吸吮時不能拉長手指
杯 （圖 7.4.4）	• 訓練寶寶伸出舌頭舔奶 • 由寶寶自行控制吃多少奶，避免吃過量 • 容易清潔	• 不能訓練吸吮動作 • 奶常會溢出
匙羹 （圖 7.4.5）	• 所需技巧較少 • 容易清潔	• 須重複「先舀奶，後餵食」 • 不能訓練吸吮動作 • 食量非由寶寶主導
針筒 （圖 7.4.6）	• 所需技巧較少	• 須經常更換針筒 • 不能訓練吸吮的動作 • 食量非由寶寶主導

2   Walker, M. (2014). *Breastfeeding management for the clinician: Using the evidence* (3rd ed., pp. 230–231). Burlington, MA: Jones & Bartlett Learning.

餵哺母乳，知易行難？（增訂版）

圖 7.4.3
寶寶半坐臥或坐直。餵飼軟管固定在照顧者的中指上，手指肉向上，手指連餵飼軟管放進寶寶口部，寶寶從軟管吃奶。視乎寶寶的吸吮能力，可升高或降低補奶的器皿來調節補奶的速度。

圖 7.4.4
寶寶用杯吃奶時，先包著寶寶的雙臂，然後承托寶寶的頸部，讓寶寶半躺臥，把杯放在下唇之上，讓寶寶用舌頭舔奶。30至32週的早產嬰兒已懂得用杯吃奶。

圖 7.4.5
用匙羹把少量的奶放入寶寶口中，讓寶寶吞下。

圖 7.4.6
用針筒把少量的奶放入寶寶口中，讓寶寶吞下。

母乳可混合奶粉一起補奶

若每次擠奶泵奶的量不多，而又須要補奶粉時，把母乳與奶粉放在同一個器皿餵給寶寶會否對身體有不良影響？答案是不會。世界衛生組織 2009 年出版的母乳餵哺的培訓手冊指出，奶粉與母乳混合一併餵哺能令奶粉較易被吸收。曾有寶寶拒絕吃乳房，媽媽只好擠奶泵奶，但放出的母乳又不多，唯有補些奶粉。怎料後來寶寶只喜歡吃奶粉而拒絕吃放出來的母乳。後來筆者建議媽媽把兩種奶混合一起餵食，結果寶寶漸漸再接受放出來的母乳。其實分開或混合一起補奶都沒有問題。不過若寶寶經常吃剩奶，為免浪費珍貴的母乳，便可選擇分開補。若選擇混合一起補，必須先以正確比例的熱水沖調奶粉，然後才與母乳混合，不要用母乳來沖調奶粉。

餵哺後額外擠奶泵奶

需要補奶的寶寶吸吮能力通常較低，吸吮前奶會較吸吮後奶容易，所以一般建議「先吸吮，後擠奶泵奶」。若擠奶泵奶後隨即吸吮，這些寶寶可能覺得較難吸吮後奶。今餐放出來的奶是供寶寶下一餐吸吮乳房後享用的。避免寶寶吸吮乳房後，仍要哭著等媽媽擠奶泵奶，在這情景，媽媽大多心情緊張放不出奶。若家人能幫忙補奶，媽媽可於此時安心擠奶泵奶。若媽媽在泵奶時難以引發噴奶反射，可採用「同步吸吮泵奶」，即一邊吸吮乳房，另一邊同步泵奶。詳見第 4.18 篇。

減奶粉初期，體重或會下降

全吃母乳的寶寶體重每星期最少增長 125 克，但正在減奶粉的首星期未必達到這標準，不要灰心，寶寶的身體是有儲備的，短暫的跌幅不會造成長遠的不良影響，寶寶的體重會隨著吸吮能力的進步而漸漸穩定。

減奶粉初期體重的升降反映著寶寶的吸吮能力。體重下降較多者，代表吸吮能力較低（可能少於五成功力）；輕微下降或維持不變者，代表吸吮能力不錯（可能已有約五成功力了）；體重若有微量升幅（即每星期少於 125 克），則表示吸吮能力可能已有七八成；體重升幅若每星期多於 125 克，則表示吸吮能力已滿分了。

回奶後可再上奶（Relactation）

有媽媽產後首 2 個月經歷嚴重乳腺膿腫，五次針刺抽膿的痛苦，最後被迫吃回奶藥收奶。康復過後經歷一番掙扎，數星期後毅然決定再上奶。起初寶寶不肯吸吮乳房，唯有頻密有效泵奶，再加服食催乳藥。奶量從零開始，3 至 5 星期後全母乳，數月後還有儲備冰奶呢！她說：「女兒當時只有 2 個多月大，很需要我的奶啊！」她甘願冒著乳腺再發炎的風險，也選擇再上奶，萬分佩服她的勇氣和決心！在這媽媽之後，筆者再遇到幾位回奶後成功再上奶的媽媽，令筆者確信這醫學理論是可以實踐出來的！

理論上不管回奶後多久也有機會再上奶，不過停止的時間愈長，便愈須花更多時間和心血才能達到相同的效果。甚至連從沒懷孕的婦女若希望用母乳餵哺其領養的子女，也有機會上奶（induced lactation），但她要花百倍的時間和心力呢！在此奉勸正在猶疑是否放棄餵哺母乳的媽媽要三思，建議先徵詢醫護人員的專業意見，尋求技術和心理的支援。

太多奶有反效果

大部分授乳媽媽總擔心自己乳汁不夠，覺得乳汁愈多愈好，正如中國人的俗語「錢沒有人嫌多」。究竟乳汁是否愈多愈好呢？以下是筆者一些朋友的經歷。

朋友一

朋友帶同個半月大吃母乳的寶寶到兒科診所打防疫針，順道請教醫護人員為何寶寶經常吐奶。嘔吐有很多不同的原因，醫護人員沒有掉以輕心，了解寶寶吃奶的情況後，發現由於媽媽的乳汁過多及出得太快，導致寶寶吃到「前奶」的比例較多，所以經常吐奶。原因詳見下文。

朋友二

朋友帶同 4 個月大吃母乳的寶寶到兒科診所打防疫針，並請教醫護人員為何寶寶的屁股經常有紅疹，即使塗抹專治「尿布疹」的藥膏之後，情況仍沒有好轉。醫護人員細心詢問寶寶吃奶和大小便的情況後，才找出引致「尿布疹」的「真兇」。原來因為媽媽的乳汁過多，以

致寶寶吃到「前奶」的比例較多，令排便次數頗為頻密，而且出現多泡水樣便（原因詳見下文），最後造成「尿布疹」的情況。在醫護人員的指導下，逐漸調低媽媽的奶量，寶寶的腹瀉和「尿布疹」亦隨之治癒了。關於前奶後奶，詳見第 4.9 篇。

奶量過高的表徵

媽媽方面

1. 乳房經常脹奶，即使寶寶吃奶後，乳房很快再脹奶，甚至脹痛。
2. 乳房經常滴奶，很不方便。
3. 過多的乳汁滯留在乳房，出現乳管閉塞和乳腺炎的機會也較多。

寶寶方面

1. 奶出得太快，寶寶應接不暇，容易嗆哽，在乳房來來回回，不能穩定地含乳，結果吸入過多空氣。為了減低奶的流速，有時寶寶會大力咬緊乳頭，結果弄損媽媽的乳頭。乳頭損裂會增加乳管閉塞、乳管發炎等風險。

2. 奶太多即前奶的比例也較多，「前後奶失衡」會令寶寶出現以下的表現：前奶的乳糖較多，但脂肪較少，所以寶寶會出現「食極都未飽」的表現。過多的乳糖被大腸內的細菌發酵，過程中釋放的氣體會增加寶寶吐奶的機會和刺激大腸蠕動，從而令排便次數增加和出現多泡水樣便。後奶的脂肪較多，是熱量的主要來源，長遠而言這些寶寶因為吸收後奶不足，體重的增長會較慢。不過有些寶寶會增

加吸吮的次數來彌補後奶的不足，所以仍可保持正常的體重，甚至超重呢[1]！

奶量過高的原因

「對症下藥」永遠是行醫的金石良言，要有效解決乳汁過多的情況也不例外，必須先找出原因。

先天／原發性

少數媽媽的乳腺先天特別發達，在調奶初期已很多奶，需要逐步調低以配合寶寶的需要。

後天／繼發性

1. 在調奶期過分出奶

寶寶已有效吸吮一邊乳房，但自己又泵另一邊乳房，結果乳房以為是雙胞胎，生產雙倍奶量。例如：

- 媽媽信心不足，以為自己要追奶。
- 以為復工後寶寶需要很多冰奶，於是產後不久便開始額外擠奶泵奶。

---

1 • Trimeloni, L., & Spencer, J. (2016). Diagnosis and management of breast milk oversupply. *The Journal of the American Board of Family Medicine, 29*(1), 139–142.
• Woolridge, M., & Fisher, C. (1988). Colic, "overfeeding", and symptoms of lactose malabsorption in the breast-fed baby: A possible artifact of feed management? *The Lancet, 332*(8607), 382–384.

2. 餵哺方法不正確

不正確的餵哺方法令寶寶吃很多前奶，而吃不夠令他有「飽食感覺」的後奶，於是寶寶吃奶不久後又餓起來，令吸吮次數不斷增多，造成惡性循環，使乳房製造更多乳汁。例如：

- 媽媽限制了寶寶每次吸吮的時間。
- 寶寶尚未吸吮完一邊乳房，媽媽便讓寶寶吸吮另一邊乳房。

3. 催乳素過高

腦下垂體腫瘤、內分泌失調症（例如：甲狀腺素功能亢進症）、腎衰竭、肝硬化、卵巢多囊症、某些藥物等。

對症下藥

要有效解決乳汁過多的問題，必須減少整體的出奶量，同時確保寶寶每餐前後奶都吃到。一般需要最少 3 至 5 天解決問題。

治本——減少整體出奶量

1. 不要硬性限制每次吸吮的時間。一般而言，每餐吸吮的時間因人而異，沒有絕對的準則，最重要的是配合寶寶的需要，確保前後奶也吃到。
2. 讓寶寶先完成吸吮一邊乳房，確保前後奶也吃到，然後再看他是否想吃另一邊乳房。

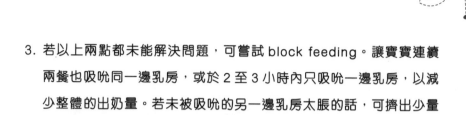

3. 若以上兩點都未能解決問題，可嘗試 block feeding。讓寶寶連續兩餐也吸吮同一邊乳房，或於 2 至 3 小時內只吸吮一邊乳房，以減少整體的出奶量。若未被吸吮的另一邊乳房太脹的話，可擠出少量乳汁以紓緩乳脹及防止乳管閉塞和乳腺炎。

4. 如奶量超級多，用盡以上三個方法也未完全解決問題，可嘗試 full drainage and block feeding[2]。首先一次性徹底泵走兩邊乳房的奶，直至乳房柔軟，接著用 block feeding 餵哺寶寶。這是 block feeding 的變奏版，筆者稱之為「從零開始」，讓寶寶重新學習吸吮一個不太脹的乳房，然後繼續採用 block feeding 調低奶量。

5. 逐步減少在兩餐餵哺之間的額外擠或泵奶。

6. 餵哺後冷敷乳房有助紓緩乳脹、止痛及減少奶量。

治標——確保每餐前後奶也吃到

當乳房好像一個吹脹了的氣球，寶寶難以把乳房含得穩固，或者當乳汁噴射太快令寶寶應接不暇時，可選擇以下方法令寶寶每餐也吃到足夠的前後奶：

1. 半躺臥地餵奶（見第 5.1 篇圖 5.1.20），兩隻手指以「剪刀」姿勢夾著近乳暈的位置（圖 7.5.1），減慢奶的流速。

2 Veldhuizen-Staas, C. G. V. (2007). Overabundant milk supply: An alternative way to intervene by full drainage and block feeding. *International Breastfeeding Journal*, 2(1), 11.

第 7 章 ● 媽媽問題篇

2. 用手把小部分前奶擠出，可減慢奶的流速，也令乳暈部分柔軟些，使寶寶容易含著乳房。不過，這種「擠掉前奶」的方法不能根治多奶的問題，為什麼？因為「擠掉前奶」本身也是對乳房的額外刺激，若做得太多反會令乳房製造更多乳汁。而且，若寶寶的吸吮未能改善，體重的增長又欠佳時，丟棄前奶就等於減少了整體的吃奶量。

3. 無論選擇以上哪種方法，必須確保寶寶含乳的嘴形正確。

圖 7.5.1
兩隻手指以「剪刀」姿勢夾著近乳暈的位置，可減慢奶的流速。

乳房痛，怎麼辦？

乳房痛是提早斷奶的常見原因

一個美國的大型調查[1]訪問了1177位產後媽媽，發現有六成人早於她們預期的哺乳目標斷奶，當中15.2%因為餵奶痛，20.3%因為乳頭損裂、出血。及時的專業哺乳支援須應對這些挑戰，幫助這些媽媽實現她們預期的哺乳目標。這樣，持續哺乳比率便有機會繼續上升。

醫生媽媽也餵到乳頭破損

還記得2001年大女兒初生學習吃母乳時，因為她沒有張大嘴巴吸吮，結果弄損筆者的乳頭（圖7.6.1）。有一天，筆者赫然發現女兒的牀單上有一灘血跡，估計她是吃了筆者乳頭上的血，然後把奶和血吐出來。每次當她的嘴巴迎向乳房吸吮時，筆者的心情也百感交集。一方面希望她可以吸吮多些奶，另一方面卻十分害怕再次經歷那種乳頭痛之苦。其實不止是一次，而是每天最少八次呢！最初的幾口通常是最痛的，但有時會持續整個餵哺的過程；完成餵哺後，衣服碰到受損的

---

1 Odom, E. C., Li, R., Scanlon, K. S., Perrine, C. G., & Grummer-Strawn, L. (2013). Reasons for earlier than desired cessation of breastfeeding. *Pediatrics, 131*(3).

部位也很不舒服。在好朋友的鼓勵下，忘記自己醫生的身份，快快求助。經過健康院醫生護士多次的指導，自己又回家繼續努力，幾個星期後女兒終於懂得張大嘴巴吸吮，受損的乳頭也漸漸痊癒了。

乳房痛的原因

乳房痛的原因很多，原因可以多於一個，可以同時或繼發出現，見下表：

表 7.6.1：乳房痛的原因

原因	病例	詳見
塞奶[2]	乳房腫脹	第 7.7 篇
	乳管閉塞（+/- 乳頭小白點）、急性乳腺炎、乳腺膿腫、乳腺囊腫（奶泡）	第 7.8 及 7.10 篇
乳頭受損	含乳不正確	第 4.7 及 5.1 篇
	寶寶咬乳頭，例如：出牙、鼻塞	第 8.8 篇
	泵奶不正確	第 4.18 篇
	結舌（黐脷筋）	第 8.4 篇
奶量問題	奶量太多	第 7.5 篇
皮膚病（如患處在胸部）	異位性皮膚炎（濕疹）、銀屑病（牛皮癬）、單純疱疹病毒一型、帶狀疱疹（生蛇）	第 7.12 篇
乳管發炎	真菌、細菌	第 7.9 篇
其他	乳頭血管收縮、肋骨軟骨炎、再度懷孕、異常性疼痛症等	本篇下文

2　塞奶：除了乳房痛之外，最明顯的病徵是乳房腫脹或局部出現硬塊。

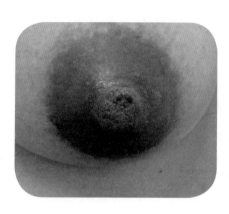

圖 7.6.1
寶寶沒有張大嘴巴吸吮，結果弄損媽媽的乳頭。

乳頭血管收縮（vasospasm）：與結締組織疾病或雷諾現象（Raynaud's phenomenon）有關。通常因為乳頭受冷或損傷，於餵哺時或餵哺後，乳頭的小動脈收縮，便引致乳頭痛。乳頭會出現典型「白、藍、紅」的顏色轉變。治療方法包括在溫暖的地方哺乳或藥物治療。

肋骨軟骨炎：原因不明，局部位置按壓時疼痛，無須治療，或服用消炎止痛藥。

再度懷孕：於懷孕初期，荷爾蒙的改變短暫引致乳頭痛，無須治療。

異常性疼痛症（allodynia）：對於一些很輕微的刺激產生異常大的疼痛感覺，可同時出現其他相關病症，如腸易激綜合症（irritable bowel syndrome, IBS）、偏頭痛、顳下顎關節綜合症（temporomandibular joint disorder）等。這些慢性痛症與焦慮、抑鬱等心理因素有關連，或需藥物及心理治療。

長期乳房痛的不良後果

乳頭痛絕對不容忽視！因為痛楚會減低噴奶反射，後果是容易塞奶和調低奶量。若連帶乳頭有損傷，還有機會讓細菌入侵，引發急性乳腺炎，或有機會讓真菌或細菌入侵而引發慢性或復發性的乳腺炎或乳管發炎。無論何時若你感到持續的乳頭或乳房痛（尤其超過 24 小時），建議你及早尋求母乳指導或求診。

乳頭損裂的護理

如媽媽的乳頭不幸有損裂，可採用以下兩個方法護理乳頭：

風乾法：出奶後擠出少量乳汁塗在乳頭上，讓它風乾一會。適合乳頭有輕微損傷的情況。

濕敷法：用暖飲用水浸濕紗布，揸走多餘水分，然後濕敷乳頭約 20 分鐘。濕敷可幫助乾裂的皮膚和受損的細胞再生，適合乳頭有明顯裂痕的情況。

乳房腫脹可預防

正常乳脹 ≠ 腫脹

大部分人於產後 36 至 72 小時「上奶」，代表乳房奶量明顯增加。「上奶」初期，奶汁、血液和淋巴開始在乳房積聚，即使吸吮後乳脹仍在，此情況稱為暫時性或生理性乳房腫脹（physiological breast engorgement），通常會在 24 至 48 小時內消退。

若生理性乳房腫脹未能及時處理或出奶情況持續欠佳，乳房腫脹便會加劇。此時，乳房非常疼痛、硬如大石，有人稱之為「石頭胸」，甚至會發燒、皮膚發紅或乳頭被拉平，令含乳更困難。疼痛抑壓噴奶反射，令乳汁更難排出，造成惡性循環。乳房腫脹的高峰期是產後第 3 至 6 天，也常見於首 2 週。必須盡快求診，否則有機會演變成乳腺炎或膿腫。若治療正確，乳房腫脹一般在 24 至 48 小時內消退。

「上奶」後的 3 至 5 週是調奶期，於餵哺前媽媽覺得有些乳脹（breast fullness，俗稱「谷奶」）是正常的。正常的乳脹不會令媽媽感到太疼痛，亦不會發燒，而且寶寶能順利吸吮乳房，餵哺後乳房也會回復柔軟。正常乳脹有別於乳房腫脹。

筆者雖然在每次生產後不久便開始餵哺母乳，而且餵哺頻密，也沒有補奶粉，但三次都經歷乳房腫脹，原因是三個孩子的吸吮技巧在最初階段

都不太理想。尤其第二次最難受，那次乳房腫脹如大石，連手臂垂下時輕輕碰到乳房，也會感到極之痛苦！幸好經過醫護人員的幫助，教老二用欖球抱法吃奶，結果半天後情況有明顯改善。

乳房腫脹的常見成因

1. 產後遲遲未開始授乳。
2. 餵哺次數少、沒有於晚上餵哺，或每次餵哺時間太短。
3. 寶寶吸吮能力不足。
4. 補充了奶粉或使用奶瓶。

乳房腫脹可預防

生產後，媽媽在醫院的配合下，可以大大提高餵哺母乳的成功機會，並預防乳房腫脹的出現：

1. 產後即時讓母嬰作胸貼胸肌膚接觸。
2. 產後盡早開始授乳，因為寶寶出生後首小時最清醒，之後數天大多喜歡睡覺。
3. 醫護人員提供技術協助，確保媽媽的餵哺姿勢正確。
4. 若寶寶未能吸吮乳房，醫護人員於產後 2 小時內指導媽媽用手擠出初乳，乳汁可即時給寶寶吃，也可冷藏起來待寶寶日後享用。
5. 讓母嬰 24 小時同房，即使媽媽躺在牀上也能觀察寶寶何時須要吃奶而及時作出回應。
6. 回應寶寶的需要，每天餵哺最少八次。
7. 避免餵哺奶粉、葡萄糖水或開水。
8. 避免使用奶瓶和奶嘴。

治療四步

適時治療乳房腫脹可望於 24 至 48 小時內痊癒。

第一步：止痛

痛楚會抑壓噴奶反射，因此，要腫脹的乳房順利出奶必須先止痛。止痛方法如下：

1. 穿上無鐵線的胸圍，胸圍不宜太緊，因太緊會阻礙乳汁流出。
2. 定時服用止痛藥最少 1 天，如常用的「撲熱息痛」（paracetamol），若需要更強力的止痛藥可請教醫生。筆者見過有媽媽做足所有其他措施，但沒有定時吃止痛藥，結果幾天後腫脹和痛楚仍持續。絕大部分的止痛藥對吃母乳的寶寶是安全的，服用前緊記請教醫生。
3. 餵哺前及餵奶後冷敷[1]乳房能止痛並幫助消腫，因為低溫能使血管收縮及減少血液和淋巴液的積聚，但時間不宜超過 3 分鐘。

第二步：引發噴奶反射

若寶寶吸吮能力強，可直接讓寶寶吸吮，無需任何「前奏」。若仍未熟習餵哺技巧或於塞奶時欲促進「噴奶反射」，可先作「前奏」，如在餵哺前暖敷[2]乳房不超過 3 分鐘，但避免溫度太高或時間過長，因這反會加劇腫脹。詳見第 4.4 篇。

---

1 要明白暖敷和冷敷乳房的醫學原理，適時進行。
2 同上註。

第三步：引導寶寶正確吸吮

1. 順應餵哺母乳：留心觀察寶寶的表現，有早期肚餓信號便餵哺，哭鬧時才餵哺已太遲了，通常哭鬧時寶寶吃得較差。

2. 腫脹的乳房有如吹脹的氣球，寶寶的嘴很容易滑出來，很難含乳和吸吮。餵哺前可藉以下兩個方法令乳暈柔軟一些，目的是幫助寶寶含乳：

   （1）用手擠出少量乳汁；或

   （2）手指往胸口方向按壓乳暈（reverse pressure softening），把乳暈的腫脹推後，按壓力度要適中，大約 1 至 3 分鐘（圖 7.7.1、圖 7.7.2）。注意：乳管閉塞、乳腺炎及膿腫不適宜用此法。

3. 媽媽和寶寶保持舒適的姿勢。

4. 轉用不同的餵哺姿勢，如欖球抱法。

第四步：密密出奶，每天最少八次

若單靠吸吮未能消退腫脹，可於兩餐奶之間再擠或泵些奶。

圖 7.7.1
單手五隻手指圍著乳頭，手指微曲，以適中力度往胸口按壓乳暈約 1 至 3 分鐘，指甲不宜長。

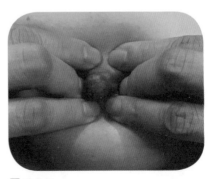

圖 7.7.2
雙手六隻手指圍著乳頭，手指微曲，以適中力度往胸口按壓乳暈約 1 至 3 分鐘。

乳房腫脹但決意回奶，可以怎麼辦？

即使只餵哺奶粉，媽媽一樣會在產後 36 至 72 小時上奶，這是自然的
生理現象。有人說：「若想回奶，最有效的方法是紮緊胸部、強忍『谷
奶』之痛，平均 7 至 10 天後就能成功回奶。」筆者認為，媽媽若能靠
這方法順利回奶純屬幸運，因為乳房腫脹若處理不善大有機會演變成
乳腺炎，甚至俗稱「奶瘡」的乳腺膿腫，詳見第 7.8 篇。在乳房腫脹時
回奶絕對是高風險行為。最理想當然是先排出乳汁紓緩腫脹，然後以
數星期時間逐步回奶。若堅決於乳房腫脹時回奶，可參考以下方法以
減少不良後果的出現：

1. 穿上大小適中的胸圍承托乳房，但不宜紮緊胸部。
2. 服用止痛藥。
3. 冷敷乳房能止痛消腫，並幫助減低奶量。
4. 擠出少量乳汁能消減不適及減低乳腺炎的機會，但擠出的奶量應少
   於寶寶所需，否則很難回奶。

乳管閉塞、乳腺炎及有關的乳腺病變

媽媽在餵哺母乳的首 6 個月期間，大約有 3% 至 20% 的機會患上乳腺炎（mastitis），當中最常發生在首 6 個星期。以下是兩位朋友的親身經歷：

朋友一：乳管閉塞變乳腺炎

全以母乳餵哺第三胎的女兒。女兒 6 個星期大時，因她半夜沒有醒來吃奶，所以連續 7 小時沒有哺乳。翌日一邊乳房出現細小硬塊。第二天硬塊增大，又紅又痛，兼且身體發冷發熱。第三天才向家庭醫生求診，診斷為乳管閉塞演變為乳腺炎（圖 7.8.2），開始口服抗生素和止痛藥。最初因怕痛而想停止餵哺，經醫生解釋和鼓勵下終於繼續餵哺。求診後翌日，熱退了，疼痛慢慢減退，乳房硬塊也漸漸縮小。完成 10 天的抗生素療程後完全康復，2 星期後產假完畢回復工作，繼續餵哺母乳。

朋友二：乳腺炎惡化成膿腫

全以母乳餵哺第二胎的兒子。兒子 5 個月大時，因家事忙而沒有哺乳半天，翌日一邊乳房出現疼痛的硬塊，兼且有輕微發熱，經兒子吸吮

後硬塊略為縮小，熱也退了。1星期後沒有發燒，以為一切如常，但是疼痛硬塊仍在，直徑達 6 厘米。終於鼓起勇氣去看醫生。醫生檢查後懷疑乳腺炎惡化成乳腺膿腫（breast abscess，俗稱「奶瘡」），最後經超聲波掃描後證實為乳房膿腫。幸好膿腫範圍小，可用針筒把膿抽出來（圖 7.8.5）。接受治療期間，醫生鼓勵媽媽繼續用正常的那邊乳房餵哺，並將奶從患膿腫的乳房擠出。1個月後完全康復，繼續餵哺母乳。

以上兩個媽媽的共通點是兩次餵哺之間相隔太久。無論什麼原因，特別在最初 6 個月，若預計未能在 4 小時內餵哺，便應該把奶放出來，以防因乳汁滯留而患上乳腺炎。

乳腺炎多始於乳管閉塞

乳管閉塞、乳腺炎、乳腺膿腫及乳腺囊腫有相互關係（圖 7.8.1）。病徵相似，但程度有別，主要靠臨床診斷。詳見下文及表 7.8.1。

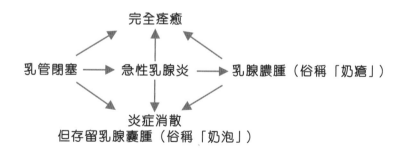

圖 7.8.1　乳管閉塞、乳腺炎、乳腺膿腫及乳腺囊腫的關係

表 7.8.1：乳管閉塞、乳腺炎及有關的乳腺病變的病徵及治療方法[1]

	乳管閉塞	乳腺炎	乳腺膿腫	乳腺囊腫
發病多少天	2 天內	3 天或以上	3 天或以上	3 天或以上
發燒、發冷	-	++	+/-	-
疼痛、腫塊大小、皮膚發紅	+	++	+++	+/-
類似感冒的病徵	-	++	++	-
乳頭損裂	-	+/-	-	-
乳頭出膿或血	-	+/-	-	-
減少奶量	+	++	+++	-
確診方法	臨床	臨床	超聲波掃描	超聲波掃描
治療方法	寶寶吸吮乳房、擠奶泵奶、消炎止痛藥、超聲波治療[2]	寶寶吸吮乳房、擠奶泵奶、消炎止痛藥、超聲波治療、抗生素	寶寶吸吮乳房、擠奶泵奶、消炎止痛藥、抗生素、抽針放膿或手術放膿	無須治療、+/- 刺針抽取、+/- 手術切除
何時痊癒	48 小時內	服食抗生素 72 小時內病徵明顯減退	手術放膿後，傷口 3 至 4 星期後康復	數星期至數月以上

1　表內「-」代表沒有，「+/-」代表可能有可能沒有，「+」代表輕微程度，「++」代表中等程度，「+++」代表嚴重程度。

2　超聲波治療有助消退炎症，物理治療師已普遍使用多年，近年開始應用於乳房塞奶或乳腺炎。

乳管閉塞

乳管閉塞的病徵主要是急性輕微疼痛的硬塊，有時連同乳管出口閉塞，乳頭出現小白點（見第 7.10 篇圖 7.10.1）。其他病徵包括輕微發燒和出奶少了。乳管閉塞一般於 24 至 48 小時內痊癒。若病徵持續超過 24 小時，建議盡早診治，避免演變成乳腺炎。

急性乳腺炎

乳腺炎指乳腺局部有炎症，不一定是感染。乳腺炎多由乳管閉塞演變而成。病徵較乳管閉塞嚴重，硬塊範圍增大、患處皮膚發紅、疼痛加劇、發燒度數升高，還有發冷、類似感冒的病徵，有時甚至乳頭缺裂或有膿或血從乳頭流出。有學者[3]說：「哺乳媽媽若突然出現發燒或類似感冒的情況，須先假設是乳腺炎，直至證明不然！」不要先以為這一定是感冒，而忽略了檢查乳房。

多年前曾有學者將急性乳腺炎分為以下兩類[4]，其發炎位置和病徵有所不同（表 7.8.2）。大多數屬蜂巢織炎，少數是乳管炎。雖然乳管炎的紅、腫、痛程度多數較輕，但可能有膿或血從乳頭流出，會嚇怕媽媽呢！筆者在 2017 年 1 月至 2019 年 3 月期間，診斷接近 50 宗乳腺炎，當中 87% 屬蜂巢織炎，其餘約 13% 屬乳管炎。臨床經驗看到兩

---

3 Cantlie, H. B. (1988). Treatment of acute puerperal mastitis and breast abscess. *Can Fam Physician, 34*, 2221–2226.
4 • Cantlie, H. B. (1988: 2221–2226)
   • Gibberd, G. (1953). Sporadic and epidemic puerperal breast infections. *American Journal of Obstetrics and Gynecology, 65*(5), 1038–1041.

者須處方不同的抗生素。有些曾不受控制的乳腺炎經轉用另一類抗生素後，不久便痊癒了。無論哪一類的急性乳腺炎，處理不當或延醫會增加變成膿腫的機會。

表 7.8.2：急性乳腺炎的分類

	蜂巢織炎 cellulitis （圖 7.8.2）	乳管炎 adenitis （圖 7.8.3）
發炎位置	乳房的脂肪、纖維組織	接近乳頭乳暈的乳管組織
病徵	• 乳房外圍有局部紅、痛、熱的腫塊 • 發燒、發冷 • 類似感冒的病癥，如渾身肌肉痛、頭痛、異常疲倦等	• 接近乳暈或乳暈底部有紅、痛的腫塊 • 乳頭腫大 • 有膿或血從乳頭流出 • 未必有發燒

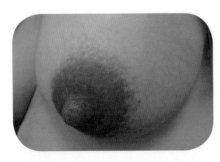

圖 7.8.2
急性乳腺炎：乳房出現又紅又痛的硬塊，身體發冷發熱，須要服用抗生素10 至 14 天，同時繼續餵哺母乳。

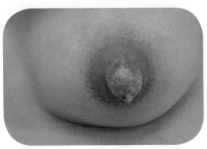

圖 7.8.3
急性乳管炎：
乳頭腫大、有膿流出。

怎樣分辨「膿」與「奶」？

主要憑黏稠的程度來分辨。「膿」是有黏性的，而「奶」是稀而流動的。「膿」有不同顏色，通常是黃色或綠色。不過，不能單靠顏色來分辨「膿」和「奶」，黃色的不一定是「膿」，初乳也是黃色的！

乳頭有膿，餵奶仍然安全

患上乳管炎而有膿的話，可否繼續餵哺母乳？大多數患者看見乳頭有膿出現，都會擔心膿對寶寶有害，於是停止餵哺。醫學文獻指出乳腺炎患者繼續餵哺母乳是安全的。膿是帶有蛋白質的液體，含死去的白血球、紅血球和血小板等，即使寶寶吃了也不會對身體有不良影響。媽媽除了定時服用抗生素之外，其實繼續餵哺母乳也是治療的一部分，能加快治療的成效。這裡提醒媽媽：若寶寶不肯吸吮或吸吮時太痛，也要保持定時擠奶泵奶，否則炎症情況會惡化。由於乳頭腫大，用手擠奶可能比用機器泵奶舒服，因為用手擠奶不須接觸乳頭。每次餵哺或擠奶後用「擠牙膏」般的手勢把膿擠出，能加快炎症的痊癒。可於餵哺或擠膿 45 分鐘之前服用止痛藥。通常擠膿 5 至 7 天後便可將膿清除，腫大的乳頭也會逐漸回復至正常大小，約 10 天後完全痊癒（圖 7.8.4）。

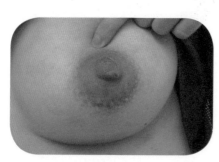

圖 7.8.4
服用抗生素及擠膿 5 至 7 天後，乳頭逐漸回復至正常大小，約 10 天後完全康復。

乳腺膿腫

乳腺炎若惡化至乳腺膿腫，膿腫被困在乳房，無法排出，患處會超級痛和超級紅，但不一定發燒。臨床較難百分百分辨乳腺炎和膿腫，須靠超聲波掃描確診。至於從乳管閉塞發展到乳腺膿腫需要多少天，是因人而異的，筆者曾見過短短幾天就變成膿腫，也有 1 星期以上還沒惡化的。乳腺炎變成膿腫的機會大約 3%，大原則是盡早治療可減低乳管閉塞變成膿腫的機會。假如上述第二位媽媽早些求診，或許能避免膿腫的發生。不過她已是不幸中之大幸，因為膿腫範圍小，用針筒把膿抽出來便可（圖 7.8.5），刺針抽膿數次後，乳房正在康復中（圖 7.8.6）。範圍非常大的膿腫需要進行外科手術放膿（圖 7.8.7）。手術放膿後要每天清洗傷口，傷口約需 3 至 4 星期痊癒（圖 7.8.8）。期間繼續出奶可加快傷口痊癒。

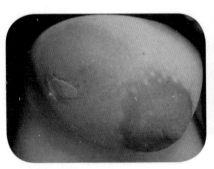

圖 7.8.5
細小的乳腺膿腫可用針筒把膿抽出，圖中可見抽膿後針孔貼上了膠布。

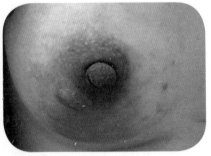

圖 7.8.6
乳房膿腫刺針抽膿數次後，乳房正在康復中。

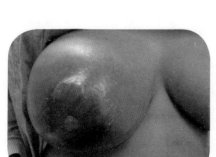

圖 7.8.7
範圍較大的乳腺膿腫須進行外科手術，剖開患處放膿。

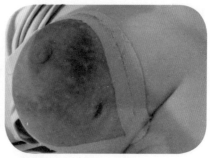

圖 7.8.8
乳房膿腫手術放膿後，傷口約需 3 至 4 星期痊癒。

乳腺囊腫

有些乳管閉塞不會演變成乳腺炎，但腫塊不完全消散，形成一粒「奶泡」困在乳房內，稱為乳腺囊腫（galactocele，俗稱「奶泡」）。乳腺炎或膿腫的炎症痊癒後，也可存留乳腺囊腫。「奶泡」通常無痛或只是接觸時輕微不舒服，與乳腺膿腫的痛有天淵之別。也沒有發燒發冷等乳腺炎的病徵，須靠超聲波掃描確診。乳腺囊腫是良性的，可以維持一年半載，一般不需治療，可以刺針抽取治療，體積較大的乳腺囊腫可以外科手術切除。詳見第 7.13 篇。

乳腺炎或膿腫可安全哺乳

常常有人問：「確診患上乳腺炎之後，我擔心細菌會透過乳汁傳染給孩子。我應否繼續餵哺母乳呢？」首先，正常的母乳和乳管都有正常的細菌。乳腺炎期間，細菌的數目會升高一些。醫學結論是乳腺炎期

間哺乳對孩子是安全的。大多數乳腺炎是由於乳汁滯留或乳管閉塞引起，所以繼續餵哺是治療乳腺炎的重要部分。媽媽及早接受藥物治療及繼續餵哺母乳可防止乳腺炎演變成膿腫。抗生素必須服用 10 至 14 天 [5]，否則增加復發的機會。

服藥也可授乳

常用於醫治乳腺炎的藥物包括抗生素只有微量會滲入母乳中，一般來說，分量不足以對嬰兒造成不良影響。因此，對餵哺母乳來說是安全的。可是，不要自行服用藥物，服藥前須諮詢醫生。

塞奶期間短暫減奶量

乳管閉塞及乳腺炎病患期間及康復後約 1 星期，奶量或會減少，多屬短暫性，大部分媽媽的奶量之後會回升至塞奶前的水平；只有少數不回升。個別媽媽還說回升超過塞奶前的奶量，有「賺」呢！

服藥之外

治療四步

與治療乳房腫脹的方法相同。詳見第 7.7 篇。

5　一般病症須服用抗生素 7 天，但乳腺炎例外。醫生們不要慣性地只處方 7 天抗生素予乳腺炎患者。

「通」乳管不是靠大力按壓

皮膚生暗瘡可以用手擠，但乳管閉塞並非位於皮膚上，所以要有效解決乳管閉塞或乳腺炎，首要是引發噴奶反射及靠寶寶吸吮使順利出奶。噴奶反射及吸吮時，乳腺內的眾多肌肉細胞一同收縮，釋放乳汁，這股集體的力量必定超越大力按壓腫塊（見第 4.1 篇圖 4.1.2）。餵哺時向乳頭方向輕輕按壓患處也可幫助乳汁流通，快些疏通閉塞的乳管。但過分按壓卻有反效果，詳見第 4.5 篇。有媽媽分享其經驗說：「以前我大力按壓，要幾天才疏通乳管閉塞，但現在只輕柔按摩，反而靠寶寶吮通，一兩餐便解決了問題。」

先餵正常一邊有助噴奶

患上乳腺炎時，因為乳管的閉塞及乳房的痛楚會減慢乳汁的流速，加上在炎症時乳汁的味道有變（因為鈉的水平升高），所以，會減低寶寶吸吮乳房的意欲。若寶寶不想吸吮乳管閉塞的部位，可以先讓寶寶吸吮正常的一邊乳房 1 至 2 分鐘，待乳汁開始流通時即轉吃患處的乳房，即滑行式（slide-over）餵哺，詳見第 5.1 篇。增加母嬰的肌膚接觸及趁寶寶半睡半醒時餵哺，也可吸引寶寶吸吮。若寶寶真的暫時不願意吸吮，必須定時擠或泵奶。

寶寶下唇放近乳房患處

這樣能讓寶寶吸吮多些乳房部分，也容易疏通閉塞的位置。筆者試過乳房上方閉塞，就以上下倒轉側臥式、上下倒轉懸垂式或欖球式的姿勢餵哺；乳房外側閉塞，可用欖球式。詳見第 5.1 篇。

多與寶寶溝通

患上乳管閉塞或乳腺炎時，寶寶可能不願意吸吮乳房，或者不習慣媽媽用特別的餵哺姿勢。嘗試與寶寶溝通，告訴他塞奶的情況，鼓勵他積極吸吮（圖 7.8.9）。不要以為寶寶年紀小聽不懂，筆者試過無數次乳管閉塞（尤其餵哺老二時奶量較多）的情況下，都是靠孩子吮通的。快則一兩餐，最多一兩天便吮通了。當然情況若持續 24 小時或以上，必須盡快求醫。

圖 7.8.9

專業指導尤其重要

本篇開首所提及的兩個媽媽雖然不幸患上乳腺炎，在患病過程中也曾
有放棄餵哺母乳的念頭，但幸好她們都遇上擁有豐富母乳知識和願意
提供指導的醫護人員，幫助她們跨過難關後繼續餵哺母乳。

戒口

若經常復發但又找不到病因者，有些人認為是因為奶的黏度高，所以
建議減少進食高脂肪食物，或考慮服食卵磷脂（lecithin）以降低乳汁
的黏度。不過，這理論及卵磷脂對治療或預防塞奶的效用，仍然缺乏
科研。

何時須進一步檢查

1. 在適當治療 48 至 72 小時後，乳房腫塊仍沒有縮小。有兩個可能
   性：（1）抗藥性乳腺炎，須轉換抗生素；（2）已演變成膿腫，須抽
   膿。
2. 完成抗生素療程後，乳腺炎病徵仍沒有好轉。須進一步檢查是否炎
   性乳癌。
3. 乳管閉塞或乳腺炎反覆發病，尤其是在同一個位置。須進一步檢查
   是否炎性乳癌。

乳腺炎治本要尋根究底

懷疑乳腺炎患者，首要是正確診斷和及早治療，同樣重要的是找出病發的原因。為什麼「找原因」那麼重要？除掉病因可以說是治療的一部分，不但能預防乳腺膿腫和加快治療的成效，亦可預防復發呢！相反，單靠藥物治療而沒有找出病因只是「治標不治本」。

乳腺炎或乳管閉塞的五大成因

1. 兩次餵哺時間相隔太久或每次吸吮的時間縮短，令留在乳房的乳汁比平常多。例如媽媽沒有在半夜餵哺母乳、寶寶的睡覺時間突然拉長了（最常見於6週大）；或者當寶寶漸長，吃奶時不專心，吸吮的奶便少了。
2. 乳管受壓[6]引致乳管閉塞。例如穿著太緊的胸圍、衣服、揹帶或攜帶太重的袋。
3. 心理壓力或過度疲勞。例如在職婦女於復工前 1 星期，可能會有憂慮的情緒。
4. 乳汁過多。
5. 乳頭損裂，令細菌有機會入侵乳管。

6　以前學者以為乳腺組織位於乳房的深處，好像蘋果核一樣。近年以高解像超聲波掃描發現乳腺組織分佈於整個乳房內，而且乳管很接近表皮，很容易受壓。

以下例子可提醒媽媽及醫護人員，必須抽絲剝繭地找出乳腺炎或乳管閉塞的成因：

例一

朋友的孩子 4 個月大，左邊乳房出現疼痛腫塊持續 2 天，而且發燒、發冷，求診後證實患上乳腺炎。醫生像偵探似的尋根究底，查問她 2 天前做過什麼，發現原來 2 天前她在半夜餵奶後睡著了，俯臥的姿勢令乳管受壓，引致乳管閉塞，後來演變成乳腺炎。醫生建議她避免俯臥的睡姿，使乳腺炎快些痊癒，更有助預防復發。

例二

這是筆者第一次親身經歷乳管閉塞：初為人母，女兒 2 個月大時有一天，筆者以平日常用的前置式揹帶攜女兒外出。2 小時後回家，發覺乳房上方有些疼痛，還以為拉傷肌肉，沒想過是乳管閉塞，後來才知道因為揹帶束得太緊，令乳管受壓。幸好及早轉換餵哺姿勢讓女兒吸吮，第二天閉塞的乳管便疏通了。此後，筆者常常留意揹帶可有束得太緊，以防乳管再閉塞。

例三

朋友患乳管閉塞，筆者問她病發前一天做過什麼，她回答因為忙於搬家，所以 8 小時沒有餵母乳。筆者建議她日後若未能在 4 小時內餵哺，便應該預先出奶，以防止乳汁滯留而再次患上乳腺炎。

乳管發炎——真菌？細菌？

偶然有餵哺母乳的媽媽遇到這樣的問題：「我的寶寶一向吃奶吃得不錯，最近不知為何餵完奶之後乳房痛入心脾！而且疼痛超過 1 小時，痛得我想放棄餵母乳啊！」有媽媽因為乳房痛從互聯網得悉痛可能是乳管受真菌感染，於是找乳房專科醫生求診，她直接詢問醫生乳房是否患真菌感染時，醫生說：「乳房是不會受真菌感染的！」最後所有檢查的結果都正常，但醫生也無法解釋乳房為何疼痛。究竟乳房是否真的沒有可能受真菌感染？

正常人身上都有菌

不論年齡，正常人的身體都存在很多不同種類的「菌」，包括真菌（fungus）和細菌（bacteria）。它們與人類共生，是益菌，可以幫助身體抵抗有害的菌。這些共生菌在身體各部位都存在，例如眼、鼻、口腔、陰道、皮膚等，乳房表面甚至乳管和乳汁其實也有。一般情況下，真菌或細菌的數量少，不會對身體有不良的影響或產生病徵。但在某些情況下，真菌或細菌的數量會增加，引致患處發炎，患者感不適，這稱為感染。

對於哺乳期婦女患真菌乳管炎，觀點有兩極。有人認為「真菌感染完全不存在」；但怎樣解釋有些人服用抗真菌藥後，乳管炎的病徵消散了？另一方認為「所有乳房痛都是源於真菌」，但如何理解服用抗真菌藥數週後，乳房仍然痛？筆者個人臨床經驗也看到，抗真菌藥的確可治癒部分乳房痛症，但並非所有。有些乳房痛症是源於其他原因（詳見第 7.6 篇），須對症下藥。筆者認為不能完全忽視真菌這可能性，也不能盲目地服用抗真菌藥物啊！

真菌增生的誘發因素 [1]

真菌最喜歡在又熱又濕的環境滋長，授乳媽媽的乳房是一個很適合真菌生長的地方。以下情況容易令真菌增生：

乳頭損裂：有機會讓表皮上的真菌進入乳管，引致乳管發炎。筆者見過首 2 至 3 週含乳不正確，即使數週後含乳已糾正，結果乳管也受真菌感染；也見過 1 歲寶寶只是一次大力咬乳頭已足以弄傷乳頭，不久媽媽便開始出現乳管感染的病徵了。

服用抗生素 [2]：抗生素能控制細菌，但副作用是真菌增生。例如：產前有乙型鏈球菌，生產時須注射抗生素；乳腺炎完成抗生素療程後等。

1　La Leche League GB. (2016).Thrush and breastfeeding. Retrieved from http://www.laleche.org.uk/thrush/#diet
2　Berens, P., Eglash, A., Malloy, M., & Steube, A. M. (2016). ABM clinical protocol #26: Persistent Pain with breastfeeding. *Breastfeeding Medicine, 11*(2), 46–53.

第 7 章 ● 媽媽問題篇

其他：糖尿病、貧血、服用避孕丸、常用乳墊卻不經常更換者（真菌最喜歡在又熱又濕的環境滋長）。

靠臨床診斷

我們很難用客觀證據去證實患者是否受到真菌感染，即使我們收集患者的乳汁作化驗，超過三分之一有乳管發炎病徵的媽媽，其母乳微生物檢測結果呈陰性[3]。

相反從無病徵的人抽取乳汁來化驗，有時會出現陽性結果，所以不能完全依靠化驗來診斷啊！此外，大部分乳管發炎患者，乳房表面並沒有異樣，痛可能是唯一的病徵。因此，要在眾多其他不同的原因去診斷真菌乳管發炎，是很具挑戰性的任務！

目前，診斷真菌乳管炎主要是靠臨床，排除其他原因。過程包括詢問病歷、檢查母嬰的身體、觀察寶寶吸吮乳房及媽媽泵奶的情況。全面的病歷包括乳房發病多久、痛的性質、痛的程度、痛與出奶的關係、24 小時出奶情況、母嬰雙方的病歷和服藥史，以及是否有真菌增生的誘發因素。最後，若於服用抗真菌的藥物後能減少病徵，就是最好的證明了。

3　Jeanne, S. (2018). Common problems of breastfeeding and weaning. Retrieved from https://www.uptodate.com/contents/common-problems-of-breastfeeding-and-weaning/print?source=see_link

感染真菌的病徵

表 7.9.1：真菌乳管炎的病徵

痛的特徵：	
何時發病	**產後任何日子**
痛的性質	表面或深層？針刺、麻刺、火燒？
痛與出奶的關係	於吸吮、擠奶或泵奶時？ 於吸吮、擠奶或泵奶後？ **較常見：出奶後比出奶時更加痛**
痛的程度	輕微、中度、嚴重？ 輕微：乳頭被衣服觸碰時感不適 嚴重：影響日常生活或睡眠，甚至需服止痛藥
痛的時間	可短可長（數秒至數小時以上）
其他病徵：	
媽媽	乳頭乳暈脫皮、乳房皮膚痕癢，有紅疹（圖 7.9.1） 乳頭長期損裂（即使含乳嘴形正確）（圖 7.9.2） 乳頭小白點持續、復發、變大（圖 7.9.3） 乳頭小白點數目增多（見第 7.10 篇圖 7.10.3）
寶寶 [4]	口腔真菌（俗稱：鵝口瘡）（圖 7.9.4） 皮膚有紅疹（圖 7.9.5）

4　大部分寶寶沒有病徵。

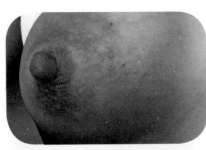

圖 7.9.1
乳頭乳暈脫皮、乳房皮膚痕癢，有紅疹。

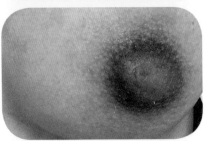

圖 7.9.2
乳頭長期損裂（痛或不痛也可）。

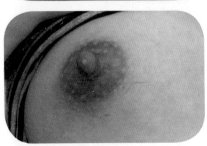

圖 7.9.3
乳頭小白點持續、復發、變大。

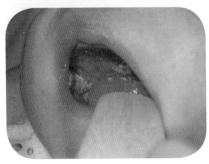

圖 7.9.4
寶寶的口腔受真菌感染。

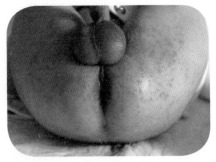

圖 7.9.5
寶寶的臀部皮膚受真菌感染而出現紅疹。

放棄的念頭

真菌感染患者的痛不是偶爾一次的痛，而是每天多次，有時甚至持續至下一餐餵哺。在痛不欲生之際，很多媽媽都會有放棄餵哺母乳的念頭。不過，在筆者的經驗裡，痛得愈厲害的媽媽反而愈堅持呢！筆者曾認識一位性格樂觀的朋友，寶寶 4 個月大時，她開始感到乳房疼痛，懷疑乳管受真菌感染。她帶著痛楚說：「最初的乳頭損裂都能跨過，沒理由現在才放棄餵哺母乳吧！」筆者亦鼓勵她說：「即使放棄了餵哺母乳，也未必能立即令痛苦消失，而且即時停餵更可能引致其他問題，例如乳管閉塞呢！」輾轉經過 4 星期的治療，這位朋友終於痊癒。

成功治療──保奶量、防塞奶

其實真菌都存在於沒有病徵的人身上，藥物不是完全消滅真菌，但能把它控制至病徵全消。有人問：「既然如此，為何須治療？」答案是須避免痛症帶來的一連串不良後果，包括：媽媽負面情緒、抑壓噴奶反射、調低奶量，增加塞奶或急性乳腺炎的風險、寶寶拒絕吸吮乳房等。治療的終極目標是媽媽開心、寶寶開心和愉快地持續哺乳！

成功治療真菌，須有恆心

醫學界仍然缺乏高質素的研究去確定何謂最有效的抗真菌治療方案，現時的治療方法多基於專家意見。一綫治療是抗真菌藥膏，每天最少

六次，於餵哺後薄薄的塗在兩邊乳頭和乳暈上（即使只有一邊乳房痛）。通常治療最少數天後才開始有些好轉，建議無痛 1 星期後才停藥。

有些專家[5] 指母嬰同步治療可預防交叉感染。如有埋身親餵，即使寶寶的口腔沒有真菌病徵，寶寶也應進行預防性治療，於餵哺後在其口腔塗上抗真菌藥水。

筆者的臨床經驗是七成患者於 2 至 3 週內以抗真菌藥膏成功治癒；其餘三成患者加口服藥物後治癒（見下文）。服用抗真菌藥期間，媽媽可以繼續授乳。

在下次餵哺前，是否須要抹掉乳頭上的藥膏？

媽媽每次出奶後，須在乳頭和乳暈塗上薄薄的一層藥膏。絕大部分的藥膏在下次出奶前已被吸收，因此媽媽亦無須用水清洗乳頭。如果真的看見一些藥膏仍留在乳頭上，可輕輕把它抹去。頻密地用水清洗乳頭會把表皮上用以保護乳頭的正常分泌物抹掉，繼而令乳頭更易受損。詳見第 4.2 篇。

5 • La Leche League GB (2016)
  • Lawrence, R. A., & Lawrence, R. M. (2015). *Breastfeeding e-book: A guide for the medical professional* (8th ed., pp. 467–469). Elsevier.
  • The Royal Women's Hospital. (2018). Breast and nipple thrush. Retrieved from https://www.thewomens.org.au/health-information/breastfeeding/breastfeeding-problems/breast-and-nipple-thrush

其他輔助方法及注意事項 [6]

1. 保持心情愉快及注意個人衛生。
2. 飲食調整：少吃甜食、酵母食品（如麵包、菇類）、牛奶製品（無糖乳酪除外）。
3. 健康食品：葡萄柚籽提取物（grapefruit seed extract）、雙歧桿菌（acidophilus bifidus）。
4. 餵哺後，用稀釋白醋清洗乳頭（1 湯匙白醋加入 1 杯清水）。
5. 避免儲存冰奶：因為在成功治療後，若寶寶吃了之前受真菌感染的冰奶就有機會再次受感染。

治療失敗須找其他原因

若服用適當的抗真菌藥物，而且服用的次數、分量都正確，但疼痛仍在，我們就須要重新評估病因了。與餵哺母乳有關的原因，包括乳管慢性或復發性乳管炎（見下文）、乳頭血管收縮、寶寶結舌等。與餵哺母乳沒有關係的原因，包括肋骨軟骨炎（costochondritis）、隆胸的植入物破裂，或某些皮膚病，如異位性皮膚炎（俗稱濕疹）、銀屑病（俗稱牛皮癬）等（詳見第 7.12 篇），建議盡快找醫生檢查。

---

6   • La Leche League GB (2016)
    • Lawrence, R. A., & Lawrence, R. M. (2015: 467–469)
    • Newman, J. (2017). Candida protocol. Retrieved from http://ibconline.ca/information-sheets/candida-protocol/
    • The Breastfeeding Network. (2017). Thrush and breastfeeding. Retrieved from https://www.breastfeedingnetwork.org.uk/detailed-information/drugs-in-breastmilk/thrush-and-breastfeeding/

慢性或復發性乳管炎

如何理解服用抗真菌藥數週後，乳房仍然痛？醫學界對此情況仍不完全理解，但相信可能是細菌感染。更有「生物膜」（biofilm）的學說，謂細菌自身製造一層膜包圍著自己，附在乳管細胞上，使抗生素不易打入膜。有研究[7]指部分個案的母乳細菌檢測結果呈陽性，而且抗生素能有效治癒部分復發性乳管炎患者。因此，有理由相信部分乳管發炎是細菌感染，或是真菌加細菌感染。詳見〈媽媽們真情分享篇〉第7及8篇。

筆者的觀察[8]

在被診斷為乳管發炎的個案中，有71% 以不超過3星期的抗真菌藥膏治癒；8% 須加上不超過3星期的口服抗真菌藥；其餘21% 須口服抗真菌藥超過3星期或加口服抗生素。

---

7 • Eglash, A., Plane, M. B., & Mundt, M. (2006). History, physical and laboratory findings, and clinical outcomes of lactating women treated with antibiotics for chronic breast and/or nipple pain. *Journal of Human Lactation, 22*(4), 429–433.

• Kent, J., et al. (2015). Nipple pain in breastfeeding mothers: Incidence, causes and treatments. *International Journal of Environmental Research and Public Health, 12*(10), 12247–12263.

• Livingstone, V. H., Willis, C. E., & Berkowitz, J. (1996). Staphylococcus aureus and sore nipples. *Canadian family physician Medecin de famille canadien, 42*, 654–659.

• Livingstone, V., & Stringer, L. J. (1999). The treatment of Staphyloccocus aureus infected sore nipples: A randomized comparative study. *Journal of Human Lactation, 15*(3), 241–246.

8 本書付印時尚未正式發表。

有趣的發現是如須口服抗真菌藥者，病徵不止於乳房疼痛（見表 7.9.2）。而須服用抗生素的組別中，病徵的種類更多，尤以「復發性塞奶」最明顯。須服抗真菌藥超過 3 星期或須加抗生素治療的人中，有 82% 出現「復發性塞奶」的病徵（不須抗生素組別只有 27%）。筆者見過大至直徑 10 厘米的硬塊，媽媽非常疼痛，但不像急性乳腺炎般皮膚發紅或發高燒。即使硬塊體積不小，筆者也從未見過這些硬塊演變成膿腫，通常 1 至 3 天便消散。此外，若乳房皮膚有痕癢紅疹、發燒、奶有膿或帶血者，也有較大機會是細菌感染而須口服抗生素。

結論：依據臨床表徵有效幫助醫生診斷乳管發炎是否細菌感染，並處方適合的藥物。

表 7.9.2：復發性乳管發炎的病徵

病徵	口服抗真菌藥 不超過 3 星期	口服抗真菌藥超過 3 星期或加口服抗生素
乳房疼痛	100%	93%
乳頭小白點	82%	61%
復發性塞奶	27%	82%
乳頭持續損裂	27%	50%
乳房皮膚痕癢，有紅疹	0%	18%
發燒	0%	32%
奶有膿	0%	29%
奶帶血	0%	25%

復發性乳管發炎的原因

筆者有另一個有趣的發現，在這些復發性乳管發炎患者中，有接近三分一於第一胎時也經歷相同的問題。究竟這是遺傳、乳房先天的結構，還是後天環境因素？我們沒有答案。

我們相信真菌和細菌可從破損的皮膚進入乳管，也曾有學者指寶寶口腔內的菌可進入乳管，所以建議化驗寶寶喉嚨樣本。筆者發現有接近七成人有高危因素。兩個最常見的高危因素是乳頭損裂和服用抗生素。不論是相隔數月寶寶的不正確含乳，或是寶寶數天前因出牙而弄損乳頭，都有機會造成復發性乳管發炎。建議媽媽及早尋求母乳指導。至於服用抗生素方面，可早至生產時為乙型鏈球菌帶菌者注射抗生素，近至數日前剛完成乳腺炎的抗生素療程。結論是環環緊扣，預防勝於治療。

治療數週至數月

急性乳腺炎的治療期一般為 10 至 14 天；但學者建議慢性或復發性乳管發炎的治療可以 2 至 6 星期 [9] 或直至病徵消散 1 星期 [10]。治療要有恆心啊！服藥首 2 至 3 週期間，病徵仍會反覆出現，不要灰心！因為當病情逐漸受控制時，復發的次數會逐漸減少。服藥期間繼續哺乳。治療終極目標是痛楚完全消失、不再塞奶、保奶量、繼續開心哺乳。有媽媽經成功治療後，乳頭小白點仍在，無痛的小白點可不用治療。

9　Berens, P., Eglash, A., Malloy, M., & Steube, A. M. (2016: 46–53)

10　Betzold, C. M. (2007). An update on the recognition and management of lactational breast inflammation. *J Midwifery Womens Health, 52*(6), 595–605.

乳頭小白點

有媽媽問：「乳頭生了小白點（white bleb），是否發炎或生瘡，可否繼續餵母乳？」這情況頗常見，究竟原因何在？如何處理？

小白點，多數塞奶

若小白點只有一粒，而且體積細小（直徑 1 毫米或以下）（圖 7.10.1），多數是乳管出口閉塞，擠奶時沒有奶從白點出來。有時還連同整條乳管也閉塞，形成乳房硬塊，詳見第 7.8 篇。其形成的三大原因如下：

- 乳汁凝固成小顆粒阻塞乳頭出口。
- 有一層薄薄的死皮蓋著乳頭。
- 乳頭曾破損，傷口形成癒傷組織（callus），即是所謂的「結痂」。

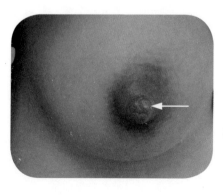

圖 7.10.1
乳頭上有一粒小白點，而且面積細小
（直徑 1 毫米或以下）。

如何處理塞奶小白點？

如果媽媽完全沒有感到疼痛或乳房沒有硬塊，小白點可無須治療，它會在數星期內自動消失。但若感到疼痛，媽媽可嘗試於出奶前暖敷乳頭數分鐘，以便軟化乳頭表面的死皮，然後給寶寶吸吮或擠奶泵奶，讓噴奶的力量將小白點沖走。出奶後，若小白點仍在，可再次暖敷乳頭數分鐘，然後用粗毛巾或消毒過的針輕擦小白點，接著用手指輕輕擠壓小白點後面的位置，嘗試把阻塞在乳管內的東西擠壓出來，就像擠暗瘡似的。若情況沒有改善，建議盡快求診。

大白點，可以是乳管發炎

若白點的體積較大（直徑 2 毫米或以上）（圖 7.10.2）、數目多於一粒（圖 7.10.3），或經重複針挑後白點復發，擠奶時有奶從白點流出來，代表乳管出口並沒有閉塞，而很大機會是乳管發炎（真菌或細菌感染），詳見第 7.9 篇。

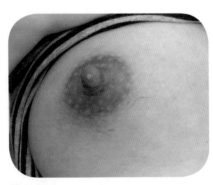

圖 7.10.2
乳頭上有一粒白點，面積較大
（直徑 2 毫米或以上）。

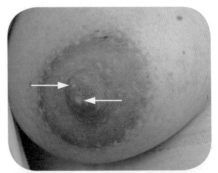

圖 7.10.3
乳頭上有兩粒白點，其中一粒面積較大（直徑 2 毫米或以上）。

不同顏色的母乳

正常母乳是什麼顏色？

正常母乳的顏色是千變萬化的。母乳的顏色與乳清蛋白（whey）和乳酪蛋白（casein）的比例、媽媽的飲食或是否服用某些藥物有關。乳酪蛋白令奶呈白色；乳清蛋白令奶呈微藍色。母乳較多乳清蛋白，所以呈藍白色。牛奶較多乳酪蛋白，所以呈白色。初乳含較多維生素 A 及類胡蘿蔔素，所以偏黃色。

媽媽飲食改變母乳顏色

紅菜頭可令母乳呈粉紅色；含豐富胡蘿蔔素的食物如紅蘿蔔、南瓜可令母乳呈橙黃色；深綠色蔬菜、海帶、海藻、食物顏料可令母乳呈綠色；某些藥物如 minocycline（暗瘡藥）可令母乳呈黑色。

母乳帶血

母乳帶血可令母乳呈粉紅、紅、啡，甚至黑色，視乎血的分量。血可能令奶帶點腥味，有機會令寶寶吃少了奶、不願意吃奶，或嘔奶較

多。但吃了血奶也無損寶寶的身體，繼續哺乳是安全的。多數是乳頭損傷致出血，而損傷的原因大多是含乳不正確。

乳頭沒有損傷但乳汁帶血（圖 7.11.1）的原因如下：

1. 與懷孕期乳腺和血管增長有關，會在懷孕後期或產後首 2 週出現。大多發生於首次懷孕的女士，多數兩邊乳房同時出現，沒有疼痛的感覺，一般於 7 天內自癒。這情況亦稱為「生鏽管綜合症」（rusty pipe syndrome）。

2. 泵奶方法不正確，或過度按壓乳房，導致微絲血管受損。

3. 急性乳腺炎（詳見第 7.8 篇）、慢性或復發性乳管炎（詳見第 7.9 篇）。

4. 若帶血情況持續 2 星期以上，建議找醫生作進一步檢查，看看是否因為患上乳管內的乳頭狀腫瘤（intraductal papilloma）。這是良性的腫瘤，通常只有一邊乳頭出血，可能需要進行手術治療。

圖 7.11.1
乳汁帶血，俗稱「士多啤利奶」。

授乳母親患病宜忌

很多人問：患病的媽媽可否餵哺母乳呢？若她患的是傳染病，會否把細菌或病毒透過乳汁傳染給寶寶？以下就不同的情況一一說明。

感冒

感冒或流感主要是透過接觸患者的飛沫傳播，不是透過乳汁傳播的。無論是否餵哺母乳，注意個人衛生、勤洗手、佩戴口罩及接種預防疫苗是最有效的預防方法。其實媽媽的抗體會透過母乳直接輸送給寶寶，最重要是這些抗體是針對性的，猶如給寶寶度身訂造的疫苗一樣！曾有媽媽說：「全家人都病了，只有初生的小寶寶倖免，相信是母乳的功效吧！」

乙形肝炎帶病毒者

全球約有三億五千萬人是乙型肝炎（hepatitis B）帶病毒者，在東南亞地區，包括香港在內，乙型肝炎帶病毒率處於高水平（高於 8%）。乙型肝炎的母嬰傳播途徑主要是帶病毒的母親於分娩期間將病毒傳染

給嬰兒，這些嬰兒出生後盡快接受乙型肝炎免疫球蛋白注射，可即時減低病毒傳給嬰兒的風險。此外，接種乙型肝炎疫苗亦能有效地保護嬰兒。因此，乙型肝炎帶病毒母親餵哺母乳是安全的。

肺結核

若媽媽患有肺結核（tuberculosis），通常須接受最少 6 個月藥物治療，期間應否繼續授乳，醫學界有不同意見。世界衛生組織建議：只要媽媽接受藥物治療，寶寶亦同時接受預防性的藥物治療，媽媽應該繼續授乳。由於肺結核主要經由空氣傳播，美國兒科學會則建議於服藥的首 2 星期，媽媽宜暫時與寶寶分開及停止直接授乳；期間應定時擠或泵奶，放出的奶可給寶寶飲用。藥物治療能有效減低肺結核的傳染機會，服藥 2 星期後媽媽可放心回復直接授乳。治療肺結核的藥物對乳汁和嬰兒沒有不良影響，無須在整個治療過程停止授乳。

糖尿病

糖尿病（diabetes mellitus）患者若選擇餵哺母乳，對母嬰雙方都有好處。對媽媽來說，餵哺母乳的荷爾蒙有助減壓，餵母乳令媽媽覺得自己也是「正常人」，更有助控制病情。對寶寶來說，出生後盡快吃母乳能減少血糖過低的機會。長遠而言，吃母乳的孩子將來更可能減少患糖尿病的機會。

為什麼餵母乳有助控制媽媽糖尿病的病情？大致有兩個解釋：

1. 控制血糖的胰島素和製造母乳的荷爾蒙會互相影響，寶寶吸吮乳房時會提升媽媽的胰島素水平，胰島素能降低血糖，因此有機會減低胰島素注射的劑量。

2. 母乳含乳糖，製造母乳時，媽媽血液內的葡萄糖會進入乳腺中，乳腺把葡萄糖變成乳糖，所以媽媽的血糖水平會降低。

糖尿病患者亦須知道若餵哺母乳，可能會面對以下的挑戰：

1. 若媽媽在產前的血糖水平控制欠佳，寶寶出生後可能會出現血糖偏低的情況。此時，寶寶可能須要與媽媽分開，接受進一步檢查，以致媽媽延遲開始授乳。這個時候，需要醫護人員的支援，幫助媽媽繼續餵哺母乳。

2. 媽媽可能比一般人延遲上奶，須要密切留意寶寶的大小便及體重增長的情況，建議盡早尋求母乳指導。

3. 媽媽的乳頭較容易損裂，乳管較容易受真菌感染，因此要特別注意個人衛生。

4. 餵哺母乳的次數及奶量的多寡會影響媽媽的血糖水平，她或須調節飲食。宜定時作身體檢查及跟進。

5. 產前必須做好各方面的準備，並把病情告知醫生，確保婦產科醫生與內科醫生有良好的溝通，及時跟進病情。

甲狀腺失調症

甲狀腺失調症患者一樣可成功餵哺母乳,不過要注意:媽媽必須定時覆診,確保甲狀腺素維持正常水平,因為甲狀腺素不足會減少奶量。服食甲狀腺素補充劑不會影響母乳餵哺。大部分降甲狀腺素的藥物都是安全的,媽媽無須停止授乳,但服藥前必須請教醫生。放射碘治療可能會破壞寶寶的甲狀腺功能,建議暫停授乳 3 個月,期間必須定時丟掉放出來的母乳。

高血壓、心臟病

研究證實餵哺母乳對患者的血壓和心臟功能沒有不良影響。相反,餵哺母乳的荷爾蒙有助媽媽減壓,對控制血壓反而有幫助呢!大部分降血壓和治療心臟病的藥物都是安全的,媽媽可以繼續餵哺母乳,但服藥前須請教醫生。

非傳染性皮膚病

異位性皮膚炎(俗稱「濕疹」,atopic eczema)(圖 7.12.1)、銀屑病(俗稱「牛皮癬」,psoriasis)的紅疹可以出現在全身不同部位(圖 7.12.2),懷孕或授乳期間病情可能會較反覆或嚴重。若紅疹位於胸部,可引致乳房疼痛。濕疹與牛皮癬都不是傳染病,餵哺母乳是安全的。建議盡快找醫生診斷及治療。

還有一種乳房皮膚病是表皮肉垂（skin tag），常見於人的脖子、腋窩、眼皮、腹股溝等皮膚容易鬆弛處，是一種良性的皮膚病，不會演變成惡性的腫瘤（圖 7.12.3）。只是有時患處會持續增長，患者經常會在穿衣服或活動時不小心夾到它，產生疼痛或不適。表皮肉垂也可能生於乳頭上，通常不影響母乳餵哺。餵哺時若感痛楚，建議先給醫護人員觀察是否因寶寶的含乳嘴形不正確。若寶寶嘴形正確但痛楚依然，建議請教乳房專科醫生看看是否需要治療。

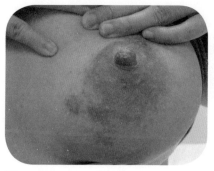

圖 7.12.1
出現在乳房位置的異位性皮膚炎，可引致乳房疼痛。

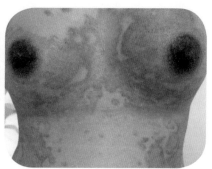

圖 7.12.2
出現在胸部的銀屑病。

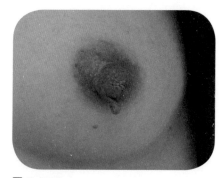

圖 7.12.3
乳頭上的表皮肉垂。

疣（非性器官）

這是頗常見的皮膚病，源於人類乳頭瘤病毒（human papillomavirus），可生在身體不同部位，是靠接觸患處傳染的。若疣生在母乳媽媽的胸部，寶寶含乳時會否受感染？答案是無證據顯示，疣生在母乳媽媽的乳房或乳頭會透過餵哺母乳或乳汁傳染給寶寶。

單純疱疹病毒一型

媽媽身上如果出現疼痛的水泡，應盡快延醫診治，看看是否患單純疱疹病毒一型。疱疹是接觸性的傳染病，若患處遠離乳房位置而寶寶又不會接觸到，媽媽可以繼續授乳。若患處在乳房位置（圖 7.12.4），即寶寶於吃母乳時有機會接觸患處而受感染，建議媽媽盡快接受治療並暫停授乳。停餵母乳期間，須定時出奶以保持奶量，放出的奶要丟掉，不宜飲用。必須待乳房上的水泡變乾後才可回復授乳。

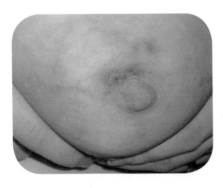

圖 7.12.4
乳房皮膚因感染單純疱疹病毒一型而出現水泡，建議暫停授乳，直至所有水疱變乾。

（照片提供：Amir, L. (2004). Nipple pain in breastfeeding. *Australian Family Physician, 33*, 44–45. @ 2012 *Australian Family Physician.* Reproduced with permission from the publisher, The Royal Australian College of General Practitioners）

水痘

只有 5% 至 15% 的成人體內沒有水痘（chickenpox）（圖 7.12.5）病毒抗體，若這些媽媽在生產前 5 天或生產後 2 天內感染水痘病毒，寶寶來不及透過胎盤及母乳吸收抗體，意味著寶寶有機會受感染，一旦病發，病情也可能較嚴重，所以媽媽要與寶寶暫時分開，並且須為寶寶注射免疫球蛋白，減低傳染的機會。分開期間若媽媽的乳房皮膚沒有水泡，可將放出來的奶給寶寶吃。出水痘前 2 天已開始有傳染性，主要透過空氣傳播。若媽媽在生產 2 天後才感染此病，寶寶可透過母乳吸收足夠的抗體，無須停止餵哺母乳。

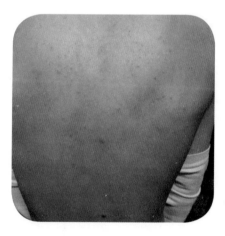

圖 7.12.5
水痘

帶狀疱疹

即是俗稱的「生蛇」（herpes zoster）。此症源自潛伏於神經線的水痘病毒，皮膚表面會出現令人感到疼痛的水泡，是靠接觸患處傳播。只要避免寶寶接觸到患處，便可繼續授乳；若在乳房皮膚上有水泡，建議暫停授乳及棄掉泵出的奶直至水泡變乾。

性病

大部分性病並非透過母乳感染寶寶,所以繼續餵哺母乳是安全的。乳房皮膚上患有梅毒的紅疹,必須於接受藥物治療 24 小時後方可恢復餵哺母乳。

媽媽因病須動手術

若媽媽患病而必須動手術,應先評估康復期有多長然後決定是否停止授乳。如只屬小手術,康復期內可暫停授乳,期間維持擠奶泵奶。至於手術時採用的麻醉藥,有些在手術後很快便會排出體外,建議在手術前先與麻醉科醫生商討,選擇合適的藥物。如決定永久停止授乳,最少於手術前 2 星期開始慢慢斷奶,詳見第 4.22 篇。

乳房長期有粒粒

個案分享

產後 2 個月，經歷兩次乳腺炎，完成抗生素治療後，乳房仍然有兩粒
細小無痛的硬塊。醫護人員告訴媽媽，那些是慢性塞奶，按摩乳房可
以消退這些粒粒。結果按摩數星期後，粒粒仍在。因她家族有乳癌病
歷，她十分擔心粒粒變成癌症。

究竟乳腺炎後的粒粒是否塞奶？如何消退這些粒粒呢？

問與答 [1]

問：母乳媽媽的乳房有粒粒，是什麼原因？

答：可以與餵母乳有關，包括：塞奶、乳腺炎、膿腫、奶泡。也可以
　　與餵母乳無關的，例如：良性水囊、良性纖維瘤、良性脂肪瘤、
　　惡性腫瘤等。乳房持續有粒粒，不能單靠人手臨床檢查，建議盡
　　早以超聲波掃描等方法檢查。

1　Fung, W. H. (2018). Baby Friendly Hospital Initiative Hong Kong Association
　　E-newsletter: Are my breast lumps "chronic" blocked ducts? Retrieved from
　　https://www.babyfriendly.org.hk/wp-content/uploads/2018/05/Baby-Friendly-E-
　　News-May-2018_Are-my-breast-lumps- "chronic" -blocked-ducts_.html

問：乳腺炎完成抗生素療程後，乳房仍然有粒粒，是否仍然塞奶？

答：若乳管閉塞或乳腺炎完全痊癒，即是炎症和粒粒都完全消失。如果紅腫痛熱的炎症消失後，乳房仍存留無痛的細小粒粒，這便是乳腺囊腫（galactocele，俗稱「奶泡」，見第 7.8 篇圖 7.8.1）。

問：什麼是奶泡？

答：奶泡是乳房內的一群細胞圍繞著奶，通常是乳管閉塞和乳腺炎的後遺症。時間久了，奶泡內的水分愈來愈少，所以奶變得稠。奶泡一般持續很久，或者消退得非常慢。奶泡不會影響母乳餵哺或奶量。

問：如何確診奶泡？

答：臨床檢查只可作初步評估，超聲波掃描一般可確診奶泡。如有需要，醫生會決定是否須要刺針抽取細胞化驗。

問：如何治療奶泡？

答：不一定需要治療。也可在超聲波掃描下，用幼針把奶泡抽掉，順道化驗。也可以手術切除。

問：按壓乳房可否令奶泡消退？

答：因為奶泡的結構是一群細胞圍繞著奶，所以按壓乳房並不能推走奶泡。

問：奶泡長期存留，會否變成癌症？

答：奶泡是良性的，並不會演變成癌症。

腋下副乳房

兩邊腋下有腫塊，大小好像乒乓球似的，可能是副乳房（accessory breast）（圖 7.13.1），多於懷孕前已經出現，很多時還有幾個副乳頭（accessory nipple）。上奶時，副乳房組織也會變大、腫脹、疼痛；有時副乳頭也會滴奶呢！副乳房會漸漸回奶，不會影響母乳餵哺。有些人腋下有額外的乳管，有時更會滴出乳汁呢！（圖 7.13.2）這些情況不會影響母乳餵哺的。

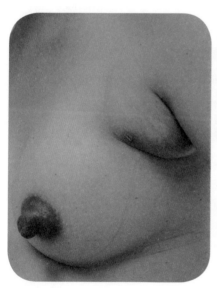

圖 7.13.1
副乳房和副乳頭，腋下好像夾著一個乒乓球似的。

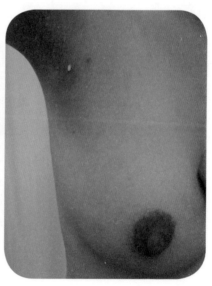

圖 7.13.2
腋下額外的乳管，偶然會有乳汁流出。

授乳媽媽可否接受乳房 X 光檢查？

年紀較輕或正授乳的婦女乳房組織密度較高，較難從 X 光照片檢測到細小的腫塊。若授乳女士須要進行乳房 X 光檢查，建議帶同寶寶一起，先讓寶寶吸吮乳房，乳房內的乳汁稍為減少後可提高 X 光檢查的準確度。X 光檢查不會影響乳汁的質素，檢查後無須停止授乳。

乳房超聲波、電腦掃描或磁力共振檢查對乳汁有影響嗎？

乳房超聲波能有效分辨出囊腫、膿腫和纖維瘤，而且還可幫助引導乳房細針抽吸活組織檢查（即細針活檢，fine needle aspiration biopsy）。基本上，超聲波、電腦掃描和磁力共振對乳汁並無不良影響。造影時如須注射顯影劑，建議查考個別顯影劑是否適合餵哺母乳。

授乳有腫塊，勿延誤求診

曾認識一位年輕的媽媽，她以母乳餵哺她第二個孩子 2 個月，斷奶後不久發現右邊乳房有腫塊，以為自己回奶回得不好，於是不以為意，個半月後才求醫。醫生替她檢查時發現兩個腫塊，已經有 3 至 5 厘米大。轉介到專科作詳細檢查，結果證實是乳癌。幸好經手術和藥物治療後康復進度理想。

另一位是朋友的女兒，不到40歲，都是餵哺母乳的。第二名孩子出生數週後，發現乳房有腫塊，經醫生診斷為乳管閉塞，再過數週產假結束，因為要出外公幹而決定停止授乳，但回奶後腫塊仍無好轉，醫生再次診斷為乳管閉塞，後來輾轉證實是高毒性的乳癌。經手術和藥物治療後她一直表現堅強，但一年多後最終也敵不過癌病而離世。

第三位是朋友的姊姊。2000年，三十出頭的她生下第一個孩子，於餵哺母乳3個月後發現乳房有腫塊，後來證實是乳癌。經治療後康復，可惜癌病復發，於2012年初離世。

這些不同的經歷提醒身為醫者的筆者，對乳房的腫塊千萬不要掉以輕心。除了乳房有腫塊之外，以下是一些不常見的乳癌病徵：

1. 孩子忽然拒絕吸吮一邊乳房（之前願意吸吮兩邊乳房）。醫學上至今未能解釋此現象。
2. 完成抗生素療程後，乳腺炎病徵仍沒有好轉。須進一步檢查是否炎性乳癌（inflammatory carcinoma）。
3. 乳管閉塞或乳腺炎反覆發病，尤其是在同一位置，須進一步檢查是否炎性乳癌。
4. 一邊乳房上出現類似濕疹的的皮膚病徵。

本港婦女的頭號癌症——乳癌

雖然餵哺母乳可能減低乳癌發病的機率，但不等於可以減至零。自 1993 年，乳癌便是本港婦女的頭號癌症，香港癌症資料統計中心 2016 年的數據顯示，全年有 4,108 宗乳癌新症，即平均每日有 11 名女士確診。乳癌是引致死亡的第三位癌症，2016 年有 702 人死於乳癌，僅次於肺癌和大腸癌。雖然與西方國家相比，香港的比率（約 15 名婦女中有 1 人患乳癌）似乎較低，但是數字連年上升，情況值得關注。此外，於 2016 年，有 54% 的患者年齡介乎 40 至 59 歲，年齡中位數為 56 歲，比美國、澳洲和新加坡等地相對年輕。本港最年輕患者只有 20 歲。

3% 乳癌於懷孕或授乳期發病

外國數字顯示大約 3% 的乳癌是在懷孕或授乳期發病，在此期間確診的乳癌有較高機會屬於晚期的乳癌。為什麼？在授乳期間，媽媽若發現乳房有腫塊，通常先會以為是乳管閉塞或乳腺炎，導致延遲求診。求診時，醫生也傾向以為腫塊是乳管閉塞等與餵哺母乳有關的問題，而導致延誤診斷。授乳期間乳腺組織密度較高，用超聲波或乳房 X 光檢查診斷是否患上乳癌也較為困難。

若不幸證實患上乳癌，應及早接受手術、化療或電療，並須於接受治療前 2 星期慢慢斷奶。至於乳癌康復者若懷孕又可否餵哺母乳呢？答案是可以的，正常的那邊乳房可以如常授乳。

媽媽食藥不一定要斷奶

不少人以為授乳媽媽不宜服食任何藥物，即使只是因患上傷風感冒而要服藥，也以為須立即停止餵哺母乳。究竟是否服用任何藥物時都不適宜繼續餵哺母乳？又有多少分量的藥物會經母乳傳給寶寶？

微量藥物進入母乳

其實由母親服用藥物，藥物進入血液，然後進入乳汁，被寶寶吸收，再進入寶寶血液的整個過程十分複雜，大部分的藥物在不同階段已被分解和排出體外，多數只有少於 1% 的分量進入寶寶的血液。醫學界認為少於 10% 已經是安全的。

若須用藥，找「親母乳」的醫生

授乳媽媽應避免自行服用成藥，有病宜徵詢「親母乳」的醫生，意思是不會不經思索，第一句就叫你停止餵奶，又不會模稜兩可地說：「餵母乳大致是可以的，不過最穩妥還是暫停。」他會懂得搜集資料替你選擇適合的治療方案，大原則是「醫好你的病並且盡量讓你繼續餵奶」，亦會周詳地考慮以下多方面的因素：

1. 看看是否有其他非藥物的治療方法或可否延遲治療。
2. 若真的須要服用藥物，「親母乳」的醫生會選擇一些較難滲入母乳的藥物，例如：
   - 體積較大、較容易與血液內的蛋白質連結的藥物，較難滲入母乳。
   - 脂肪溶解度較低的藥物。母乳脂肪含量豐富，因此脂肪溶解度愈低的藥物愈難進入母乳。
   - 較快被排出體外的藥物。
3. 媽媽盡量在餵哺後立即服用藥物，可減少藥物被寶寶吸收的機會。
4. 選擇醫學文獻認可對寶寶安全的藥，Hale 及 LactMed 是常用的參考工具，詳見本章參考資料。
5. 選擇不會影響奶量的藥物。

少數藥物不安全

大部分常用的抗生素和止痛藥（例如撲熱息痛）都是安全的，有些抗抑鬱的藥物亦是安全的。只有少數藥物對餵哺母乳會有不良影響：例如毒品、抗癌的化學治療和放射性藥物（如放射碘，iodine 131）、含鋰（lithium）的精神科藥物、維他命 A、阿斯匹靈（aspirin）、醫治心律不正的胺碘酮（amiodarone）等。

暫時還是永久停餵母乳？

若經醫生確定必須服用對餵哺母乳不安全的藥物，那麼媽媽便要考慮停止授乳。如果服藥的時間短，可考慮暫時停止授乳，不一定永久斷奶的。服藥期間，媽媽必須定時出奶以保持奶量。

7.15

極少數媽媽不宜餵母乳

愛滋病（HIV）

以往在已發展的國家中，愛滋病帶病毒者是不適宜餵哺母乳的。但最新的研究顯示，抗愛滋病病毒的藥物治療能有效減低母嬰傳染的機率。若有接受抗愛滋病病毒的藥物治療，透過懷孕及生產過程感染寶寶的機會可從 15% 至 35% 降低至 0.1%；首 6 個月哺乳期感染寶寶的機會可從 5% 至 20% 降低至 0.3% 至 0.8%；6 至 24 個月哺乳期感染寶寶的機會可從 5% 至 20% 降低至 1.0% 至 1.1%。因此，懷孕期的血液檢測尤其重要。2016 年世界衛生組織公佈，愛滋病已不是絕對不能餵哺母乳的原因了！不過，不同國家有個別考慮的因素，可能仍採取較保守的做法，包括香港。

製造母乳，媽媽每天要額外從食物吸收 500 千卡的熱量，而愛滋病帶病毒者則需要再多 30% 的熱量，即每天額外 650 千卡的熱量。

人類 T 淋巴細胞病毒一型（Human T-cell lymphotropic virus type I）

此病毒可引致某類型白血病和淋巴瘤，媽媽患者可從其血液及餵哺母乳感染寶寶。因此，患者不能餵哺母乳。

濫用藥物

媽媽若正濫用藥物，包括海洛英（heroin），興奮劑如安非他明（amphetamine）、可卡因（cocaine）、搖頭丸（ecstasy），迷幻劑如大麻（cannabis）、天使塵（phencyclidine）等都不適宜餵哺母乳。正戒毒而服用美沙酮的媽媽是可以餵哺母乳的，因為美沙酮本身對寶寶是安全的，而且可減少因媽媽戒毒而引致寶寶出現毒癮發作的不適。

餵哺母乳，知易行難？（增訂版）

本章參考資料

- American Academy of Pediatrics. (2001). The transfer of drugs and other chemicals into human milk. *Pediatrics, 108*(3), 776–789.

- Amir, L. H., & Academy of Breastfeeding Medicine Protocol Committee. (2014). ABM clinical protocol #4: Mastitis. *Breastfeeding Medicine, 9*(5), 239–243.

- Australian Breastfeeding Association. Unusual appearnaces of breastmilk. Retrieved from http://www.breastfeeding.asn.au/bfinfo/unusual-appearances-breastmilk

- Berens, P., Eglash, A., Malloy, M., & Steube, A. M. (2016). ABM clinical protocol #26: Persistent Pain with breastfeeding. *Breastfeeding Medicine, 11*(2), 46–53.

- Betzold, C. M. (2007). An update on the recognition and management of lactational breast inflammation. *J Midwifery Womens Health, 52*(6), 595–605.

- Cantlie, H. B. (1988). Treatment of acute puerperal mastitis and breast abscess. *Can Fam Physician, 34*, 2221–2226.

- Centre for Health Protection（衛生防護中心）. (2010). *Cancer expert working group on cancer prevention and screening: Recommendations on breast cancer screening*. Retrieved from http://www.chp.gov.hk/files/pdf/recommendations_on_breast_cancer_screening_2010.pdf。

- Eglash, A., Plane, M. B., & Mundt, M. (2006). History, physical and laboratory findings, and clinical outcomes of lactating women treated with antibiotics for chronic breast and/or nipple pain. *Journal of Human Lactation, 22*(4), 429–433.

- Fung, W. H. (2018). Baby Friendly Hospital Initiative Hong Kong Association E-newsletter: Are my breast lumps "chronic" blocked ducts? Retrieved from https://www.babyfriendly.org.hk/wp-content/uploads/2018/05/Baby-Friendly-E-News-May-2018_Are-my-breast-lumps-"chronic"-blocked-ducts_.html

- Fung, W. H. (2019). Baby Friendly Hospital Initiative Hong Kong Association E-newsletter: Breast pain without a lump. Retrieved from http://www.babyfriendly.org.hk/wp-content/uploads/2019/08/BFHIHKA-Aug-Newsletter.pdf

第 7 章 ● 媽媽問題篇

- Gibberd, G. (1953). Sporadic and epidemic puerperal breast infections. *American Journal of Obstetrics and Gynecology, 65*(5), 1038–1041.

- Hale, T. W., & Rowe, H. E. (2017). *Medications & mothers' milk* (17th ed., pp. 387–389). New York: Springer Publishing Company.

- Jeanne, S. (2018). Common problems of breastfeeding and weaning. Retrieved from https://www.uptodate.com/contents/common-problems-of-breastfeeding-and-weaning/print?source=see_link

- Kent, J., et al. (2015). Nipple pain in breastfeeding mothers: Incidence, causes and treatments. *International Journal of Environmental Research and Public Health, 12*(10), 12247–12263.

- La Leche League GB. (2016).Thrush and breastfeeding. Retrieved from http://www.laleche.org.uk/thrush/#diet

- Lawrence, R. A., & Lawrence, R. M. (2015). *Breastfeeding e-book: A guide for the medical professional* (8th ed., pp. 411–442, 467–469). Elsevier.

- Livingstone, V. H., Willis, C. E., & Berkowitz, J. (1996). Staphylococcus aureus and sore nipples. *Canadian family physician Medecin de famille canadien, 42*, 654–659.

- Livingstone, V., & Stringer, L. J. (1999). The treatment of Staphyloccocus aureus infected sore nipples: A randomized comparative study. *Journal of Human Lactation, 15*(3), 241–246.

- Newman, J. (2017). Candida protocol. Retrieved from http://ibconline.ca/information-sheets/candida-protocol/

- Odom, E. C., Li, R., Scanlon, K. S., Perrine, C. G., & Grummer-Strawn, L. (2013). Reasons for earlier than desired cessation of breastfeeding. *Pediatrics, 131*(3).

- Tarrant, M., et al. (2010). Breastfeeding and weaning practices among Hong Kong mothers: A prospective study. *BMC Pregnancy and Childbirth, 10*(27).

餵哺母乳，知易行難？（增訂版）

- The Breastfeeding Network. (2017). Thrush and breastfeeding. Retrieved from https://www.breastfeedingnetwork.org.uk/detailed-information/drugs-inbreastmilk/thrush-and-breastfeeding/

- The Royal Women's Hospital. (2018). Breast and nipple thrush. Retrieved from https://www.thewomens.org.au/health-information/breastfeeding/breastfeedingproblems/breast-and-nipple-thrush

- Trimeloni, L., & Spencer, J. (2016). Diagnosis and management of breast milk oversupply. *The Journal of the American Board of Family Medicine, 29*(1), 139–142.

- Veldhuizen-Staas, C. G. V. (2007). Overabundant milk supply: An alternative way to intervene by full drainage and block feeding. *International Breastfeeding Journal, 2*(1), 11.

- Walker, M. (2014). *Breastfeeding management for the clinician: Using the evidence* (3rd ed., pp. 230–231). Burlington, MA: Jones & Bartlett Learning.

- Wiener, S. (2006). Diagnosis and management of Candida of the nipple and breast. *Journal of Midwifery & Womens Health, 51*(2), 125–128.

- Woolridge, M. W. (1995). Nutrition in child health. In D. P. Davies (Ed.). *Nutrition in child health: Based on a conference organised by the Royal College of Physicians of London and the British Paediatric Association* (Chapter 2). London: Royal College of Physicians of London.

- Woolridge, M., & Fisher, C. (1988). Colic, "overfeeding", and symptoms of lactose malabsorption in the breast-fed baby: A possible artifact of feed management? *The Lancet, 332*(8607), 382–384.

- World Health Organization. (2009). *Acceptable medical reasons for use of breast milk substitutes*. Retrieved from http://whqlibdoc.who.int/hq/2009/WHO_FCH_CAH_09.01_eng.pdf

- World Health Organization. (2016). Guidelines on HIV and infant feeding. Retrieved from http://www.who.int/maternal_child_adolescent/documents/hiv-infant-feeding-2016/en/

第
7
章

媽
媽
問
題
篇

第 8 章

嬰兒問題篇

大便的疑惑

大部分父母都十分關注寶寶排便的情況，尤其覺得排便的次數是寶寶健康的指標。其實對吃奶粉或與母乳混合餵哺的嬰兒來說，排便次數是沒有標準的。只有全母乳餵哺的寶寶才可憑大便的次數來評估是否吃到足夠的母乳。排便情況只是眾多指標之一，若要全面評估寶寶是否健康，我們必須依靠多方面的準則，詳見第 4.10 篇。這裡集中談寶寶的大便情況。

正常母乳大便顏色變化多

初生首 5 天內，寶寶的大便會由墨綠色或黑色的黏狀胎糞漸漸變為黃色大便（圖 8.1.1 至圖 8.1.4）。這個變化過程正好與乳房「上奶」的時間配合。不過，第 5 天起，大便的顏色也可介乎黃、綠或褐色。

圖 8.1.1
出生第 1、2 天：
墨綠色或黑色的黏狀胎糞

圖 8.1.2
出生第 3、4 天：
褐色，屬過渡期的大便

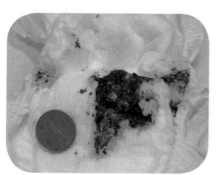

圖 8.1.3
出生第 3、4 天：
綠色，屬過渡期的大便

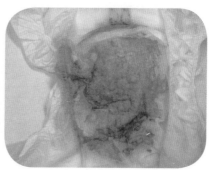

圖 8.1.4
出生第 5 天起：
黃色大便

大便反映吸吮能力

對剛出生首月、全母乳餵哺的寶寶而言，排便的情況是一項重要的指標，因可反映寶寶的吸吮能力。吸吮能力高的寶寶能吃到足夠的後奶，亦即吸收足夠的熱量，因為「後奶」的脂肪含量較高，是大部分熱量的來源。相反，吸吮能力中等的寶寶只吃到「前奶」，代表乳糖和水分的吸收足夠，寶寶會有小便；但由於吃不夠後奶，排便的次數就很少。吸吮能力非常不足的寶寶，連前奶都吃不夠，結果大小便也不足夠，見表 8.1.1。滿月前，大部分吃到足夠母乳的寶寶每天會有兩次或以上相當分量的大便，相當分量是指不小於 2.5 厘米（即港幣 1 元的大小）（圖 8.1.5）。不過亦有些寶寶每天只排便一次，但每次分量較多。

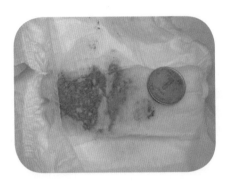

圖 8.1.5
每次相當分量的大便：不小於港幣
1 元（即直徑 2.5 厘米）

表 8.1.1：吸吮能力與大小便分量的關係

吸吮能力	小便	大便
有效（前後奶都吃得夠）	足夠	足夠
中等（吃到前奶，但吃不夠後奶）	足夠	不夠
乏效（前後奶都吃不夠）	不夠	不夠

除了大便次數之外，大便的樣式也是重要的指標。若寶寶吃到足夠
的「後奶」，大便會呈稀爛、糊狀或柔軟帶小顆粒（圖 8.1.6 至圖
8.1.8）。相反，如果寶寶沒吃到足夠的「後奶」，大便會呈水樣，多
泡，像腹瀉似的（圖 8.1.9）。關於「後奶」，詳見第 4.9 篇。筆者的老
大和老三在出生最初數星期都因吸吮乳房的情況不理想，以致除了體
重增長緩慢之外，大便的次數、分量和質地也不如理想。最初筆者還
以為小便次數足夠已經代表正常呢！後來，經過補充泵出的母乳，加
上他們的吸吮能力逐漸改善，體重慢慢回升，這時，大便終於出現小
顆粒了！

母乳寶寶的正常大便

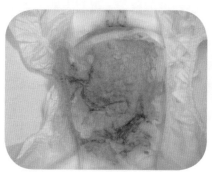

圖 8.1.6
稀爛

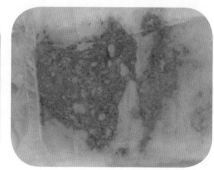

圖 8.1.7
糊狀

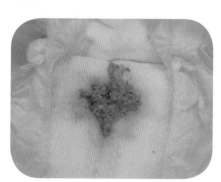

圖 8.1.8
柔軟而帶小顆粒

不正常的大便

圖 8.1.9
呈水樣，多泡

寶寶肚瀉可以繼續吃母乳嗎？

寶寶肚瀉無須停止吃母乳，但必須找出肚瀉的原因，對症下藥。最常見的原因是吃不夠高脂肪的「後奶」。只要媽媽改變餵哺的模式（詳見第 7.5 篇），情況可於 3 至 5 天內改善。但若肚瀉次數愈趨嚴重、大便有血或帶黏液，建議盡快看醫生，檢查是否患上腸發炎等病症。若確診腸發炎，媽媽應繼續餵哺母乳。因母乳內有豐富的營養和水分，能減少寶寶脫水的風險；而且母乳內的生長因子能幫助修補因發炎而受損的腸臟。此外，有些寶寶生病時胃口欠佳，什麼都不願吃，往往只肯吃母乳，父母就不用擔心會餓壞寶寶了！

嬰幼兒便秘——問與答

問：初生寶寶大便頻密，但滿月後隔日才排便，是否不正常？

答：初生嬰兒排便通常較頻密，尤其母乳寶寶，因為母乳有輕瀉作用。滿月後，排便次數通常減少，有時甚至超過數天沒有大便。只要寶寶精靈、有放屁、肯吃奶和大便柔軟，便不用擔心。如整天沒有放屁等，建議求診。

問：怎樣才算便秘？

答：便秘的定義主要看大便是否乾硬和排便是否有困難，不只是看排便的次數。正常排便規律因人而異。如果大便柔軟，排便時沒有異常困難，即使不是每天排便，也不算便秘。

餵哺母乳，知易行難？（增訂版）

問：多少天沒有排便須求診？

答：日子沒有上限標準。若整天沒有放屁、胃口差、異常嘔吐等，建
　　議求診。

問：吃奶期便秘，是否須飲水？

答：沒有醫學證據證明額外飲水可以幫助軟化大便或增加大便次數。
　　母乳寶寶較少便秘，因為母乳的成分有軟化大便作用。若奶粉寶
　　寶便秘，必先確保正確沖調奶粉，不要稀釋奶粉。大便的質地與
　　奶粉的添加成分有些關係，若便秘情況持續，可考慮轉用其他牌
　　子的奶粉。關於如何轉奶粉，詳見第 10.7 篇。

問：幼兒便秘有什麼原因？

答：飲食習慣有改變，如轉奶粉初期、引進固體食物初期；如廁訓練
　　初期；生活規律有改變，如上幼稚園初期；其他原因，如肛門損
　　傷、缺乏運動、情緒困擾等。治療便秘須針對其原因。

大便帶血

母乳寶寶大便帶血有很多原因，如肛門裂、腸套疊、腸炎等，建議盡
快求診。腸炎除了感染性之外，還有敏感性的原因。寶寶可透過母乳
接觸致敏原，如牛蛋白、蛋、花生及小麥，當中以牛蛋白敏感較常
見，約 2% 至 3% 兩歲前的嬰幼兒有此問題。寶寶對牛蛋白敏感，可有
三大類病徵：

1. 直腸結腸炎：大便稀爛、帶血、帶黏液、肚瀉。

2. 皮膚：紅疹、濕疹。

3. 呼吸系統：鼻敏感、哮喘。

若懷疑母乳寶寶有牛蛋白敏感，其中一個臨床診斷方法是「先戒口、後再吃」（elimination and reintroduction）。母乳媽媽須戒食牛蛋白2至4星期，期間繼續餵母乳。如戒口期間，寶寶的敏感情況有好轉，媽媽可恢復食牛蛋白。恢復食牛蛋白後，若寶寶的敏感情況再轉差，大概可證實寶寶有牛蛋白敏感症了。無須停餵母乳，但媽媽須繼續戒食牛蛋白，並且建議寶寶在9至12個月大前（或最少6個月內）避免進食牛蛋白。相反，如在戒口期間，寶寶的敏感情況沒有好轉，應代表寶寶並非對牛蛋白敏感，所以，媽媽可恢復進食牛蛋白，並繼續餵哺母乳。此外，母乳媽媽戒口期間，須保持均衡飲食，有需要時可服用營養補充劑。

本篇參考資料

- Jarvinen-Seppo, K. M. (2017). Milk allergy: Clinical features and diagnosis. Retrieved from https://www.uptodate.com/contents/milk-allergy-clinical-features-and-diagnosis
- Vandenplas, Y., et al. (2007). Guidelines for the diagnosis and management of cows milk protein allergy in infants. *Archives of Disease in Childhood, 92*(10), 902–908.

餵哺母乳，知易行難？（增訂版）

鎮定面對「勁」收水

九成寶寶收水少於 10%

胎兒在母體內不用呼吸。由出生的一刻開始須要呼吸,肺部擴張,血液循環系統及荷爾蒙即時作出改變,會排出身體部分的水分。結果,出生首數天體重會正常地下降,俗稱「收水」。收水的百分比可用以下方程式計算:

$$收水百分比 = \frac{出生體重－當日體重}{出生體重} \times 100\%$$

對於吃母乳的寶寶來說,收水的中位數約 7%,代表有五成寶寶的收水少於 7%;而九成寶寶的收水少於 10%[1]。除了排出部分水分之外,排出胎糞也是正常收水的原因。第 2 至 3 日上奶後,奶量提升了,若寶寶吃到足夠的奶,體重通常在第 3 日便會止跌,第 5 日開始升。大部分寶寶在 14 日內會回升至出生的體重,只有 5% 的寶寶需要 18 日,3% 需要 21 日。吃奶粉的寶寶平均收水較少(九成少於 7%),而且體重較快回升,這是因為吃奶瓶比較容易,而吸吮乳房需要較多時間學習。

1　Macdonald, P. D. (2003). Neonatal weight loss in breast and formula fed infants. *Archives of Disease in Childhood–Fetal and Neonatal Edition*, *88*(6).

罕見高血鈉脫水症

正在學習吃母乳但卻吃得不好的初生寶寶有輕微機會出現「高血鈉脫水症」（hypernatremic dehydration），這種脫水情況與一般因肚瀉引起的脫水很不相同。2013 年英國一個研究[2] 顯示，這種與全母乳餵哺有關的高血鈉脫水症是十分罕見的，約 100,000 出生人口中只有七個個案，收水中位數是 19.5%，住院中位數是 5 天，病者能完全康復，並且沒有嚴重後遺症。及時母乳指導能避免此症。希望讀者明白此點後，面對寶寶收水時能保持鎮定。

鎮定面對「勁」收水

筆者的老大在初生數週體重增長較慢，須要補充泵出來的母乳 2 至 3 個星期，出生 21 天後才回升至出生時的體重。吃奶最出色的老二完全不用補奶，也需要 18 天才回升至出生時的體重。最「厲害」的是老三，最低位是第十天，收水 15%，滿月才回升至出生時的體重。關於補奶，詳見第 7.4 篇。也許曾親歷老三大幅收水 15% 的情況，所以筆者日後見到類似情況也不太驚慌。收水多於 10% 或超過 14 天仍未回升至出生體重的母乳寶寶，很可能代表寶寶吸吮乏效。當然不能掉以輕心，應給醫護人員檢查是否有其他問題。若是寶寶的吸吮有問題，在醫護人員的專業指導下，可讓寶寶學習得快些，詳見第 3.5 篇。

2　Oddie, S. J., Craven, V., Deakin, K., Westman, J., & Scally, A. (2013). Severe neonatal hypernatraemia: A population based study. *Archives of Disease in Childhood–Fetal and Neonatal Edition, 98*(5).

醫生媽媽也要「補奶」

身為有志推廣母乳餵哺的醫生，筆者對餵哺母乳有一份堅持，覺得應身體力行去做好這件事。正因如此，當年在考慮是否補奶的過程中也有多番掙扎。

第一次當媽媽時，大女兒因為含乳嘴形不正確（或者說她的吸吮能力不足），出生後 21 天體重才回升至出生時的水平，期間需要補充泵出來的母乳 2 至 3 星期。吃奶技巧最出色的老二完全不用補奶，不過也要 18 天才回升至出生時的體重。第三次當媽媽時，心裡一直充滿信心，希望老三不用補奶。怎料老三的體重不斷下降，最低位是出生第十天，較出生時的體重還輕了 15%（九成寶寶的收水少於 10%）。當時很多醫生朋友都不約而同地建議筆者擠奶泵奶及補奶，以免兒子的體重直線下降或對身體造成不良後果。當時心情很是複雜，一方面擔心孩子的身體狀況，但另一方面又覺得補奶是失敗的表現，而且擔心兒子長期要依靠補奶，會漸漸變得不懂直接吸吮乳房呢！

最後筆者還是接受了朋友的建議，從老三出生後第十天起開始泵奶及補餵泵出來的母乳。要花的工夫多了，因為要直接授乳之餘，又要泵奶，幸好補奶的任務可交給家人代勞。此後兒子的體重漸漸回升，大便沒有之前那麼稀爛，滿月時剛好回升至出生時的體重。結果他不但沒有依賴補奶，而且吸吮能力還不斷進步。後來筆者可以把補奶的分量和次數逐漸減少，直至他 6 個星期大時，終於可完全戒掉補奶了。

在老三須要補奶的 1 個月裡，筆者嘗試正面地去面對：

1. 首先，不要把補奶視作失敗，尤其若補餵的是擠或泵出來的母乳而非奶粉。

2. 當老三出生時，他的兄姊只有 3 歲和 5 歲，筆者要照顧三個小寶貝確實很吃力。日間泵出母乳讓家人餵給小老三的做法，使筆者能騰出時間照顧老大和老二。

3. 把補奶看成「提前上班」，因為 2 個月的產假結束後，筆者也須要日間泵奶。

4. 筆者堅信吸吮乳房（相對擠奶泵奶）會有額外及長遠的好處，堅持不做「全泵媽媽」，讓老三繼續學習吸吮乳房。

5. 寶寶懂得吸吮乳房而媽媽又懂得擠奶泵奶是最成功的，因為可靈活面對不同的情況。

短暫補奶，是成功的踏腳石

補奶有三重目標：增加體重、提升吸吮能力和調高奶量。補奶首選是擠或泵出來的母乳；擠或泵奶不太多時，可暫補奶粉。記住，黃金調奶期是首 3 至 5 週。若只補奶粉，只能增加寶寶的體重，但很難達到另外兩個目標，更會有反效果——調低奶量呢！在出生後 3 至 5 個星期的學習期裡，有些寶寶的確須要以補奶來輔助。筆者常常鼓勵須要補奶的媽媽：「只有兩個方法把乳房內的奶放出來：就是吸吮和擠奶泵奶。補奶並不完全代表你失敗，多數是因為寶寶正學習吸吮乳房或吸吮能力不足。他可能已經從乳房吸吮了一些奶，譬如六至七成，他需要你幫他一把，將剩餘的乳汁放出來餵給他。」每次補奶的分量、每

天補奶的次數及補多少天要視乎寶寶的情況。供參考：有些寶寶每天須要補奶 6 至 8 次，每次約 30 毫升，並維持數星期。底線是每天最少六塊較重濕片，其他指標，詳見第 4.10 篇。

什麼情況須考慮補奶？

1. 寶寶與媽媽分開。
2. 寶寶不懂吸吮乳房，例如早產的寶寶。
3. 媽媽正在服用某些不適宜哺乳的藥物（大部分藥物是適宜在哺乳期服用的，詳情可向醫護人員查詢）。
4. 寶寶身體出現脫水現象。
5. 寶寶的體重增長欠佳（例如收水多於 10%、出生 14 天後仍然未回升至出生時的體重、每星期增長少於 125 克、每個月少於 500 克）。
6. 經醫護人員指導後，寶寶的吸吮持續乏效，或證實奶量不夠。

半數人收水多於 7%

收水中位數是 7%，表示半數寶寶收水多於 7%。遇到寶寶收水多於 7%，要保持鎮定的不僅是家長，還有醫護人員，不要自亂陣腳！半數寶寶須要補奶粉嗎？收水 7% 是個警號，不是要立即補奶，而是應盡快讓熟悉母乳餵哺的醫護人員評估寶寶的吸吮、大小便，以及媽媽奶量等情況，才決定是否需要補奶。如何尋找合適的醫護人員幫助你渡過這難關，請參考第 3.5 篇。供大家參考下表概括哪些情況需要補奶。

表 8.2.1：什麼情況須補奶？

體重	補母乳	補奶粉
收水不超過 7%	✗	✗
出生 14 天內 回升至出生時體重	✗	✗
收水 7.1% 至 9.9%	✓ 或 ✗	✓ 或 ✗
收水 10% 或以上	✓	✓ 或 ✗*
出生 14 天後仍未 回升至出生時體重	✓	✓ 或 ✗*
每星期增長少於 125 克、 每個月少於 500 克	✓	✓ 或 ✗*

* 如擠奶泵奶的分量不足夠，便須補奶粉。

待寶寶長大些，才減補奶

由於須要補奶的寶寶大多是因為吸吮能力不足和體重增長不理想，而且學習吸吮乳房需時，所以減退補奶是不能心急的。試過補奶幾天後寶寶體重驟升便心急減補奶，結果幾天後寶寶體重回落，於是又要再次增加補奶。為免心情及補奶分量同時大上大落，必須待寶寶長大些，吸吮能力有明顯進步及體重有穩定升幅時才開始減少補奶，因此補奶通常最少維持 2 星期。減補奶時可先減分量，然後減次數。

本篇參考資料

- Macdonald, P. D. (2003). Neonatal weight loss in breast and formula fed infants. *Archives of Disease in Childhood–Fetal and Neonatal Edition, 88*(6).
- Oddie, S. J., Craven, V., Deakin, K., Westman, J., & Scally, A. (2013). Severe neonatal hypernatraemia: A population based study. *Archives of Disease in Childhood–Fetal and Neonatal Edition, 98*(5).

為退黃疸要停餵母乳？

生理性黃疸是「正常過程」

朋友以全母乳餵哺 5 日大的兒子，兒子吃奶進度不錯，體重只輕微下降，但因嚴重黃疸要留院照燈，3 日後出院。留院期間，醫生對她說：「最好讓孩子暫時吃些奶粉，待黃疸情況稍為好轉才多餵些母乳吧！」醫生的話令她感到內疚和自責，將嚴重黃疸歸咎於母乳。醫生既沒有進一步解釋為何孩子要暫時轉吃奶粉，也沒有提醒媽媽若暫停授乳也要出奶。筆者安慰她之餘，亦要同時讓她對新生嬰兒黃疸有更正確的了解。其實，大部分新生嬰兒黃疸屬於生理性新生嬰兒黃疸（physiological neonatal jaundice），由於新生嬰兒的紅血球分解速度較快，而且肝臟仍未發育成熟，不能迅速處理紅血球分解後所產生的膽紅素，膽紅素積存在體內便會形成黃疸，使嬰兒的皮膚和眼白呈發黃的現象，高峰期是第 4 至 5 天，約在 2 星期內自然消退。無論是吃母乳或奶粉，新生嬰兒都有機會出現生理性黃疸。亞裔嬰兒出現生理性黃疸的指數可能較高。出生週數與黃疸的程度也有關係，38 週或以上出生的嬰兒的黃疸指數可能較低。早產嬰的肝臟功能較弱，生理性黃疸的高峰期會較遲出現（第 6 至 7 天），黃疸指數會較高，也可能維持較長時間（約 3 個星期）。

曬太陽、飲水不幫助退黃

曬太陽並不能幫助退黃，曬太陽主要為皮膚製造維生素 D。不要以為補充葡萄糖水或清水可以幫助減退黃疸，因為這樣只會減低寶寶吃奶的胃口，令他少吃了熱量豐富的奶，對其黃疸不但沒有幫助[1]，反而會有反後果呢！

某程度黃疸可以「保腦」

雖然黃疸指數太高（但沒有確定的界線），可能會進入腦細胞造成傷害，稱為「核黃疸」，但是某程度的黃疸，原來有保護腦部的作用[2]！有研究[3]指黃疸指數低於 340 μmol/L，有抗氧化作用，反而可保護腦部受損呢！

嚴重黃疸屬少數

60% 至 70% 足月寶寶有黃疸（即血清膽紅素水平超過 85 至 119 μmol/L）[4]。黃疸程度頗高以上屬少數，嚴重至極嚴重程度屬極少數：

1　American Academy of Pediatrics. (2004). Management of hyperbilirubinemia in the newborn infant 35 or more weeks of gestation. *Pediatrics, 114*(1), 297–316.

2　Mcdonagh, A. F. (1990). Is bilirubin good for you? *Clinics in Perinatology, 17*(2), 359–369.

3　Shahab, M. S., Kumar, P., Sharma, N., Narang, A., & Prasad, R. (2008). Evaluation of oxidant and antioxidant status in term neonates: A plausible protective role of bilirubin. *Molecular and Cellular Biochemistry, 317*(1–2), 51–59.

4　Walker, M. (2014). *Breastfeeding management for the clinician: Using the evidence* (3rd ed., pp. 337–348). Burlington: Jones and Bartlett learning.

表 8.3.1：黃疸的不同程度 [5]

黃疸程度	血清膽紅素水平 μmol/L	佔百分比
頗高	290 或以上	5%
嚴重	340 或以上	2%（每 50 人有 1 人）
非常嚴重	425 或以上	0.15%（每 700 人有 1 人）
極嚴重	510 或以上	0.01%（每 10,000 人有 1 人）

這些情況可能增加嚴重黃疸的機會 [6]：

- 寶寶的兄姊曾因黃疸照燈
- 東亞洲裔
- 早產
- 母嬰血型不吻合
- 葡萄糖 -6- 磷酸脫氫酶缺乏症（G6PD deficiency）
- 黃疸始於出生首 24 小時
- 全母乳但吸吮乏效（飢餓性黃疸），詳見下文
- 頭血腫（cephalohematoma）

黃疸指數有多高才會增加核黃疸的風險？答案是沒有標準界線。可幸是近十多年 [7] 核黃疸個案已進一步減少：

足月：每 100,000 人有 5.1 個（1988 年）

足月：每 100,000 人有 1.5 個（2005 年）

早產：每 100,000 人有 4 個（2005 年）

5　Newman, T. B., et al. (1999). Frequency of neonatal bilirubin testing and hyperbilirubinemia in a large health maintenance organization. *Pediatrics, 104*, 1198.

6　American Academy of Pediatrics (2004: 297–316)

7　Burke, B. L., et al. (2009). Trends in hospitalizations for neonatal jaundice and kernicterus in the United States, 1988–2005. *Pediatrics, 123*(2), 524–532.

嚴重黃疸令寶寶嗜睡？

有人觀察到嚴重黃疸的寶寶較嗜睡，但箇中醫學原理不太清楚。輕微至中等程度的黃疸未必會令人嗜睡，不要假設所有黃疸的嬰兒都嗜睡或吃得不好。

預防嚴重黃疸

雖然嚴重黃疸屬少數，核黃疸更加少，但絕對不能掉以輕心。在初生首 2 週，尤其於黃疸高峰期（足月：第 4 至 5 天；早產：第 6 至 7 天）檢測黃疸指數，能有效避免嚴重黃疸的出現。若家長讓醫護人員密切監測黃疸的情況，嚴重黃疸應該可以避免的。建議出院 48 小時內給醫護人員監測黃疸、量度體重及評估吃奶情況。中等程度黃疸可先利用「黃疸機」（jaundice meter）量度膽紅素皮膚指數（transcutaneous bilirubin）。若皮膚指數高，便須抽血確定血清膽紅素（serum bilirubin）水平了。因此，要抽血並不一定代表嚴重黃疸！

照燈治療——穩妥的安全網

照燈（phototherapy）是利用光能量將部分膽紅素轉化，然後排出體外。醫生會因應血清膽紅素水平、出生週數、年齡等因素，決定是否需要照燈治療。照燈的界線一般定得很安全，「頗高黃疸」已經要照燈了！目標是避免頗高黃疸升高至嚴重或以上程度，從而減低核黃疸的風險。因此，照燈並不一定代表嚴重黃疸，大多只是「頗高」罷了！

結論：新生嬰兒黃疸是「正常的過程」。只要定期給醫護人員監測，便無須過分擔心。

飢餓性黃疸 [8]

因寶寶吃不夠奶，而導致體重下降超過 10%，以及加劇了的生理性黃疸，醫學上稱為飢餓性黃疸（starvation jaundice）。這情況較多出現於全母乳寶寶。為什麼？

出生前，胎兒在媽媽體內，不用吃奶，也不用呼吸。出生後，吸吮乳房須協調「吸吮、吞奶、呼吸」一連串的動作。這些協調是需要時間學習的，學習進度有快有慢。學習較慢者有機會加劇黃疸。奶瓶餵哺所需技巧較少，吃奶沒難度，有飢餓性黃疸的機會較低。遇到這情況，有些媽媽或會怪責自己，說：「因為我堅持餵母乳，所以令寶寶黃疸！」其實媽媽也不用內疚，因為每個寶寶學習吸吮乳房的進度不同。

結論：並非母乳的成分直接造成嚴重黃疸，而是吸吮乏效所致。

全母乳飢餓性黃疸，補奶粉不是唯一方法

補奶有三重目標：增加體重、提升吸吮能力和調高奶量。這些寶寶因體重過分下降，還是需要短期補奶的。補奶的首選是擠或泵出來的母乳，次選是奶粉。擠或泵奶不太足夠時，便須暫補奶粉。除了繼續吸吮乳房及提升哺乳技巧外，媽媽還須學習擠或泵奶，把寶寶未能吸吮的奶放出來並餵給他吃。再強調，不是母乳的成分加劇黃疸，所以

8 • American Academy of Pediatrics (2004: 297–316)
  • Bertini, G., Dani, C., Tronchin, M., & Rubaltelli, F. F. (2001). Is breastfeeding really favoring early neonatal jaundice? *Pediatrics, 107*(3).
  • Flaherman, V. J., et al. (2017). ABM clinical protocol #22: Guidelines for management of jaundice in the breastfeeding infant 35 weeks or more of gestation. *Breastfeeding Medicine, 12*(5), 250–257.

第 8 章 ● 嬰兒問題篇

補母乳絕對沒有問題！如能順利擠奶泵奶，奶量也會調高。若只補奶粉，可能錯過了黃金調奶期呢！建議盡早尋求專業母乳指導。

黃疸指數高，不要假設吃得不好

膽紅素主要隨大便排出，所以消退黃疸最有效方法是讓寶寶吃足夠的奶。無論吃什麼奶，吃得夠便有機會令黃疸退得快些；吃得不足夠可能令黃疸指數升高。但話說回來，又不能說所有嚴重黃疸的寶寶都是因為吃得不好。吃得不好也未必有嚴重黃疸。故此，吃得好不好與黃疸消退快慢的相互關係，不能一概而論，詳見以下例子。

吃得不好，不一定嚴重黃疸

以筆者個人為例，老大和老三最初幾個星期都吃得不好，收水多，體重又升得慢，但幸好黃疸只是中等程度，不用照燈。因此吃得不好，不一定有嚴重黃疸。

吃得夠也可嚴重黃疸

友人是兒科醫生，其女兒出生後吃母乳吃得很好，但入院照燈後黃疸指數仍高企，差點兒要進行換血治療。幸好檢查過身體沒有其他問題，後來黃疸完全消退，現在健康成長。由此可見，吃得夠也有機會出現嚴重黃疸。筆者也曾見過一些吃奶粉又吃得好的寶寶也要入院照燈呢。

「母乳性黃疸」正常持續 3 個月 [9]

黃疸超過 2 週稱為持續黃疸，不常見原因如膽管閉塞，但絕大多數屬原

9　Walker, M. (2014: 337–348)

因不明，也以母乳寶寶居多，不多於三分一母乳寶寶有此情況。這現象稱為「母乳性黃疸」（breastmilk jaundice），黃疸維持 2 至 3 個月。筆者將這現象看成一個形容詞，形容這些精靈健康寶寶的情況。這是正常現象，不是疾病，也不影響身體及腦部健康，更無須停止哺乳。

醫學界對「母乳性黃疸」的原因雖有不同理論，但真正原因仍未清楚了解。例如：母乳內的酶（beta-glucuronidases）或 UDPGT 酶的基因突變，以致減少膽紅素的新陳代謝。

以前有醫生建議暫停餵母乳來測試是否「母乳性黃疸」，並以此來消退黃疸，但這做法已不合時宜了。若懷疑黃疸持續超過 2 至 3 週，建議給醫護人員檢查清楚。若證實黃疸持續，須抽血檢驗肝功能等，以排除其他健康問題，例如先天性膽管閉塞。如果結果正常，家長便無須擔心，並可安心繼續哺乳。

為加快消退黃疸而放棄餵母乳，值得嗎？

一個對超過八千名在本港出生的兒童所進行的數據分析[10] 顯示，雖然吃母乳的寶寶需在出生後首 3 個月因黃疸而要看醫生或住院的比率較高，但長遠並沒有不良的影響。另一方面，以全母乳餵哺 3 個月以上的寶寶比吃奶粉的寶寶有較多長遠的好處，詳見第 1.4 篇。若對生理性新生嬰兒黃疸缺乏透徹了解而過分擔心，可能會錯過黃金調奶期和學習期，或太快使用奶瓶餵哺。因此，家長須從各方面衡量得失，作知情決定。聰明的你會否為一棵樹而放棄整個森林？

---

10 Leung, G. M., Lam, T.-H., Ho, L.-M., & Lau, Y.-L. (2005). Health consequences of breast-feeding: Doctors' visits and hospitalizations during the first 18 months of life in Hong Kong Chinese infants. *Epidemiology, 16*(3), 328–335.

第 8 章 ● 嬰兒問題篇

本篇參考資料

- American Academy of Pediatrics. (2004). Management of hyperbilirubinemia in the newborn infant 35 or more weeks of gestation. *Pediatrics, 114*(1), 297–316.
- Bertini, G., Dani, C., Tronchin, M., & Rubaltelli, F. F. (2001). Is breastfeeding really favoring early neonatal jaundice? *Pediatrics, 107*(3).
- Burke, B. L., et al. (2009). Trends in hospitalizations for neonatal jaundice and kernicterus in the United States, 1988–2005. *Pediatrics, 123*(2), 524–532.
- Flaherman, V. J., et al. (2017). ABM clinical protocol #22: Guidelines for management of jaundice in the breastfeeding infant 35 weeks or more of gestation. *Breastfeeding Medicine, 12*(5), 250–257.
- Leung, G. M., Lam, T.-H., Ho, L.-M., & Lau, Y.-L. (2005). Health consequences of breast-feeding: Doctors' visits and hospitalizations during the first 18 months of life in Hong Kong Chinese infants. *Epidemiology, 16*(3), 328–335.
- Mcdonagh, A. F. (1990). Is bilirubin good for you? *Clinics in Perinatology, 17*(2), 359–369.
- Newman, T. B., et al. (1999). Frequency of neonatal bilirubin testing and hyperbilirubinemia in a large health maintenance organization. *Pediatrics, 104*, 1198.
- Shahab, M. S., Kumar, P., Sharma, N., Narang, A., & Prasad, R. (2008). Evaluation of oxidant and antioxidant status in term neonates: A plausible protective role of bilirubin. *Molecular and Cellular Biochemistry, 317*(1–2), 51–59.
- Walker, M. (2014). *Breastfeeding management for the clinician: Using the evidence* (3rd ed., pp. 337–348). Burlington: Jones and Bartlett learning.
- 衛生署家庭健康服務網址。見 https://www.fhs.gov.hk/tc_chi/health_info/child/15666.pdf。

餵哺母乳，知易行難？（增訂版）

結舌——「黐脷筋」

有人說結舌與說話咬字不清和哺乳困難有關，於是以「剪脷筋」去解決這些問題；但另一方面有人覺得結舌是不存在的，「剪脷筋」是不必要的。究竟誰是誰非？

什麼是結舌？

舌頭下面有一片組織，即舌繫帶（frenum 或 frenulum，俗稱脷筋），在胎兒成長時負責引導口部的發展。懷孕後期，舌繫帶會演變成一塊薄膜，令舌頭可靈活伸縮。不過，少數人的舌繫帶比較短、缺乏彈性或附著太靠近舌尖位置，令舌頭的活動受阻，這情況稱為結舌、舌繫帶過緊或俗稱「黐脷筋」（tongue tie, ankyloglossia）（圖 8.4.1）。統計數字指，有 1.7% 至 10.7% 人有結舌的問題。有家族傾向性，早產及男性較多。

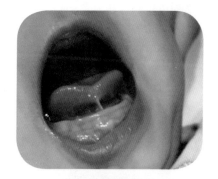

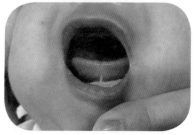

圖 8.4.1
結舌，俗稱「黐脷根」。

「結舌」可致哺乳問題 [1]

舌頭是「有效吸吮乳房」的重要器官之一，詳見第 4.7 篇。不是所有結舌寶寶都有哺乳問題。從上世紀九十年代起，有病例報告指結舌與哺乳問題有相關性，詳見表 8.4.1。懷疑結舌或有哺乳問題者，母乳顧問須評估及指導其哺乳技巧。如情況沒有改善，可考慮進行舌繫帶鬆解術。

表 8.4.1：結舌與哺乳問題

寶寶問題	媽媽問題
• 拒絕含乳 • 在乳房上掙扎 • 無法持續含乳 • 吸吮時發出聲音 • 含乳時睡著 • 吸吮時間異常長但仍不滿意 • 吸吮乳房後極度疲倦 • 體重增長欠佳 • 肚風異常多 • 回奶或嘔吐異常多	• 吸吮時乳頭疼痛 • 乳頭損裂 • 乳頭被壓扁 • 吸吮後乳房仍脹奶 • 奶量調低 • 經常乳管閉塞、乳腺炎

「結舌」可致奶瓶餵哺問題 [2]

雖然吸吮奶瓶需較少技巧，嚴重程度的結舌也可影響吸吮奶瓶的寶寶，問題包括：在奶瓶上掙扎、無法持續吸吮、吃奶時從嘴角漏奶異

1　The Dudley Group, NHS UK. (2015). Patient information leaflet: Tongue-tie. Retrieved from http://dudleygroup.nhs.uk/services-and-wards/maternity/tonguetie-assessment-clinic/

2　The Dudley Group, NHS UK (2015)

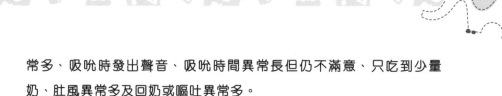

常多、吸吮時發出聲音、吸吮時間異常長但仍不滿意、只吃到少量奶、肚風異常多及回奶或嘔吐異常多。

「結舌」影響顎骨及牙齒生長

筆者嘗試從解剖學及嬰幼兒發展去分析。舌頭與顎骨、面骨、頭顱、頸部面部肌肉互相聯繫。舌頭接觸上顎骨刺激它生長，繼而刺激面骨、頭顱及面部口部肌肉的發育。吸吮乳房時，好像含著個大麵包似的，而且乳房質地柔軟，當乳房組織接觸上顎骨，便刺激顎骨生長得較寬闊，提供多些空間讓牙齒排列。奶瓶奶嘴體積比乳房小，當細圓奶嘴經常接觸上顎時，上顎骨便隨之生長得高而窄（high palate），甚至狀似氣泡（bubble palate）（圖 8.4.2）。因此，長期使用奶瓶、奶嘴或過分吮手指，會妨礙顎骨、面骨、頭顱、頸部面部肌肉的正常發育。有學者[3]指這些身體發展於首 4 歲最關鍵，尤其上顎首 1 歲最重要。建議 18 個月前戒奶瓶奶嘴。

如上顎高而窄，有機會減少鼻腔的空間，繼而影響正常呼吸、打鼻鼾、影響睡眠質素，甚至增加睡眠窒息症的風險。還會增加用口呼吸的機會，長期口呼吸會易口乾，也進一步使舌頭離開上顎，而影響其正常發育。

3 • Liu, Y.-P., Behrents, R. G., & Buschang, P. H. (2010). Mandibular growth, remodeling, and maturation during infancy and early childhood. *The Angle Orthodontist, 80*(1), 97–105.
  • Shepard, J. W., et al. (1991). Evaluation of the upper airway in patients with obstructive sleep apnea. *Sleep, 14*(4), 361–371.

第 8 章 ● 嬰兒問題篇

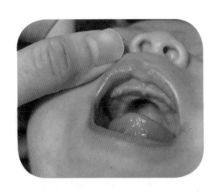

圖 8.4.2
上顎高而窄，甚至狀似氣泡。
結舌和用奶瓶奶嘴會增加這機會。

「結舌」有其他影響嗎？

結舌會否影響說話發音、咀嚼固體食物、消化食物、呼吸、睡眠質素、頸背肌肉、社交（法式吻）等，醫學界仍未有共識。不過，筆者認為身體各器官是相互聯繫的，一個部分運作欠佳，很難完全不影響其他部分，包括直接或間接的影響。

「剪脷筋」屬低風險手術

因為位於舌繫帶的大血管和神經線極少，舌繫帶鬆解術（frenotomy或 frenulotomy，俗稱「剪脷筋」）屬簡單、安全、低風險的外科程序，可以手術剪刀或激光進行，全程少於數分鐘，嚴重出血或感染情況極少。若於出生後 3 至 4 個月內進行，可無須麻醉。手術後隨即吸吮乳房或用奶瓶餵哺，有助傷口止血及安撫寶寶。手術後舌下會形成白色潰瘍，約 2 星期內痊癒。手術後，家長須鼓勵寶寶多活動舌頭，避免舌頭再黐著。最簡單的方法是照顧者多對著寶寶做伸舌動作，讓寶寶模仿。有些寶寶會在手術後 24 至 48 小時表現不安，如有需要可

服止痛藥。對於手術後是否須進行舌頭伸展運動 3 至 4 星期，以減少結舌復發，各國未有一致意見。

「結舌、剪脷筋」的爭議

Cochrane Systematic Review [4] 指剪脷筋只能減少媽媽乳頭疼痛，對整體母乳餵哺並沒有貫徹的效果。醫學雖一日千里，仍有很多不解之謎，包括結舌與吃奶及身體其他功能的關係。近數年關注此情況及支持剪脷筋的醫護人員已普遍增多。

筆者認為不是所有結舌寶寶都有哺乳問題，因為吃奶是否有效也與餵哺姿勢、媽媽的奶量等有相互影響。如何診斷結舌仍有相當爭議。筆者認為診斷結舌不能單靠看脷筋的外貌，而須評估整個口部於吃奶時的功能。

筆者見過結舌寶寶經哺乳指導和舌頭運動後，不用動手術，吃奶有明顯改善。也曾見過剪脷筋後立刻或數週後吃奶有改善的寶寶（吸吮乳房和奶瓶兩者都有）。手術後吃奶沒有改善的也有。從解剖學的角度看，筆者認為很難完全否定結舌的存在及舌繫帶鬆解術的意義。對此低風險的手術，筆者抱開放態度，相信是其一的治療方法。身為醫生的筆者，會從各方面評估寶寶吃奶問題，才決定是否需要剪脷筋。應避免過度重視或完全忽視這問題，而錯過幫助有需要的人。家長應從多方面衡量，作知情決定。

4　O'shea, J. E., et al. (2017). Frenotomy for tongue-tie in newborn infants. *Cochrane Database of Systematic Reviews*.

本篇參考資料

- Ballard, J., Chantry, C., & Howard, C. R. (2004). AMB protocol #11: Guidelines for the evaluation and management of neonatal ankyloglossia and its complications in the breastfeeding dyad. *Academy of Breastfeeding Medicine*.
- Liu, Y.-P., Behrents, R. G., & Buschang, P. H. (2010). Mandibular growth, remodeling, and maturation during infancy and early childhood. *The Angle Orthodontist, 80*(1), 97–105.
- National Institute for Health and Clinical Excellence. (2005). Division of ankyloglossia (tongue-tie) for breastfeeding. Retrieved from http://www.nice.org.uk/guidance/jpg149/resources/division-of-ankyloglossia-tongue-tie-for-breastfeeding-pdf-304342237
- O'shea, J. E., et al. (2017). Frenotomy for tongue-tie in newborn infants. *Cochrane Database of Systematic Reviews*.
- Queen Mary Hospital. (2015). *Information on division of tongue-tie of newborn*. Retrieved from http://www3.ha.org.hk/hkwc/ppi/InfoPam/docs/o_and_g/o_and_g_44.pdf
- Shepard, J. W., et al. (1991). Evaluation of the upper airway in patients with obstructive sleep apnea. *Sleep, 14*(4), 361–371.
- The Dudley Group, NHS UK. (2015). Patient information leaflet: Tongue-tie. Retrieved from http://dudleygroup.nhs.uk/services-and-wards/maternity/tongue-tie-assessment-clinic/

餵哺母乳，知易行難？（增訂版）

罷吃奶

人是有感情的動物，食慾時好時差屬正常，小寶寶對吃奶的興趣也不例外！

寶寶突然不願意吃奶

曾經有媽媽問：「我一直以全母乳餵哺 3 個月大的女兒，這幾天她突然不願意吃奶，是否代表她想斷奶呢？」

這情況間會出現，我們稱之為短暫的「罷吃奶」（nursing strike）。孩子自然斷奶的年歲因人而異，平均是 2 至 4 歲，所以 1 歲前真的想斷奶的可能性不大。

「罷吃奶」的原因

1. 寶寶生病（尤其是耳道或口腔發炎）。
2. 若寶寶未滿月便罷吃奶，須詳細檢查寶寶出生時身體是否有某些損傷，以致在吸吮某邊乳房或媽媽採用某個姿勢餵哺時感到不適。
3. 寶寶長期吸吮能力不足導致媽媽奶量下降，結果寶寶選擇罷吃。
4. 媽媽的乳汁過多或噴奶反射太強。

5. 有些寶寶會對媽媽身體某些改變作出反應，例如媽媽轉用新的香水或洗頭水，或是媽媽因進食帶有辣味的食物而令乳汁的味道改變了。

6. 母嬰長時間分離。

7. 家庭不和諧等無形壓力。

若找到原因，當然可針對性地解決問題。不過，也有可能永遠都找不到真正的原因呢！還記得老大也曾試過罷吃奶，當時她 5 個多月大，有一天她的睡覺時間突然拉長了，睡醒後不肯吃奶，但沒有生病的跡象。當時筆者非常擔心，幸好在十多小時後她的食慾回復正常，但還是沒法找到她罷吃的原因。

如何分辨短暫「罷吃奶」和自然斷奶

兩者最明顯的分別是：「罷吃奶」的寶寶或會表現得不開心，但自然斷奶的寶寶卻會表現得滿足和開心。另外，「罷吃奶」通常會突然出現，而且只維持數小時至數天；自然斷奶通常會慢慢出現，維持的時間亦較長，可斷斷續續長達 1 至 2 年呢！詳見第 4.22 篇。

吃奶是不能勉強的

寶寶身體有儲備，短暫罷吃不會對身體造成長遠的不良影響。面對寶寶突然「罷吃奶」，須緊記「勉強無幸福」的道理。若已確定孩子沒有生病，又找不到其他原因，可嘗試用以下方法鼓勵他吃奶：

1. 增加母嬰的肌膚接觸。
2. 在寶寶半睡半醒時或清醒而安靜時餵哺，切忌在他極肚餓或大哭時餵哺。
3. 轉換餵哺姿勢（如半躺臥、欖球抱法）。
4. 嘗試邊行走邊餵哺，或在輕微的搖晃動作中餵哺。

若寶寶真的暫時不願意吸吮，必須定時擠或泵奶以維持奶量和避免乳管閉塞。若情況持續，建議尋求專業意見。

拒絕吃一邊乳房不容輕視

左右手有長短，左右腳有大小，左右乳房也會大小不一。偶爾碰到一些正在餵哺母乳的媽媽問道：「為什麼餵哺母乳令我兩邊乳房大小不一？實在太難看啊！會不會長期都是這樣子？」有些媽媽更擔心餵哺母乳會令乳房變形或下垂呢！

寶寶個人喜好

若不是先天性乳房大小不一，為何在餵哺母乳時會出現此情況？每邊乳房有自我調節奶量的能力，哪邊愈出奶，哪邊就愈造奶，詳見第 4.3 篇。理論上若媽媽讓孩子輪流吸吮兩邊乳房，它們應該能製造同樣分量的乳汁。但奇妙的是，有些寶寶從初生起已經偏愛某一邊乳房，有些甚至拒絕吸吮另一邊，漸漸導致兩邊乳房明顯大小不一。這種從初生起便只喜歡吃某一邊乳房的現象，大多數是找不到原因的，或者說是寶寶的個人喜好吧。老三在出生數天後已經不願意吸吮筆者的左邊乳房，幸好當筆者轉用「滑行式」姿勢（詳見第 5.1 篇）餵哺他時，他就願意吸吮了。這個模式一直維持至他 2 歲半斷奶呢！

探討其他原因，不能輕視

寶寶拒絕吃某一邊乳房可能的原因包括：

1. 出生時寶寶身體有某些損傷，以致在吸吮某邊乳房或媽媽用某個餵哺姿勢時感到不適。
2. 媽媽一邊乳頭扁平或凹陷。
3. 媽媽某一邊乳房的乳汁過多或過少。
4. 寶寶某一邊的耳道發炎，抱著寶寶餵奶時，有機會碰到寶寶發炎的耳部，引致疼痛。
5. 有專家說：「若寶寶向來都吃兩邊乳房，但突然拒絕吃某一邊乳房，這可能是乳癌的早期徵兆。」為什麼？其實我們很難去解釋這現象，可能是因為腫瘤輕微壓著乳管，又或者寶寶感受到乳房有輕微的變化。早期乳癌未必有明顯硬塊，若情況沒有改善，建議盡早求醫。

如果已經排除上述的情況，而寶寶又一直拒絕吃某一邊乳房，應怎麼辦呢？「轉換餵哺姿勢」是頗有效的方法，詳見第 8.5 篇。若寶寶真的暫時不願意吸吮某一邊乳房，必須定時出奶以維持奶量。若情況持續，建議尋求專業意見。

初生數月，無故哭鬧

澳洲 Australian Research Alliance for Children and Youth 指四個家庭中最少有一個家庭說他們 1 歲以下的寶寶經常哭鬧，父母束手無策。若不適時處理，父母會身心疲憊、失去自信、影響家庭生活，甚至虐兒。寶寶 3 個月大後經常哭鬧，最常見的原因是缺乏有規律的睡眠時間表，以致過度疲倦，詳見第 9.5 篇。

本篇集中闡述初生數月寶寶不停哭鬧的原因及處理方法。

母乳寶寶經常哭鬧的原因

母乳寶寶經常哭鬧，可能的原因如下：

1. 寶寶吃不夠脂肪含量高的後奶，因為：
   - 媽媽乳汁太多。
   - 媽媽乳汁流量太快，促使寶寶未吃飽便離開乳房。
   - 媽媽太快停止寶寶的吸吮。
   - 媽媽太快讓寶寶轉吃另一邊乳房。

2. 乳汁內有咖啡因、香煙等有害物質或牛蛋白質，這與媽媽的飲食和生活習慣有關。

以上餵哺問題若能適當地處理，情況很快可以改善。例如讓寶寶先吃完一邊乳房才看看他是否須要吃另一邊乳房，確保他吃到足夠的後奶，甚至採用 block feeding 以調低一點奶量；若寶寶正積極地吸吮，不要強行停止他；若乳汁流量太快，媽媽可半躺臥地餵奶，減慢奶的流速，詳見第 7.5 篇。此外，媽媽應減少飲用含咖啡因的飲品及戒煙；亦可嘗試戒吃奶類食品 2 至 4 星期。如果情況有改善，媽媽可慢慢停止戒口。

哭鬧的共通原因

無論是吃母乳還是奶粉，以下情況是寶寶哭鬧的共通原因：

1. 肚餓、口渴。

2. 不舒服：太熱、太冷、尿片濕、鼻塞、出生時頭皮損傷。

3. 過度刺激：太多人探訪、光暗不適中。

4. 感覺寂寞。

5. 生病：若寶寶哭鬧持續，加上食慾不振、精神狀態不理想，便須請教醫生，看看寶寶是否生病，例如中耳炎、肛門缺裂、疝氣（俗稱「小腸氣」）等。

6. 原因不明：
   - 有學者[1]形容這些哭鬧的高峰期在 2 個月大，此時平均每天哭 2.5 小時，無論父母用什麼方法都很難安撫寶寶，而且多集中在黃昏時分。情況一般到 4 至 5 個月大會有明顯改善。
   - 有些人稱這些原因不明的哭鬧為「腸絞痛」。

---

1   The Royal Children's Hospital, Melbourne Centre for Community Child Health. (2011). Sleep. *Community Paediatric Review, 19*(2), 1–6.

無故哭鬧／腸絞痛

先排除其他原因

先排除各種常見的原因，如肚子餓、尿片濕、太熱、太冷等，再觀察寶寶在哭鬧以外的精神狀態。醫學界大致認為難以哭聲的特色來辨別其原因，家長主要是「靠估」，若大部分時間表現及食慾正常，即生病的可能性較低。找不出原因的情況頗常見，有些人稱這情況為「腸絞痛」（colic）。

很久以前已有學者[2]形容「腸絞痛」的哭鬧每天出現多過3小時，一星期重複多過3天，而且持續多過3星期。如何知道寶寶有此情況？答案是我們沒法證實寶寶是否有腸絞痛，只能依靠觀察寶寶是否出現腸絞痛的特徵及排除其他原因而已。

「腸絞痛」不是病

「腸絞痛」不是疾病，成因不明，通常始於寶寶6週大之前，有研究指出5%至19%的初生嬰兒有此情況。這些健康的寶寶吃奶正常及體重正常，持續哭鬧最常出現於黃昏時段。半數情況於3個月大之前不藥而癒，九成情況於6個月大之前自癒。餵哺母乳與「腸絞痛」沒有直接關係，吃母乳的寶寶不會比吃奶粉的寶寶較易有腸絞痛。不過，有些餵哺母乳的媽媽眼見寶寶常常哭鬧，誤以為自己奶量不夠，於是便補充奶粉，有些更放棄餵哺母乳呢！

2　Wessel, M. A., et al. (1954). Paroxysmal fussing in infancy, sometimes called colic. *Pediatrics, 14* (5), 421–435.

安撫方法，並非百分百有效

無故哭鬧令父母身心疲累，有些父母更自責連寶寶的基本需要也照顧不到呢！因此，我們必須先照顧父母身心的需要，建議請家人或家傭協助照顧寶寶，騰出時間讓自己休息。另外亦可參考以下安撫方法：

1. 讓寶寶坐在成人的大腿上，雙手輕按寶寶的肚子（圖 8.7.1）。
2. 讓寶寶俯伏在成人的前臂上，輕掃他的背部，或輕輕前後搖動他（圖 8.7.2）。
3. 爸爸把寶寶垂直抱在胸前，發出低沉的聲音有助安撫寶寶（圖 8.7.3）。
4. 與寶寶作胸貼胸的肌膚接觸（見第 5.1 篇圖 5.1.33 至圖 5.1.36）。
5. 抱著寶寶坐在搖搖椅上。

圖 8.7.1
紓緩腸絞痛抱法 1：
寶寶坐在成人的大腿上，
用雙手輕按寶寶的肚。

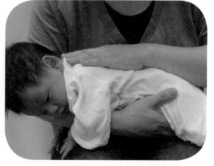

圖 8.7.2
紓緩腸絞痛抱法 2：
寶寶俯伏在成人的前臂上，
輕掃他的背部，或輕輕前後搖動他。

6. 如寶寶已 3 個月大或以上，可用雙肩式揹帶抱著寶寶（圖 8.7.4）。

7. 短期服用某些藥物可能有助紓緩腸絞痛，建議請教醫生。

圖 8.7.3
紓緩腸絞痛抱法 3：
爸爸把寶寶垂直抱在胸前，並發出
低沉的聲音安撫寶寶。

圖 8.7.4
紓緩腸絞痛抱法 4：
用雙肩式揹帶抱著 3 個月或以上的
寶寶。

本篇參考資料

- Jane, F., et al. (2011). *Understanding and responding to unsettled infant behavior*. Retrieved from https://www.aracy.org.au/publications-resources/command/download_file/id/158/filename/Understanding_and_responding_to_unsettled_infant_behaviour.pdf

- The Royal Children's Hospital, Melbourne Centre for Community Child Health. (2011). Sleep. *Community Paediatric Review, 19*(2), 1–6.

- Wessel, M. A., et al. (1954). Paroxysmal fussing in infancy, sometimes called colic. *Pediatrics, 14* (5), 421–435 .

出牙咬乳頭

多年前當筆者對餵哺母乳還未有深入認識時，曾詢問專家：「嬰兒出牙後吃到母乳嗎？」雖然專家回答說吃到，但筆者仍心存疑惑，無法想像真實的情況。直至筆者的大女兒 8 個月大時，她第一隻牙長出後筆者就明白箇中道理。原來出牙後，她可以如常吸吮乳房，不會令筆者不舒服。為什麼？簡單來說就是：聰明的寶寶絕不會「打爛自己的飯碗」。

不是所有寶寶出牙都會咬乳頭

所有乳齒和恆齒在寶寶出生前已經藏在牙骨裡，待寶寶出生後長大至適合的年齡便逐一長出來。當部分牙齒離開牙骨而又未露出牙肉時，牙肉便會腫痛。此時，有些寶寶會於吸吮乳房時輕咬媽媽的乳頭，以紓緩牙肉的不適。這情況只是短暫，待牙齒從牙肉露出後，疼痛便會消失。筆者依稀記得老三多次出牙時，也偶爾有此情況，不過只維持數天。

如何預防咬乳頭？

以下方法可預防寶寶咬乳頭：

1. 授乳前，先用凍牙膠紓緩寶寶牙肉的不適，若寶寶已開始進食固體食物，可用凍而硬的麵包代替。
2. 授乳時，要保持心情愉快及採用舒適的姿勢，以確保乳汁流通。
3. 授乳時，用不同方法關注寶寶，如眼神交流、身體接觸或與他說話。
4. 授乳時，避免與人爭執，因為寶寶會以咬乳頭來回應媽媽的負面情緒。
5. 寶寶多於吃飽後才咬乳頭，因此建議媽媽於寶寶接近吃飽時，提早把他移離乳房。
6. 若寶寶吸吮得好而且沒有咬乳頭，媽媽應立即稱讚他。

寶寶咬乳頭，媽媽要保持冷靜

假若寶寶真的咬乳頭，切忌大力推開寶寶，因為這樣不單會弄傷乳頭，還會有反效果：寶寶會咬得更用力。建議「以進為退」將寶寶面部更貼近乳房，這樣他的呼吸會有點兒不暢順，便會自然放開乳頭。媽媽也可暫停餵哺一會，望著寶寶以堅定的語氣對他說：「你想吃奶就不要咬媽媽，因為媽媽會痛啊！」不用大聲斥責，聰明的寶寶很快便會學懂吃奶之道。

奶瓶易學難戒

奶瓶的歷史源遠流長，到現代幾乎是每個家庭不可或缺的餵哺工具。

奶瓶源自杯

古時的奶瓶不是瓶狀，而是近似杯或茶壺狀。公元前 2000 年已有替代餵哺母乳的器皿。2011 年筆者在暑假到英國一遊，看見倫敦大英博物館收藏了相信是最古老的餵飼杯，它的形狀像茶壺。在古希臘和古羅馬的孩童墓穴中，也曾發掘出不少用石、陶、木或金屬等製成的餵飼器皿。

現代奶瓶有 170 年歷史

1841 年：首個玻璃奶瓶面世。

1847 年：首個塑膠奶嘴的奶瓶面世。

1894 年：首個容易清洗的「香蕉形」奶瓶面世。

1950 年：發明直立而窄口的奶瓶。

1960 年：發明直立而闊口的奶瓶，這就是現代奶瓶的始祖。

奶瓶餵哺──弊多於利

奶瓶有以下優點：

1. 易學

有些家長擔心自己復工後寶寶不願用奶瓶，所以很早便開始「訓練」他用奶瓶。事實是絕大部分嬰兒都接受奶瓶，只有少數嬰兒拒絕吸吮奶瓶。對絕大部分嬰兒來說，吸吮奶瓶沒什麼技巧可言，很快便會學懂，所以待媽媽產假結束前 2 星期開始預習已足夠。何時開始試用奶瓶，與孩子是否接受奶瓶並沒有關係。

2. 方便

尤其從家長的角度看。筆者曾在一家餐廳裡見到隔壁坐著一家四口，父親甫坐下便忙於點菜，母親則忙於為兩名孩子沖調奶粉，1 歲多和約 4 歲的孩子就半躺臥地享受奶瓶內的配方奶。眼見孩子含著奶瓶超過 1 小時，父母在旁安心用膳。這情景是否似曾相識？究竟父母期望孩子吃奶瓶吃到幾時呢？

然而，奶瓶有以下不容忽視的缺點：

1. 易吃過量

「吸吮乳房」是寶寶作主導，食量由寶寶控制，寶寶吃飽就停止吸吮乳房，乳汁便不再流出，也從小培養由寶寶主導的飲食模式，避免進食過量。雖然少數吃奶瓶的寶寶也懂得吃飽便停，但相對吸吮乳房，吸吮奶瓶主要由餵哺者作主導，而且只要輕輕吸吮，奶很容易流出，寶寶只要把奶吞下去便可以，因此寶寶所吃的奶量較大機會超過他的

實際需要呢！這樣的進食模式很容易養成進食過量的習慣，日後容易導致過重或肥胖。避免以奶瓶餵哺食過量，建議採用順應餵養，詳見第 10.7 篇。

2. 妨礙「顎、面、頭部」的正常發育

- 上顎的形狀被周圍軟組織的壓力效應塑造出來。奶瓶奶嘴體積比乳房小，當細圓奶嘴經常接觸上顎時，上顎骨便隨之向上生長，令上顎變得高而窄，甚至狀似氣泡（見第 8.4 篇圖 8.4.2），這樣會進一步影響寶寶吸吮乳房。高而窄的上顎會影響日後牙齒的排列；也增加牙齒咬合不正（如哨牙）的機會。高而窄的上顎也會減少鼻腔的空間，阻礙正常的鼻呼吸，也間接鼓勵了不健康的口呼吸。長期口呼吸減少舌頭接觸上顎的機會，進一步影響上顎的發育；而且口呼吸易令人口乾。此外，奶瓶奶嘴會將下顎及舌頭向後推，阻礙氣道。

- 吸吮奶瓶時較多使用面頰和嘴唇肌肉，較少用嚼肌和下顎肌，可能影響日後咀嚼固體食物和說話發音。面頰肌張力過高會影響牙齒正常的排列。

- 長期使用奶瓶、奶嘴或過分吮手指，也會妨礙頭顱和面骨的正常發育。有學者更形容為「長面綜合症」（long face syndrome）。

3. 影響吸吮乳房

有些寶寶習慣了吸吮奶瓶後，便偏愛奶瓶，或用吸吮奶瓶的方法吸吮乳房，但吸吮乳房與吸吮奶瓶所用的方法截然不同，於是吸吮乳房便有困難。關於「乳頭混淆」，詳見第 9.4 篇。

第 8 章 ● 嬰兒問題篇

4. 欠協調吞奶、呼吸

吸吮奶瓶時，奶的流速主要靠奶嘴孔的大小和擺放奶瓶的角度，並非由寶寶控制，所以寶寶不能協調吸吮、吞奶和呼吸，對其心肺功能構成壓力（尤其早產嬰），甚至有機會影響血含氧量。

5. 肚風較多

寶寶正確地吸吮乳房時，面頰保持鼓脹的，口部會完全密封乳房，肚風較少，吃奶後有時甚至不用掃風。寶寶吸吮奶瓶時，口部不是完全密封奶瓶，所以肚風會較多。

6. 較易患中耳炎

「吸吮乳房」能夠保持耳內咽鼓管（eustachian tube）的正常運作，避免中耳積水及中耳炎，「奶瓶餵哺」卻沒有此功效。若寶寶是仰臥著使用奶瓶，奶更有機會從喉嚨後方通過咽鼓管進入中耳，引發中耳炎。奶瓶內若是配方奶，風險比母乳大，因為配方奶沒有抗體。有關奶瓶餵哺的正確方法，詳見第 10.7 篇。

7. 較易忽略母嬰溝通

母嬰雙方肌膚相親和自然流露的互動溝通，有助強化和「修剪」腦部發展，及建立親密互信的關係，詳見第 1.6 及 4.8 篇。母嬰肌膚相親不是吃母乳寶寶的專利，吃奶粉的寶寶也可以享受。筆者常常提醒奶瓶餵哺者，勿忘找機會與孩子互動溝通。

8. 易蛀牙

有些孩子喜歡一邊吸吮奶瓶一邊睡覺，這樣既容易引致蛀牙，也很難養成睡前刷牙的好習慣。因此，目標應該是寶寶在 **18 個月大前戒奶瓶**。

9. 難戒

尤其睡前那餐奶，對有些寶寶來說很難戒掉。

戒奶瓶，先從白天開始

幫助孩子戒奶瓶，首先必須全家行動一致，否則孩子無所適從。有家長把芥辣塗在奶嘴上來幫孩子戒奶瓶。這是否最好的方法呢？筆者有以下建議供讀者參考：

1. 預防勝於治療。以筆者的個人經驗，吸吮乳房的孩子一般較易戒掉奶瓶，筆者三個孩子在 13 至 15 個月大時都做到。因此，不要輕易轉為「全泵媽媽」呢！
2. 「愈大愈難戒」是必然的，所以應該從孩子 7 至 9 個月大起就讓他開始試用杯飲奶。可先用有蓋的學習杯，然後再用普通杯。
3. 先在白天的其中一餐讓孩子轉用杯飲奶，然後逐步增加用杯的次數。
4. 孩子用杯飲奶時要協助他，讚賞他。
5. 如孩子哭鬧要求用奶瓶飲奶，可給予固體食物代替。
6. 幫助 4 歲以上的大孩子戒奶瓶，要付出多一點耐性與他們商量，過程中需要多一些讚賞和鼓勵。可以讓他們覺得自己已「升級」為大個仔、大個女了，令他們相信奶瓶只是嬰兒的玩意。

7. 睡前那餐用奶瓶吃的奶往往是最難戒的，可從以下方法入手：

- 培養良好的睡眠習慣是成功的第一步（詳見第 9.5 篇），希望孩子漸漸學懂自行入睡，而不須依賴奶瓶。
- 吃奶後與孩子刷牙，然後跟他輕聲說話、講故事等，使他安靜入睡。
- 若孩子哭鬧要用奶瓶飲奶，可給予安撫奶嘴或讓他用奶瓶飲水。

安撫奶嘴有利弊

雖然有研究指，使用安撫奶嘴有助減低嬰兒猝死症，而且，早產嬰兒早期使用奶嘴可能刺激其口部發展，但它卻有其他壞處。如果媽媽只以人造奶嘴暫時安撫他吃奶的意欲，這樣會令寶寶減少吸吮媽媽的乳房，間接減低媽媽的奶量，最後減低他吸吮乳房的興趣。長期使用奶嘴，會妨礙頭顱、面骨、顎骨、嚼肌、下顎肌及牙齒的正常發育。此外，若寶寶依賴奶嘴睡覺，但半夜醒來不懂找回它，即是依賴照顧者起淋幫孩子找奶嘴，這也是問題啊！

戒安撫奶嘴 [1]

過分（日夜大部分時間）使用奶嘴會影響顎骨、牙齒的正常發展，筆者建議 18 個月前戒掉此習慣。只在睡前使用安撫奶嘴者，也建議 4 歲前戒掉，因為此階段是頭顱、面骨、顎骨及面嚼肌、下顎肌發展最關

1　Raising Children Network (Australia). Babies: Sleep. Retrieved from http://raisingchildren.net.au/babies/sleep

餵哺母乳，知易行難？（增訂版）

鍵的年齡，這又與日後牙齒的發展有密切關係。如孩子無意識自動戒奶嘴，家長可與他商量何時戒。選擇適合的時候，避免在生病、搬屋等時候進行。用什麼方法？有人將奶嘴塗上辣或苦味，令孩子覺得難受。筆者認為不一定用這些負面方法，可考慮以下較正面的方法：

- 限制使用奶嘴的地方和時間，如車上、牀上，或只在晚上。
- 逐漸減少以奶嘴哄入睡的時間。
- 以其他東西替代奶嘴哄入睡，如心愛的玩具。
- 若半夜醒來找奶嘴，可以第二次哭才給他，下一天第三次哭才給他，逐漸延遲給他奶嘴。
- 如使用奶嘴的時間已減至很少，便可與孩子協商完全丟棄奶嘴的日子及安排一些慶祝活動，也可將奶嘴掛在樹上等地方。讓孩子覺得這是一個階段的結束，另一個新階段的開始。剛參觀一個外國水族館，那裡設置一個彩色繽紛的巨筒，供孩子「捐獻」自己的奶嘴！

本篇參考資料

- Raising Children Network (Australia). Babies: Sleep. Retrieved from http://raisingchildren.net.au/babies/sleep
- Walker, M. (2014). *Breastfeeding management for the clinician: Using the evidence* (3rd ed., pp. 225–227). Burlington: Jones and Bartlett Learning.

第 8 章 ● 嬰兒問題篇

早產寶寶更需要母乳

「早產母乳」有別於足月母乳

出生前，足月寶寶早已從母體吸取無數營養和抗體，儲備充足。這意味著早產寶寶（即少於 37 週）吸收少了，豈不「輸食」了嗎？幸好母乳的成分會因應寶寶出生時的週數而調節，例如：有較多蛋白質、鐵質、抗病成分、維他命 A，這樣便可切合早產寶寶的需要。結論是早產寶寶更加需要母乳！

表 8.10.1：早產母乳如何填補身體的不足 [1]

早產寶寶的身體狀況	母乳成分	母乳如何幫助早產寶寶
體重輕	蛋白質 *	促進生長
缺乏鐵質	鐵質 *	預防貧血、促進腦部發展
抗病能力差	抗病成分 *、維他命 A *	增強抗病能力
腦部和視力極不成熟	多元不飽和脂肪酸 *	促進腦部和視力發展
視力極不成熟	牛磺酸（taurine）	促進視力發展
腸臟極幼嫩	生長因子	促進腸臟發展、肚瀉後能加快修補腸臟
	酵素	幫助消化和吸收營養

* 相比足月母乳，早產母乳有較多的成分。

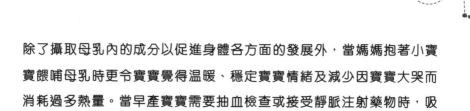

除了攝取母乳內的成分以促進身體各方面的發展外，當媽媽抱著小寶寶餵哺母乳時更令寶寶覺得溫暖、穩定寶寶情緒及減少因寶寶大哭而消耗過多熱量。當早產寶寶需要抽血檢查或接受靜脈注射藥物時，吸吮乳房還有助減低刺針所帶來的痛楚呢！

「吸吮、吞奶、呼吸」動作的協調

要達致有效地吸吮乳房，寶寶必須協調「吸吮、吞奶、呼吸」這一連串動作。一般而言，少於 30 週出生的嬰兒因不懂吞嚥，我們須要使用胃喉把奶直接輸入寶寶的胃部。30 至 32 週出生的嬰兒可以用杯飲奶。有些早至 32 週出生的嬰兒已開始懂得吸吮乳房，不過他們的吸吮能力多數較弱，也較易嗆奶。至於 34 至 36 週的早產嬰（late preterm）[2]，他們在週數上看似不算太早產，有些體重也不算輕，不過身體機能始終不及足月出生的嬰兒，他們的呼吸、吸吮乳房、自我調節體溫和肝臟功能都較弱，依然需要醫護人員多些協助。一般足月 37 週或以上出生的嬰兒協調「吸吮、吞奶、呼吸」的能力較佳。

早產嬰有較多「非養分性」（non-nutritive）的吸吮，雖然這些「非養分性」的吸吮只吃到少量的奶，但也不是全無價值。它可促使早產嬰分泌消化系統的荷爾蒙，從而促進消化系統的發展。

1　• Lawrence, R. A., & Lawrence, R. M. (2015). *Breastfeeding: A guide for the medical professional* (8th ed., pp. 529 –531). Elsevier.
　　• Walker, M. (2014). *Breastfeeding management for the clinician: Using the evidence* (3rd ed., pp. 10, 32). Burlington: Jones and Bartlett learning.
2　Engle, W. A., Tomashek, K. M., & Wallman, C. (2007). "Late-Preterm" infants: A population at risk. *Pediatrics, 120*(6), 1390–1401.

如何幫助早產嬰吃母乳

1. 多讓母嬰作肌膚接觸能促進媽媽的乳汁分泌及幫助早產嬰的身體發展。很多研究也指出「袋鼠式護理」（即接近 24 小時的母嬰肌膚接觸，詳見第 8.11 篇）能縮短早產嬰的住院時間，並且促進他們的腦部和視力的發展。

2. 若全以擠奶泵奶代替吸吮乳房，建議產後 2 小時內開始擠奶，每天最少 8 至 10 次，其中一次在晚上進行。不用規限定時進行，媽媽可選擇自己的節奏，例如：在 4 小時內密集進行 2 至 3 次。兩次擠奶泵奶的時間不宜相隔太長，日間避免超過 4 小時，晚上避免超過 6 小時。初乳期手擠奶比較有效，上奶後可泵奶及手擠奶。當奶量穩定後，擠奶泵奶的次數可視乎乳房的儲存量而調節。儲存量小的媽媽可能須保持每天泵奶約八次，儲存量大的可能每天只用泵奶四次，便可達至 24 小時相當的奶量。擠奶泵奶有三重目的：第一是令乳房繼續製造乳汁；第二是把初乳儲存留待寶寶享用；第三是預防乳房腫脹、乳管閉塞、乳腺炎等。

3. 若寶寶未懂得吸吮乳房，醫護人員可以指導媽媽如何使用小杯、嬰兒餵飼軟管等去餵哺擠出來的母乳（詳見第 7.4 篇）。一般來說，30 至 32 週的早產嬰兒已經懂得用杯吃奶。

4. 若寶寶開始懂得吸吮乳房，醫護人員可指導媽媽如何抱著寶寶餵哺，其中一個十分有效的姿勢是把寶寶放在媽媽的腋下位置，即欖球式抱法（詳見第 5.1 篇圖 5.1.21）。餵哺時，媽媽可用「舞蹈員手勢」承托乳房及寶寶的下巴（見第 8.13 篇圖 8.13.4、圖 8.13.5）。

5. 早產寶寶的吸吮通常較弱，吃奶過程中常常會停頓很久或者睡著了，所以每次吃奶需要較長的時間。寶寶也需要多些時間學習吸吮乳房，媽媽需要莫大耐性。建議及早請教醫護人員。

如何幫助吸吮太慢的早產寶寶

1. 在餵哺過程中，媽媽的手可嘗試間歇地以適中力度按壓乳房（breast compression），這樣可加快奶的流速，又可增加噴奶反射的次數（一餐奶之中，噴奶反射平均出現 2.5 次）。不過，不要把手放得太近乳頭，以免阻塞乳管的出口。

2. 讓寶寶每餐多次來回吸吮兩邊乳房可吸引寶寶再次積極吸吮，同時亦有助增加噴奶反射的次數，使寶寶吸吮到兩邊乳房的後奶。不過這方法不宜長久使用，否則有機會出現乳汁過多的情況，詳見第4.9 篇。

3. 若寶寶的吸吮太慢或經常嗆奶，建議先暫停餵哺，繼續與他肌膚接觸，稍後再嘗試讓他吸吮，或把擠或泵出的母乳餵給他。

本篇參考資料

- Engle, W. A., Tomashek, K. M., & Wallman, C. (2007). "Late-Preterm" infants: A population at risk. *Pediatrics, 120*(6), 1390–1401.
- Lawrence, R. A., & Lawrence, R. M. (2015). *Breastfeeding: A guide for the medical professional* (8th ed., pp. 529–530). Elsevier.
- Walker, M. (2014). *Breastfeeding management for the clinician: Using the evidence* (3rd ed., pp. 10, 32). Burlington: Jones and Bartlett learning.

袋鼠式護理助早產嬰

早產嬰與袋鼠寶寶的生長模式相若

所有有袋類動物都有相同的生長模式，就是懷孕期短，但出生後躲在媽媽袋裡的日子卻很長。以袋鼠為例，懷孕期只有31至36天，身長只有幾厘米的初生袋鼠就如人類的早產嬰，身體各器官仍未發育成熟，為求生存牠只有靠著細小的前肢在出生後 5 分鐘內爬到媽媽身上溫暖的育兒袋，隨即吸吮媽媽的乳房吃奶。隨著身體漸漸長大，約 6 個月大牠便會開始短暫地離開育兒袋，約 9 個月大便可完全離開育兒袋在地上走動（圖 8.11.1），18 個月大才完全斷奶呢！

圖 8.11.1
袋鼠約 9 個月大可完全離開媽媽的育兒袋在地上走動，但要長大至 18 個月才完全斷奶。

「袋鼠媽媽護理」幫助早產嬰減壓

「袋鼠媽媽護理」（kangaroo mother care, KMC）（圖 8.11.2）始於 1978 年在哥倫比亞一所醫院的新生嬰兒病房，由於當地缺乏早產嬰保育器及醫護人員照料早產嬰兒，有教授便引入以媽媽來代替保育器的護理方法，透過母嬰胸貼胸的肌膚接觸給予嬰兒所需的溫暖及母乳。結果達到「雙贏」，不但解決資源及人手短缺的問題，同時提高了早產和出生時體重過輕（即少於 2.5 公斤）嬰兒的生存率、減少呼吸道受感染的機會和縮短了住院日子，而且母乳餵哺的成功率也增加了，媽媽的信心和滿足感因而提高。為什麼有這些效果？醫學界其中一個解釋是「母嬰分離」會增加嬰兒的心理壓力，令他體內釋放壓力荷爾蒙，破壞腦部發展，詳見第 1.1 篇。母嬰身體緊貼的安全感可減低嬰兒承受的心理壓力。

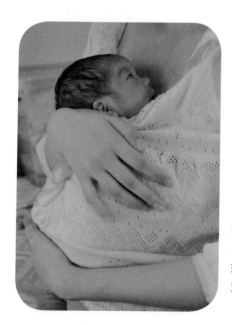

圖 8.11.2
「袋鼠媽媽護理」：
媽媽與早產兒子胸貼胸肌膚接觸，
兒子近距離望著媽媽。

自此之後，世界各地進行的研究和實驗也證實「袋鼠媽媽護理」的成效。現今瑞典和南非擁有最具規模的袋鼠媽媽護理中心，那裡的新生兒深切治療病房會保持寧靜及調暗燈光，而新生兒普通病房就設計成家居一樣，有供父母休息的雙人牀和電視機等家具，讓父母輪流進行24小時的「袋鼠護理」。當媽媽歇息時，爸爸就化身成「袋鼠爸爸」（kangaroo father care, KFC）（圖 8.11.3）。他們會穿上特別設計的衣服，除非寶寶要依靠呼吸機，否則父母胸貼胸抱著寶寶時也可以自由行走。

圖 8.11.3
「袋鼠爸爸護理」：
爸爸與早產兒子胸貼胸肌膚接觸，
讓媽媽稍作歇息。

8.12 寶寶患病入院怎樣餵母乳？

這要視乎寶寶患病的程度、能否進食、入院日子的長短、寶寶的年齡和吃奶的能力等。如果醫生須要寶寶禁食，媽媽便要定時擠或泵奶，把奶冷藏待寶寶遲些進食。如果醫生准許寶寶進食，但寶寶無法吸吮乳房，媽媽可將擠或泵出的奶用嬰兒餵飼軟管或杯等方法餵哺。如寶寶能吸吮乳房便盡量讓他吸吮，其他時間餵飼擠或泵出的奶。

入院期間，父母必須與醫護人員緊密溝通，將意願告訴醫護人員，希望彼此的期望能互相配合，例如醫護人員盡量讓媽媽陪伴病童、協助把母乳冷藏及餵哺。總括而言，患病的寶寶更需要母乳。若醫院的醫護人員都認同這點，他們應在各方面盡量配合。可惜不少媽媽的親身經歷告訴我們，現實情況大多相反。簡單如因生理性新生嬰兒黃疸入院一兩天接受治療──俗稱「照燈」，醫院的流程未必能配合媽媽餵哺母乳，結果要補奶粉，詳見第 8.3 篇。歸根究底，醫護人員──尤其是病房的管理階層──對母乳餵哺的認識、是否認同母乳對病童的重要性，會直接影響醫院的政策、流程和運作，以及是否支持入院的病童繼續吃母乳。

協助長期病患寶寶吃母乳

心臟病嬰兒容易疲倦

患心臟病的嬰兒很易感到疲倦，有呼吸困難的嬰兒也未必能協調「吸吮、吞奶、呼吸」一連串的動作。通常他們需要「少食多餐」，在餵哺母乳時媽媽需要加倍耐性。有些神經系統疾病也會影響嬰兒的頭、頸和面部肌肉的控制，以致不能協調吸吮乳房的動作。

「唐氏綜合症」（Down Syndrome）

筆者曾見過患「唐氏綜合症」的嬰兒（圖 8.13.1 至圖 8.13.3）因為面部肌肉無力而影響吸吮乳房，幸好媽媽得到專業指導，於哺乳時用舞蹈員手勢（dancer hand position），即中指、無名指及尾指承托著乳房，同時用拇指及食指承托著寶寶的下巴和面頰，這樣便能固定他吸吮的位置（圖 8.13.4、圖 8.13.5）。

圖 8.13.1
「唐氏綜合症」的嬰兒

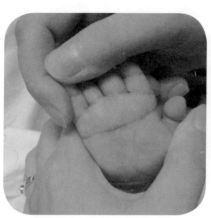

圖 8.13.2
「唐氏綜合症」特徵：一字掌紋
（這種掌紋也在常人出現）。

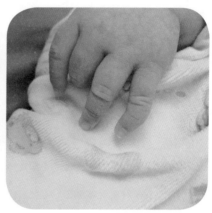

圖 8.13.3
「唐氏綜合症」特徵：尾指向內彎
（這種情況也在常人出現）。

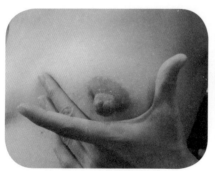

圖 8.13.4
哺乳時用中指、無名指及尾指承托
著乳房（舞蹈員手勢）。

圖 8.13.5
用拇指及食指承托著寶寶的下巴和
面頰，這樣能固定他在乳房吸吮的
位置，適合面部肌肉無力的嬰兒。

裂唇、裂顎

裂唇（cleft lip）、裂顎（cleft palate）（圖8.13.6）的寶寶因未能將口腔密封，吸吮乳房時會有困難，甚至連一般奶瓶也吸吮不到，他們可能須要用一些特別設計的奶嘴。不過，筆者也曾見過能成功吸吮乳房的裂顎寶寶，媽媽的乳房因為有彈性，正好填補寶寶裂顎的缺口，使他可順利吸吮乳房；相反，膠質的奶嘴較硬，當他吸吮時奶嘴未能填補裂顎的缺口。患裂顎的嬰兒耳內咽鼓管的正常運作會受影響，令中耳容易積水，因而增加患上中耳炎的風險，若多次患上中耳炎，日後更有機會影響聽覺。若能幫助這些寶寶吃母乳，可大大減低他們患中耳炎的機會。坐立式姿勢（見第 5.1 篇圖 5.1.23）、舞蹈員手勢及承托著寶寶的下巴和面頰可以固定這些寶寶吸吮的位置。

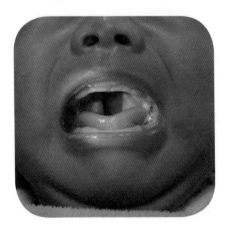

圖 8.13.6
裂顎

餵哺母乳，知易行難？（增訂版）

本篇參考資料

* American Academy of Otolaryngology–Head and Neck Surgery Foundation.
  (2011). Cleft lip and cleft palate. Retrieved from https://www.enthealth.org/
  HealthInformation/cleftLipPalate.cfm

雙胞胎的餵奶秘笈

照顧一個寶寶已經不簡單,要同時照料兩個寶寶更需要加倍耐性和努力。筆者認識一些能成功以母乳餵哺雙胞胎的媽媽,實在很佩服她們的毅力。從乳房的結構而言,一個乳房已有足夠能力製造一個寶寶的奶量,因此,兩個乳房大有潛能同時餵哺兩個,甚至三個寶寶呢!認識一位媽媽有一對 14 個月大的孖女,寶寶出生首月要補充奶粉,後來漸漸全吃母乳。究竟成功餵哺雙胞胎的秘訣是什麼呢?

產前提早預備

由於懷雙胞胎有較高機會出現早產(即少於 37 週)或體重過輕(即少於 2.5 公斤)的情況,媽媽須注意:

1. 在懷孕時攝取足夠的熱量和營養。

2. 加深對餵哺母乳的認識。

3. 由於在初生期間母嬰分開的機會較高——視乎寶寶出生時的身體狀況而定,媽媽可能需要預早學習如何擠奶,把初乳擠出、儲存並留待寶寶日後享用。有關擠奶次數等,詳見第 8.10 篇。

爭取支持

1. 家人的支持尤其重要，包括分擔家務、照顧其他孩子等。
2. 最好能找到其他餵哺母乳的「同行者」，互相支持。
3. 醫護人員給予媽媽精神上和技術上的支援。

訂定優先次序

人的精力和時間有限，未必能同時照顧到家中各方面的需要。建議媽媽在寶寶初生的數星期，先定下個人做事的優先次序，並調節個人的期望。媽媽如何克服疲倦，詳見第 4.3 篇。

一起餵哺或分開餵哺

兩種方法各有好處：

- 一起餵哺可減少整體的餵哺時間，讓媽媽有較多休息機會。此外，吃奶時，兩個寶寶可以有溝通的機會，增進相互的感情。媽媽要透過嘗試和學習，找出一個令自己和兩個孩子都感到舒服的餵哺姿勢。最常見的姿勢是欖球式抱法，把寶寶分別放在兩側腋下位置（圖 8.14.1）。當寶寶漸漸長大，姿勢便可各適其適（圖 8.14.2、圖 8.14.3）。

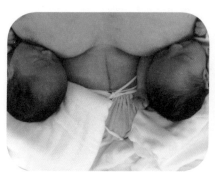

圖 8.14.1
欖球式抱法：
把 3 日大的孿生寶寶分別放在兩邊腋
下一起餵哺。（照片提供：林伊琳）

圖 8.14.2
欖球式變奏抱法：
同時餵哺 14 個月大的孿生女兒，讓女
兒半坐臥，重點是三人都要有足夠的
承托。

圖 8.14.3
同時餵哺 14 個月大的孿生女兒，姿
勢各適其適，媽媽半躺，女兒俯身吃
奶。

- 分開餵哺可讓媽媽有較多時間集中親近每個孩子，餵哺的姿勢亦有
  較多選擇。若兩個孩子的吸吮能力、時間和速度差異很大，分開餵
  哺可能比較適合，因為媽媽可因應每個寶寶的需要而調節餵哺的姿
  勢。

建立「餵哺便利站」

為了方便雙胞胎媽媽餵哺母乳及爭取休息時間，建議把家中一角設計成「餵哺便利站」（圖 8.14.4）：

1. 放置毛巾、枕頭和乳墊等方便餵哺的用品。

2. 擺放各種消閒物品，如媽媽喜歡的書籍、音樂、食物、飲品、電話、平板電腦等，使媽媽在餵哺時也可做自己喜歡的事情及放鬆心情，也可邀請大孩子陪伴餵奶、交談、講故事等。

3. 預備尿片、衣服等用品方便替寶寶更換。

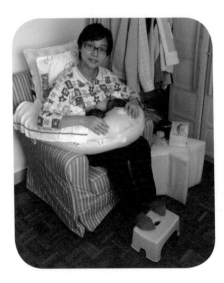

圖 8.14.4
把家中一角設計成既舒適又方便的「餵哺便利站」，餵哺 10 日大的孿生寶寶。（照片提供：林伊琳）

8.15 極少數寶寶不宜吃母乳

半乳糖匜症

只有極少數寶寶不適宜吃母乳，其中包括患半乳糖血症（galactosaemia）的寶寶，因為他們的身體不能消化母乳內的乳糖，所以不能吃母乳；他們甚至連標準配方奶也不能吃，而須要吃「走乳糖」的特別配方奶。詳情應諮詢兒科醫生。

其他先天性新陳代謝疾病

寶寶如果患有其他先天性新陳代謝疾病，如楓糖尿症（maple syrup urine disease）及苯丙酮尿症（phenylketonuria, PKU），也不適宜吃母乳，而須要吃特別的配方奶。詳情應諮詢兒科醫生。

本篇參考資料

• World Health Organization, UNICEF. (2009). *Acceptable medical reasons for use of breast-milk substitutes*.

第9章

常見誤解

乳房細 = 奶量少?

乳房大小,取決於兩個因素:

1. 脂肪有多少。
2. 乳房儲存量。

脂肪多,乳房大

乳房的大小和形狀取決於脂肪的比例,與有多少造奶細胞和奶量並沒有直接關係。不論乳房大或小,絕大部分哺乳媽媽都有潛能製造足夠乳汁。先天不足只屬少數,筆者曾見過乳房細小的媽媽成功餵哺雙胞胎的例子呢!

乳房儲存量因人而異

乳房的儲存量是天生的,與乳管的數目和直徑有關。筆者打個比喻讓讀者容易理解。水缸容量有大有小,大型水缸需要較長時間才注滿水,而每天注水幾次就足夠整天應用;迷你型水缸每次很快就注滿水,須注水多次才能達到相同的總注水量。即是說,儲存量小的乳房需要寶寶「少食多餐」、每次多數須要吸吮兩邊乳房才夠飽,而且吃夜

奶的次數可能較多。儲存量大的乳房容許寶寶吃奶餐數少、每次只須吸吮一邊乳房便足夠，而且吃夜奶的次數可能較少。乳房的儲存量可影響每次吃奶的表現，但奶量是整天計算的。乳房儲存量小同樣有潛能製造足夠整天的奶！

對於泵奶媽媽也一樣。儲存量大者，每次泵得多些，可每天只泵四次，若要求這些媽媽每天泵八次，結果反而造成乳汁太多。儲存量小者，雖然每次泵得不多，也不要以為自己奶量少，只要泵得頻密些，如每天八次，整體奶量也可與儲存量大者相同。

若兩次泵奶的相隔時間突然拉長了，儲存量大者會發覺那次泵奶量會明顯增多；但儲存量小者只比平時多一點點。結論是儲存量大者的出奶節奏相對較有彈性。

第
9
章

常見誤解

乳頭大，寶寶含不下？

我們常常說：「正確的吸吮是需要寶寶張大口，含著媽媽的乳頭和大部分乳暈。」以邏輯推斷，媽媽乳頭的體積必須較寶寶的嘴巴小，才可讓寶寶成功吸吮乳房。大女兒出生不久，筆者便在醫院很努力地餵母乳，但女兒的嘴巴卻張得不大。某天，有位護士來指導餵奶，她看看筆者的乳頭然後說：「你的乳頭太大了，你的寶寶很難把它完全含著。」當時筆者心裡一沉，並有點疑惑，女兒明明打呵欠或大哭時嘴巴張得很大，為何吃奶時只微微張開呢？當時筆者唯有繼續嘗試不同的姿勢，希望女兒的嘴巴張大一點。究竟乳頭大會否影響寶寶的吸吮呢？

寶寶嘴巴總有一天比乳頭大

絕大部分寶寶的嘴巴都能夠張得大過媽媽的乳頭的，嘴巴張得小可能與媽媽抱寶寶的姿勢、擺位、寶寶的吸吮能力或當時寶寶是否肚餓有關。乳頭的大小沒有絕對標準。如果寶寶的嘴巴相對較小（例如出生時體重輕），而媽媽的乳頭又相對較大時，起初可能會令寶寶吸吮時有點困難。由於乳頭大小大體是不變的，當寶寶一天一天長大，吸吮能力一天一天進步時，情況會漸漸改善。經過 3 至 5 週的學習，筆者的大女兒終於學懂怎樣張大嘴巴吸吮了。

9.3

餵母乳令乳房下垂？

醫學界對這方面的研究並不多，大部分學者認為乳房的大小和形狀出現改變，主要是因為懷孕時（尤其首 20 週）乳腺的增長，與餵哺母乳沒有直接關係。

繼青春期乳房發育後，懷孕和餵哺母乳是乳房發育的延續，而回奶則標誌著整個發育過程的結束。不論是否餵哺母乳，乳房從懷孕起便經歷以上的改變。餵哺期間左右乳房即使有大小不一的問題，回奶後大致會回復餵哺前的體積。

用奶瓶會乳頭混淆？

乳頭混淆抑或偏愛奶瓶

在醫學界，「乳頭混淆」（nipple confusion）是個具爭議的題目。吸吮乳房與吸吮奶瓶的機械原理截然不同（詳見第 4.7 篇及 8.9 篇），有些人認為部分嬰兒習慣了吃奶瓶的嘴形後就無能力再吸吮乳房，所以稱為乳頭混淆；但事實上有些嬰兒不是無能力再吸吮乳房，只是他偏愛奶瓶的人造乳頭（nipple preference）或是偏愛奶瓶的流量（flow preference）罷了。這些使用過奶瓶吃奶的嬰兒日後會否再吸吮乳房，有以下三個可能：

1. 不須培訓，輕易再吸吮乳房。
2. 初時不願意吸吮乳房，經再培訓後克服了困難，成功再吸吮乳房。
3. 再培訓失敗，始終不再願意吸吮乳房。

世界衛生組織於 2017 年發表的報告指，足月寶寶即使於早期使用奶瓶，也不減低 6 個月的哺乳率；但早產寶寶若於早期使用奶瓶，會減低 6 個月的哺乳率。

現時沒有準確的調查統計有多少嬰孩有乳頭混淆或偏愛奶瓶的情況，更沒有可靠方法評估哪些嬰孩（不論足月或早產）有此情況。因此，如果你對餵哺母乳的期望頗高，尤其早產嬰兒，奉勸你在首 3 至 5 星期盡量不要使用奶瓶。可是，若你嘗試用其他餵奶方法但出現困難，而寶寶的體重又直線下降的話，那麼短暫使用奶瓶也是一條出路。筆者建議在使用奶瓶的同時，切勿忘記保持與寶寶肌膚接觸、觀察寶寶早期的肚餓信號及讓寶寶頻密吸吮乳房。有時寶寶會給我們意外驚喜，在某月某日突然學懂吸吮乳房呢！

本篇參考資料

* World Health Organization. (2017). *Protecting, promoting and supporting breastfeeding in facilities providing maternity and newborn services.*

第 9 章 ● 常見誤解

母乳寶寶一定睡得不好？

不少父母常常為孩子的睡覺問題煩惱，部分更把孩子睡得不好歸咎於吃母乳，為了讓孩子睡得好些，往往補充奶粉，甚至毅然斷奶。究竟吃母乳是否導致寶寶睡得不好的原因？以母乳餵哺的寶寶會否變得慣性依賴吸吮乳房才能入睡而不懂得自己睡覺呢？筆者嘗試以個人經驗加上醫學知識跟大家好好分析。

高質素睡眠有三大功用

人生最少花三分一時間在睡眠上，可想像睡眠對人有多重要啊！

1. 讓腦部休息，清除神經毒性廢物（neurotoxic waste），對嬰幼兒的腦部發展尤其重要。睡得好，小孩「精靈」些，學習快些。
2. 調節食慾和新陳代謝。
3. 生長荷爾蒙的水平於晚上較高，晚上睡得好能進一步提升生長荷爾蒙的水平，促進小孩生長。

缺乏優質睡眠的不良後果

長期缺乏優質睡眠對兒童及父母的身心，甚至整個家庭都造成負面影響。缺乏睡眠的兒童表現沒精打采、集中力差、記憶力差，從而影響

學習能力。缺乏睡眠也影響情緒，例如：暴躁、衝動，甚至過度活躍。此外，長期缺乏睡眠易造成肥胖，為什麼？睡眠不足會影響某些調節食慾的荷爾蒙水平，如升高了皮質醇、降低了瘦蛋白（leptin），結果刺激了食慾。此外，睡眠不足引致的疲勞會令人減少體能活動，以致減少熱量消耗；疲勞也會改變人的飲食習慣，如選擇進食不健康的食物。

孩子睡得不好，即照顧者都身心疲累，結果降低免疫能力、容易有負面情緒，甚至情緒病，影響夫婦關係及整個家庭的和諧。

每天要睡多少？

根據 2015 年美國國家睡眠基金會（US National Sleep Foundation）的建議（表 9.5.1），年紀愈小，需要睡眠的時間愈長。

表 9.5.1：每日睡眠時間的建議

年齡	每日建議睡眠時間
0 至 3 個月	14 至 17 小時
4 至 11 個月	12 至 15 小時
1 至 2 歲	11 至 14 小時
3 至 5 歲	10 至 13 小時
6 至 13 歲	9 至 11 小時
14 至 17 歲	8 至 10 小時
18 至 25 歲	7 至 9 小時
26 至 64 歲	7 至 9 小時
65 歲或以上	7 至 8 小時

嬰兒睡眠週期短 [1]

睡眠以週期運作，淺睡、熟睡和清醒循環出現。淺睡時眼球轉動快（可能會發夢）、身體及四肢會活動，呼吸淺而不規律（見第 1.1 篇圖 1.1.2）。熟睡時，身體及四肢甚少活動，呼吸平穩，不易受外界環境影響（見第 1.1 篇圖 1.1.3）。年紀愈小，睡眠週期愈短，但淺睡的比例愈多。初生嬰兒的睡眠週期平均只有 30 至 50 分鐘，隨年齡漸漸拉長，直至 5 歲與成人相約（成人的睡眠週期長達 90 分鐘）。淺睡的比例也從初生嬰兒佔 50%，降至 6 個月只佔 30%（成人佔 20%）。每個週期之間有短暫半清醒狀態，嬰兒期半清醒的次數較多，會發出聲音；當孩子漸長，短暫半清醒次數漸少，可能只需輕撫一會，他便繼續安睡。

嬰幼兒需要日間小睡

嬰幼兒需要飲食多餐，於是睡眠也須間歇進行。小睡也讓腦部間歇地休息，清除神經毒性廢物。年紀愈小，需要小睡的次數愈多。詳見表 9.5.2。

1　• Raising Children Network (Australia). Babies: Sleep. Retrieved from http://raisingchildren.net.au/babies/sleep
　　• Roffwarg, H. P., Muzio, J. N., & Dement, W. C. (1966). Ontogenetic development of the human sleep-dream cycle. *Science, 152*(3722), 604–619.
　　• Thiedke, C. C. (2001). Sleep disorders and sleep problems in childhood. *American Family Physician, 63*(2), 277–285.
　　• US National Sleep Foundation. Sleep duration recommendations. Retrieved from http://sleepfoundation.org/how-sleep-works/how-much-sleep-do-we-really-need

表 9.5.2：嬰幼兒日間小睡和夜奶的建議 [2]

年齡	日間小睡			夜奶 [3]
	早	午	黃昏	
1 至 3 個月大	約每 2 小時小睡一次			✓
4 至 8 個月大	✓	✓	✓	✓ 或 ✗
9 至 12 個月大	✓	✓	✗	✗
13 至 21 個月大	✓ 或 ✗	✓	✗	✗
22 至 36 個月大	✗	✓	✗	✗
37 至 60 個月大	✗	✓ 或 ✗	✗	✗

1. 1 至 3 個月大，通常在睡醒後 2 小時內就會感到疲倦，須要再睡覺。

2. 4 至 8 個月大，通常在日間需要三次小睡（早、午、黃昏），而每次小睡通常需要 1 至 2 小時。一個完整的睡眠週期，由淺睡到熟睡約 30 至 50 分鐘，所以少於 30 分鐘的小睡是太短了。晚上會睡得較長。有些仍須吃約兩次夜奶（通常在晚上 11 至 12 時和凌晨 3 至 4 時）。50% 至 80% 寶寶於 9 個月大前不用吃夜奶。

3. 9 至 12 個月大，寶寶在早上和下午需要小睡，不需要黃昏的小睡，晚上會睡得較長，大部分不需要吃夜奶。

4. 13 至 21 個月大，需要 1 至 2 次小睡，有些不需要早上的小睡。

5. 22 至 36 個月大，通常一次午睡已足夠了。

6. 37 至 60 個月大，有些寶寶仍需午睡。

2　表內「✗」代表沒有，「✓」代表有。修改自 Weissbluth, M. (2015). *Healthy sleep habits, happy child: A step-by-step program for a good nights sleep* (2nd ed., pp. 102–219). New York: Ballantine Books.

3　日落後吃奶就是夜奶，寶寶約在 6 至 9 個月大前斷夜奶。

第 9 章 ● 常見誤解

兒童腦部發育與睡眠的關係

睡眠是由腦部控制的，初生寶寶的腦部尚未成熟，所以睡眠沒有規律或不懂自行入睡是正常的。睡眠的表現會隨著腦部發育的進程而漸趨成熟。早產嬰須以更正年齡計算。

首 1 個月：不分晝夜、不懂自行入睡

初生寶寶胃部小，須頻密吃奶，也未懂得分辨日夜，作息與飽餓直接聯繫，即餓會醒、飽會睡。外在環境因素（例如：光暗和聲音）不會對他的睡眠時間有任何影響，俗語謂「嘈到拆樓也照瞓」。

此階段需依靠人安撫入睡，其一方法便是「吸吮」。「吸吮」是與生俱來的需要，除解決肚子餓或口渴的需要外，也能安撫入睡。初生寶寶未懂得自行入睡，「安慰」的吸吮是無可避免的。乳房便充當孩子的「人肉奶嘴」了！

1 至 3 個月：開始分辨晝夜

1 至 3 個月大的寶寶開始懂得分辨日夜，作息開始有些規律，其中一次睡覺的時間會稍為拉長。早產嬰需要遲些才能做到呢！此階段仍需依靠人安撫入睡。

3 個月：懂自我安慰（self-soothing）

這是寶寶睡眠發展的重要里程碑，明顯懂得分辨日夜，睡眠鞏固（sleep consolidation）和睡眠調控（sleep regulation）方面也成熟

不少。睡眠鞏固指可連續睡長一點，少數還可一覺睡天光。睡眠調控指開始有自我安慰的能力，減少依賴別人哄入睡，即使於睡眠週期之間有短暫半清醒狀態，有些還可以自行入睡，不用照顧者出動呢！

６至９個月：一覺睡天光（６至８小時以上）

約 6 個月起，開始掌握「物體恒存」（object permanence）的概念。他開始明白看不見不等於不存在，藏起了的玩具並沒有消失，反而嘗試尋找。擁有物體恒存的概念幫助寶寶建立安全感，就算看不見照顧者，他仍知道照顧者的存在。睡覺時，寶寶相信與照顧者只屬短暫分離，睡醒後會再見到照顧者。自行入睡雖是每個寶寶的自然本能，但也是後天須要學習的行為。如果照顧者恒常哄寶寶入睡，他便沒有機會學習自行入睡了。寶寶將照顧者的哄睡方法與睡眠聯繫起來，這稱為「依賴照顧者睡眠聯繫」（caregiver-dependent sleep association）。當他半夜醒來時，物體恒存概念驅使他大哭去尋找照顧者哄睡。

約 8 個月起，寶寶開始有分離焦慮（separation anxiety）。寶寶睡覺時，與照顧者屬某程度的分離，所以，他可能感到焦慮而不願睡覺。此外，這階段寶寶活動能力明顯增多，若懂得爬行或站立，他或會寧願多活動而不願睡覺。

因著以上所述，即使寶寶於 3 個月大已懂自行入睡，甚至戒掉夜奶，有些寶寶也突然在 6 至 8 個月大後（高峰期是 18 個月大）半夜哭鬧起來，家長以為他肚餓要吃夜奶，其實大多不是吃奶的需要，而是睡眠問題啊！

何時不用吃夜奶？

初生嬰兒胃部細小，又未懂得分辨日夜，吃夜奶是正常的。過早強行戒夜奶對寶寶的生長會有不良影響。當孩子漸長，他會自行調節在日間攝取多些熱量，當日間攝取的熱量已經足夠他 24 小時所需，便自然不吃夜奶了。統計數字 [4] 指約 50% 至 80% 寶寶在 9 個月大時會「一覺睡天光」。如果 9 個月大以上的寶寶仍然在晚上經常哭鬧，很大機會不是吃奶的需要，而是「依賴照顧者睡眠聯繫」的問題。讓我們探討一下嬰幼兒睡眠問題常見的原因和解決方法。

三成嬰幼兒有睡眠問題

世界各國有多少嬰幼兒有睡眠問題呢？美國的研究數字 [5] 是 20% 至 30%（嬰幼兒至學前兒童），澳洲數字 [6] 是 36% 至 45%（6 至 12 個月）。嬰幼兒的睡眠問題包括以下情況：

- 3 個月大以上作息沒有規律；每次睡眠時間很短；睡眠質素差，睡醒後仍沒精打采。
- 9 個月大以上，晚上哭醒兩次或以上，並無法自行入睡。

4　Mindell, J. A., & Owens, J. A. (2015). *A clinical guide to pediatric sleep: Diagnosis and management of sleep problems*. Philadelphia: Wolters Kluwer.

5　Mindell, J. A., Kuhn, B., Lewin, D. S., Meltzer, L. J., & Sadeh, A. (2006). Behavioral treatment of bedtime problems and night wakings in infants and young children. *Sleep, 29*(10), 1263–1276.

6　Lam, P., Hiscock, H., & Wake, M. (2003). Outcomes of infant sleep problems: A longitudinal study of sleep, behavior, and maternal well-being. *Pediatrics, 111*(3).

嬰幼兒的睡眠問題會否隨他們長大而自動消失？答案是少數可以 [7]。如你懷疑你的孩子有睡眠問題，建議你將孩子 24 小時的飲食作息記錄下來，做 5 至 7 天的記錄。若持續有以上的情況，建議家長及早正視問題，可嘗試下文建議的解決方法。如情況仍然持續，建議尋求專業指導，避免因長期缺乏睡眠而對孩子及家庭帶來不良影響。

6 至 9 個月以上寶寶為什麼睡得不好？

1. 作息沒規律、缺乏睡前常規、生活習慣被擾亂，令孩子無所適從。
2. 「過度疲倦」更難入睡。

   問：日間刻意不讓寶寶小睡或晚上遲些睡，可否幫助他夜間睡得好些？

   答：這是常見的誤解，原因是小孩發展中的腦部需要間歇地休息。若錯過了最容易入睡的時刻，便進入「過度疲倦」（overtired）的狀態（圖 9.5.1）。小孩與成年人很不同。睏倦時成年人會打呵欠、躺在沙發上、閉上眼睛等；但「過度疲倦」的小孩卻會不斷哭鬧、掙扎或發脾氣，有些則會強撐甚至表現成過度活躍似的！若日間缺乏小睡或晚上太遲睡，他就會「過度疲倦」，更難入睡或者影響睡眠質素。這些小孩通常在日間情緒會變得不穩定，晚上又經常哭和不願睡覺。相反，日間定時小睡及早睡早起有助晚上入睡和提升睡眠質素。嬰幼兒每日小睡的次數建議，詳見表 9.5.2。

7　Mindell, J. A., & Owens, J. A. (2015)

第
9
章　常見誤解

3. 過分依賴照顧者哄入睡

   若照顧者慣性哄寶寶進入熟睡，如吸吮乳房、吸吮奶瓶、抱著輕搖、抱著輕拍、抱著步行等，寶寶便將這些行為與睡眠聯繫起來。一旦半夜醒來，他便哭著要靠人再哄入睡，這樣便花上不少時間和精力而影響睡眠質素。相比自行入睡，被哄入睡花較多時間，且睡眠質素較差。

4. 生病

   寶寶用哭鬧表達身體的不適，例如：痕癢的濕疹。若持續哭鬧或有其他病徵，建議找醫生檢查。

5. 其他因素

   性情較強的寶寶、父母較焦慮、媽媽抑鬱症、親子關係欠安全感。母嬰同牀較容易令寶寶把照顧者的存在與入睡聯繫起來。

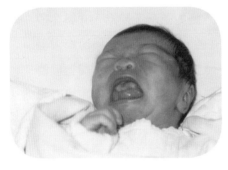

圖 9.5.1
過度疲倦，不斷哭鬧。

早些吃固體食物可否睡得好些？

很多人都有這個想法，以為寶寶愈早開始吃固體食物愈好。研究顯示這個做法不但對睡眠沒有幫助，而且寶寶若太早（小於 4 個月大）開始吃固體食物，更有機會對健康造成不良的影響，例如增加患敏感症的機會。

母乳寶寶也睡得好

一份歐洲的研究報告[8]顯示，在母乳內有一種稱為核苷酸（nucleotides）的天然物質，這種物質在夜間的分量特別高，它除了幫助孩子身體發展外，原來也有催眠作用呢！既然如此，為何有人指母乳寶寶較多半夜哭鬧呢？

餵母乳本身不會導致睡眠問題，而是吃飽後，媽媽仍充當人肉奶嘴，以致寶寶慣性地依賴吸吮乳房才能入睡，俗稱「奶睡」，結果寶寶不懂得自行入睡。補充奶粉或毅然斷奶，究竟是否解決「奶睡」的唯一辦法？世衛建議餵母乳2年以上，究竟持續餵母乳和自行入睡可以並存嗎？筆者個人經驗告訴大家，是可以雙贏的。老大和老二吃夜奶至9個月大，是筆者用下文介紹的方法讓他們學習自行入睡及戒吃夜奶的，但他們於日間和睡前吃母乳維持至19個月及2歲。老三最瘦削，5個月大已自行戒夜奶，但日間和睡前吃母乳至2歲半。三個孩子都是自然離乳的。

寶寶安睡，家長有責

自行入睡雖是人的自然本能，但也是後天須要學習和培養的行為。有些孩子不用父母操心，自動自覺便定時作息。有些孩子卻很易受外在環境影響，家長須從旁幫助他們建立健康的睡眠習慣。

---

8   Sánchez, C. L., et al. (2009). The possible role of human milk nucleotides as sleep inducers. *Nutritional Neuroscience, 12*(1), 2–8.

第9章 ● 常見誤解

寶寶安睡基本步

因應寶寶的年齡，家長如何培養寶寶健康的睡眠習慣？或怎樣預防睡眠問題的出現？

1 個月起：

- 營造日夜不同的睡眠環境，鼓勵寶寶天黑後睡多些。
- 睡前 20 至 45 分鐘前，進行睡前常規（sleep routine），例如洗澡、換衣服、吃奶、聽音樂、關燈、關窗簾等。
- 要細心觀察寶寶的精神狀態，在寶寶開始有倦意時，例如：活動節奏減慢、手擦眼睛、打呵欠等（圖 9.5.2、圖 9.5.3），便開始睡前常規，防止他因「過度疲倦」而難於入睡（圖 9.5.1）。
- 在寶寶有睡意但清醒（還未熟睡）時把他放在牀上，嘗試讓他自行入睡。只是嘗試，不要期望寶寶一定做到。

3 個月起：

- 以上四點。
- 日間定時小睡（小睡次數視乎年齡，見表 9.5.2）。
- 晚上早點睡有助寶寶安睡。要多早才算合適呢？人類是「日出而作，日入而息」的動物，從生理的角度看，太陽落山天黑應是嬰兒需要入睡的時間，日出就是他要睡醒的時候。有些學者指出，大部分 6 至 12 個月大的寶寶適宜在晚上 6 至 10 時睡覺[9]。生長荷爾蒙水平於晚上較高，如晚上睡得好，能進一步促進小孩的生長。

9　Raising Children Network (Australia)

餵哺母乳，知易行難？（增訂版）

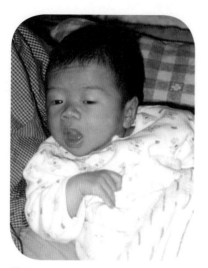

圖 9.5.2
有倦意，活動節奏減慢。

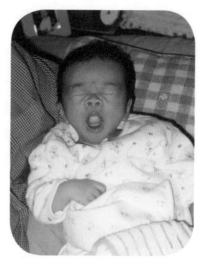

圖 9.5.3
有倦意，打呵欠。

寶寶不肯睡、哭醒，怎麼辦？

如做足以上的預防措施仍無法令寶寶安睡，可參考以下方法拆解睡眠聯繫的問題。第一個方法是無動於衷法，歷史較悠久，但需要照顧者忍受寶寶連續數小時或以上的哭鬧。不易做，但可以很快見效！第二個方法是控制安撫法，近七十年代的發展，是無動於衷法的變奏版，寶寶持續哭鬧的時間較短。第三個方法是露營法，或稱陪睡，是最溫和的方法，但學習時間可能較長。控制安撫法和露營法都是近年較多研究 [10] 採用的方法，7 至 21 個月大嬰幼兒的成功率高達 80%。

10　Raising Children Network (Australia)

1. 無動於衷法（extinction）[11] ——「零」安撫

在安全的情況下完全不理會寶寶的哭鬧，直至他入睡，因為深信這些哭鬧只是要求照顧者的注意，無其他原因。這方法可能 4 至 7 天便見效，尤其用於訓練寶寶晚上自行入睡。哭鬧可能愈來愈激烈，照顧者要有堅毅不屈的精神去忍受可能連續數小時或以上的哭鬧。一旦中途回應了寶寶，他便以為哭鬧時間愈長，照顧者會來安慰他，結果變本加厲，下次再哭鬧多些！

筆者的大女兒過往經常於黃昏至午夜時分哭鬧，要不停地吸吮乳房但又不是很肚餓，半夜也經常哭醒，但讓她吸吮乳房時她又吮得不認真，令早上要上班的筆者身心疲累。看了 Dr. Weissbluth 的書後，與丈夫商議後決定在她 9 個月大時試行此方法。第一晚她大哭了 4 小時才入睡，第二晚只哭了差不多 1 小時，第三晚便自行安靜睡覺了。最初也擔心女兒哭得太久會影響她的身心或親子關係，結果發現是不會的，她睡得很好，早上醒來時很精神，而且與她的關係很好。有了老大的經驗後，老二在 9 個月大時都只需要 2 天便不再午夜醒來，他哭鬧的時間也較短。至於老三，筆者只在日間短暫採用控制安撫法幫助他日間定時小睡，然後從 5 個月大起他便自動自覺從晚上 7 時睡到翌日早上 6 時呢！

11　Thiedke, C. C. (2001: 277–285)

餵哺母乳，知易行難？（增訂版）

2. 控制安撫法（controlled comforting）[12]—— 「5-10-15-20」

若寶寶哭醒，父母不用立即回應寶寶的哭鬧，第一次等 5 分鐘才回應，可輕拍寶寶或輕聲與他說話 1 分鐘或直至寶寶收聲，便立即離場。不要待他熟睡才離場。回應時用堅定而中性的態度，減少與寶寶眼神接觸，避免大聲叫罵或太憐惜。若稍後寶寶再哭鬧，這次等 10 分鐘才回應，如此類推。家長可自行決定回應哭鬧時間的長短，如 2-4-6-8-10 或 3-6-9-12 分鐘。建議用計時器，否則 2 分鐘猶如千年啊！如母嬰同房，可加屏風於大人和寶寶牀之間，讓寶寶看不見照顧者。若寶寶 1 小時後仍不肯小睡就不要勉強，待下次小睡再試。

此方法有助訓練日間小睡，整個過程不應超過 1 小時，恐怕阻延孩子接著的睡覺時間。若用此方法訓練寶寶晚上自行入睡，便需逐漸加長時間，直至翌日早上。有研究指此方法可於 3 至 14 日內，有效幫助 7 至 24 個月大嬰幼兒自行入睡。老二和老三從 3 個月大起，我嘗試用這方法培養他們日間小睡，幾個星期內他們的日間作息開始有規律了。

---

12 Raising Children Network (Australia)

3. 露營法（camping out）[13] ——「陪睡」

相比控制安撫法，露營法更加溫和，約 7 至 21 日見效。照顧者把椅子或大人牀放在寶寶牀邊陪伴他，直至他睡著。陪睡期間除非有危險發生，否則別理會寶寶的哭聲。若寶寶入睡後再哭醒，家長須再陪睡，陪睡時可輕拍寶寶入睡，但不作聲，不抱起寶寶。寶寶慢慢會明白即使照顧者不抱起他，也正在旁陪伴。如寶寶可於數日後以此法安睡，照顧者可逐漸將陪睡的距離拉遠，可遠至在房門外。

成功要訣

- 無論採用哪個方法，必先確保孩子吃飽，及做足以上預防過度疲倦的「寶寶安睡基本步」。

- 沒有方法是絕對好或不好，選擇自己和家人都接受的方法，你須保持貫徹堅定的態度，避免寶寶覺得你會退讓。

- 全家人行動一致，包括家中的其他大孩子。預告哥哥姐姐訓練寶寶的計劃，日間提供玩具和食物，請他們保持安靜，多讚賞他們的合作。若正在睡覺中的大孩子被寶寶的哭鬧聲吵醒，安慰他們不要擔心，鼓勵他們繼續睡覺。如有需要可安排他們暫睡在較遠的房間或到親友家暫住數天。

餵哺母乳，知易行難？（增訂版）

---

13 Raising Children Network (Australia)

- 個人認為趁寶寶懂步行前讓他學習自行入睡較理想，因為他不會攀爬牀欄，進行時家長較安心。若寶寶已經「識行識走」，家長需要更大的毅力，當孩子哭著爬上你的牀時，你便須把他放回嬰兒牀，可能須無數次重複這「Jack in the box」的動作！

- 首6至12個月，最安全是寶寶睡在嬰兒牀上。若環境所限需母嬰同牀，於睡眠訓練時，照顧者可背向寶寶睡。

- 選擇適合的日子進行，避免於生病、搬屋等情況。若訓練期間生病，可暫停。

- 最理想是日間和晚上用同一方法，減少寶寶混淆的機會。

- 有心理準備，訓練初期照顧者的休息時間會減少，要持著「長痛不如短痛」和「希望在明天」的心態。訓練期間寶寶哭鬧時，照顧者可做些自己喜歡的事，甚或帶著耳機聽音樂！

- 即使已成功解決問題，約 20% 機會在 2 星期後重蹈覆轍。不要灰心，通常再培訓數天便可以了。

- 雖然以上方法有 80% 機會成功，但總有失敗的個案，通常原因不明。建議數月後再嘗試或尋求專業指導。

哭不會「壞腦」

進行以上睡眠訓練時，孩子總會哭，究竟哭會否對孩子的心理造成傷害、破壞安全感，或影響親子關係？研究[14]顯示控制安撫法和露營法對孩子的睡眠習慣和家長的精神健康有中短期的好處；追蹤這些孩子到 6 歲，發現這些方法對孩子及家長都沒有長遠負面的影響。

靠「奶睡」增安全感？

安全感是否只從「奶睡」時得到？筆者認為能自行入睡都是一種有安全感的表現，因為有安全感的寶寶相信睡覺時與照顧者的分離只屬短暫，他有信心睡醒後會再見到照顧者。相反，超過 9 個月大仍要依靠照顧者才入睡，意味孩子對睡覺缺乏自信。

於孩子清醒時，與他建立親密的關係和安全感最要緊，清醒時餵哺母乳當然可以達到這目標。筆者相信上文所提的短暫睡眠訓練，換來孩子安心地自行入睡和優質睡眠，長遠計反而能加強孩子的安全感和自信呢！因此，當年筆者和丈夫都放心使用這些方法，亦樂於介紹給有需要的朋友。

14 Price, A. M. H., Wake, M., Ukoumunne, O. C., & Hiscock, H. (2012). Five-year follow-up of harms and benefits of behavioral infant sleep intervention: Randomized trial. *Pediatrics, 130*(4), 643–651.

戒夜奶 [15]

跟從上文所提的方法培養寶寶自行入睡後，通常夜奶也自動戒掉。如夜奶量不少，可參考下文將之逐步減少：

母乳餵哺：

如寶寶吸吮少於 5 分鐘，應代表那是安慰式吸吮，媽媽可立刻停止餵哺，用上文的方法安撫寶寶睡覺。吸吮多於 5 分鐘者，便將吸吮時間逐漸減少，每兩日減 2 至 5 分鐘。

奶瓶餵哺：

如寶寶吃奶少於 60 毫升，應代表是安慰式吸吮，可立刻停止餵哺，用上文的方法安撫寶寶睡覺。吃奶多於 60 毫升者，便將奶量逐漸減少，每兩日減 20 至 30 毫升。

第 9 章 ● 常見誤解

15 Raising Children Network (Australia)

本篇參考資料

- Lam, P., Hiscock, H., & Wake, M. (2003). Outcomes of infant sleep problems: A longitudinal study of sleep, behavior, and maternal well-being. *Pediatrics, 111*(3).

- Mindell, J. A., Kuhn, B., Lewin, D. S., Meltzer, L. J., & Sadeh, A. (2006). Behavioral treatment of bedtime problems and night wakings in infants and young children. *Sleep, 29*(10), 1263–1276.

- Mindell, J. A., & Owens, J. A. (2015). *A clinical guide to pediatric sleep: Diagnosis and management of sleep problems*. Philadelphia: Wolters Kluwer.

- Price, A. M. H., Wake, M., Ukoumunne, O. C., & Hiscock, H. (2012). Five-year follow-up of harms and benefits of behavioral infant sleep intervention: Randomized trial. *Pediatrics, 130*(4), 643–651.

- Raising Children Network (Australia). Babies: Sleep. Retrieved from http://raisingchildren.net.au/babies/sleep

- Roffwarg, H. P., Muzio, J. N., & Dement, W. C. (1966). Ontogenetic development of the human sleep-dream cycle. *Science, 152*(3722), 604–619.

- Sánchez, C. L., et al. (2009). The possible role of human milk nucleotides as sleep inducers. *Nutritional Neuroscience, 12*(1), 2–8.

- The Royal Children's Hospital, Melbourne Centre for Community Child Health. (2011). Sleep. *Community Paediatric Review, 19*(2), 1–6.

- Thiedke, C. C. (2001). Sleep disorders and sleep problems in childhood. *American Family Physician, 63*(2), 277–285.

- US National Sleep Foundation. Sleep duration recommendations. Retrieved from http://sleepfoundation.org/how-sleep-works/how-much-sleep-do-we-really-need

- Weissbluth, M. (2015). *Healthy sleep habits, happy child: A step-by-step program for a good nights sleep* (2nd ed., pp. 102–219). New York: Ballantine Books.

餵哺母乳，知易行難？（增訂版）

母乳寶寶偏瘦屬不正常？

近年，無論男女也流行瘦身，纖體公司成行成市。但是，「肥肥白白」、「大大隻隻」等仍是大部分人心中對「健康寶寶」的定義。「肥肥白白」是否代表最好？5個月大吃不到8安士奶是否不正常？為何吃母乳的寶寶會比吃奶粉的寶寶瘦？

多種因素影響出生時的體重與日後的生長情況

有媽媽問：「為什麼寶寶出生時的體重是『大碼』，現在5個月大卻變成『細碼』？」

很多因素會影響嬰兒出生時的體重，例如母親的身高、營養狀況等。嬰兒出生時的體重也不能完全反映日後的生長情況。無論吃母乳或奶粉，首3個月是生長快速期，從3個月起，生長速度開始稍減，而且活動能力開始提高，消脂速度較快，這是正常的生理轉變期。而且父母的遺傳因素會主導嬰兒的生長潛能。相反有些嬰兒若在母體吸收較差，出生時體重較輕，他們的體重大多有潛力在日後提升。

「厭奶」的迷思

有媽媽問：「明明首 6 個月是全奶期，為什麼寶寶會厭奶呢？」

分析首 6 個月「厭奶」的三大原因：

1. 6 至 8 週大後：被周圍環境吸引了，吃奶分了心。
2. 3 個月大後：身體自我調節，生長速度稍減（首 3 個月是生長快速期）。
3. 首數月吃過量，後知後覺，現在自動調節吃少些。

無論吃母乳或奶粉，我們要相信所有寶寶都有自我調節食量的能力。家長須細心觀察寶寶的飽餓信號，然後衡量應該餵多少奶，這稱為順應餵養。這是近年嬰幼界最熱話題，避免寶寶吃過量，減少日後患肥胖症、糖尿病等機會。

加固後的「厭奶」更是正常不過的事情。家長不用過分擔心，只要注意飲食的均衡便可以了。

體重是否「達標」與生長圖表

又有媽媽問：「寶寶吃母乳，現在 9 個月大，為什麼總比吃奶粉的嬰兒瘦？」

嬰兒的體重是否「達標」其實視乎我們參考哪一個生長圖表。現時大部分本地醫護人員採用的生長圖表是根據香港中文大學的「香港 1993 年生長調查」而編製的[1]，當年的數據並沒有分辨兒童吃什麼奶，九十年代吃母乳的比例較現時低，因此這生長圖表未必能完全反映吃母乳兒童的生長情況。2006 年世界衞生組織發表的生長圖表[2] 顯示，吃母乳的寶寶在出生首 6 個月的體重比吃奶粉的寶寶較高；但在 6 至 32 個月期間，他們會比吃奶粉的寶寶較瘦削；在 32 至 60 個月期間，兩者的體重則沒有明顯的分別。

6 至 32 個月大的母乳寶寶較瘦削

筆者三個孩子的生長情況與上述世衞所描述的一樣。還記得大女兒在 4 個月時體重增長開始減慢，家人因此建議給她固體食物。當時筆者有些擔心是否因為自己的奶量不足，尤其上班時所泵出的奶量一直沒有提升；但見到女兒非常精靈健康，似乎沒有必要加入其他食物。當年筆者只憑單純的信心，覺得世衞建議 6 個月大才開始加入固體食物總有其理據，猶豫了 2 個月，最後決定在女兒 6 個月大才開始加入固體食物（關於何時加入固體食物，詳見第 4.21 篇）。很巧合地筆者三個孩子都是在 6 個月至 2 歲期間最瘦。老三最明顯，從 6 個月至 1 歲多時的體重都是「加細碼」（以本地生長圖表計，比最細碼的 3% 還要瘦），但從 1 歲半起，他的體重逐漸上升，現在 12 歲，身高和體重皆

1　Leung, S. F. F. (1995). *CUHK growth chart reference: A simple guide to childhood growth and nutrition assessment.* The Chinese University of Hong Kong.

2　這個給母乳寶寶度身訂造的生長圖表仍未在全球廣泛使用，包括香港。

與同齡小朋友相若。筆者期望更多醫護人員採用世衛的生長圖表評核吃母乳的寶寶，以免家長及醫護人員過分擔心。

本篇參考資料

- Leung, S. F. F. (1995). *CUHK growth chart reference: A simple guide to childhood growth and nutrition assessment*. The Chinese University of Hong Kong.
- Onis, M. D., Garza, C., Onyango, A. W., & Borghi, E. (2007). Comparison of the WHO child growth standards and the CDC 2000 growth charts. *The Journal of Nutrition, 137*(1), 144–148.
- World Health Organization. (2006). The WHO multicentre growth reference study (MGRS). Retrieved from https://www.who.int/childgrowth/mgrs/en/

9.7

餵哺母乳增骨質疏鬆？

懷胎老三時，有朋友知道筆者有兩個吃母乳長大的孩子，關心地問：
「你兩個孩子都吃了母乳2年，你會否擔心身體流失了很多鈣質，將來
容易患上骨質疏鬆症？」經她這樣關切地問候，當時心底有幾分憂慮
之餘，腦海裡更出現不少疑問。幸好近年對此課題有多些了解，終於
釋去心中的疑慮。

懷孕和授乳不會導致骨質疏鬆

無可否認，在懷孕期和授乳期間，媽媽的骨質會流失鈣質，以供應胎
兒和寶寶的生長需要。尤其在授乳期首6個月，鈣質的流失量比更年
期快很多倍。而且乳量愈多，鈣質的流失就愈多。幸好當寶寶漸漸長
大，約6個月大開始進食不同種類的固體食物後，寶寶對母乳的需求
會逐漸減少。隨著奶量減少，鈣質會快速地回升，骨的鈣質含量在回
奶後6個月可回復懷孕前的水平。到目前為止，醫學界的結論是餵哺
母乳只會短暫減少骨的鈣質。長遠而言，無論餵哺母乳多久，沒有足
夠證據指餵哺母乳會增加患上骨質疏鬆的機會。

本篇參考資料

- Ip, S., et al. (2007). Breastfeeding and maternal and infant health outcomes in
  developed countries. *Evidence Reports/ Technology Assessments, 153*(153), 1–186.
- Victoria, C. G., et al. (2016). Breastfeeding in the 21st century: Epidemiology,
  mechanisms, and lifelong effect. *The Lancet, 387*(10017), 475–490.

餵哺母乳增產後抑鬱？

有些人覺得近年社會大力提倡餵哺母乳的風氣，或會對一些對餵哺母乳有所期望而最終餵哺失敗的媽媽造成無形的心理壓力，嚴重的甚至成為引致產後抑鬱的部分原因。究竟產後抑鬱症的成因是什麼？餵哺母乳真的會增加患上產後抑鬱症的機會嗎？

抑鬱與餵哺失敗 = 雞與雞蛋

外國數字顯示，媽媽患產後抑鬱症的機會約是 10% 至 15%，本地數字約是 12%。雖然有些高危情況（例如意外懷孕、產前抑鬱等）較易令媽媽患上產後抑鬱症，但現時醫學界對產後抑鬱症的成因仍未有一致結論[1]。究竟是抑鬱令餵哺失敗，抑或是餵哺失敗引致抑鬱？很多研究都未有定論。整體來說，產後抑鬱與餵哺方法沒有直接關係，即餵哺母乳和餵哺奶粉有同樣的機會出現產後抑鬱。不過，對於一些有餵哺困難的媽媽，尤其是新手媽媽或缺乏支援的媽媽來說，餵哺母乳會帶來心理壓力。要了解產後抑鬱與餵哺母乳的關係，我們可從以下幾方面探討。

---

1   Dennis, C.-L., & Mcqueen, K. (2009). The relationship between infant-feeding outcomes and postpartum depression: A qualitative systematic review. *Pediatrics, 123*(4).

患產後抑鬱症的授乳媽媽
可能出現的特徵

1. 對餵哺母乳期望較高。

2. 對寶寶的反應過分著緊（若媽媽有較多焦慮病徵）。

3. 對寶寶的需要回應得較慢（若媽媽有較多抑鬱病徵）。

4. 對寶寶想吃奶的哭鬧表現出現負面思想，覺得寶寶討厭自己。

5. 對餵哺母乳不易有滿足感。

6. 對餵哺母乳缺乏信心。

7. 較多出現餵哺母乳的問題。

8. 較難面對或處理餵哺困難。

9. 遇上困難卻不願尋求協助。

10. 較快放棄授乳。

肌膚接觸能減低產後情緒低落

其實餵哺母乳不僅給寶寶提供糧食，過程中雙方的交流也會建立一種特別親密的關係。患產後抑鬱症的媽媽或會對寶寶的需要回應得較慢，對寶寶的哭鬧出現負面的思想，覺得寶寶討厭自己，因此母嬰關係可能較疏離。研究指胸貼胸的母嬰肌膚接觸能減少媽媽出現產後情緒低落的情況，因此，我們要鼓勵她們多與寶寶肌膚接觸。此外，肌膚接觸也能促進乳房的噴奶反射，有助餵哺母乳。若媽媽餵哺順利，我們應鼓勵她繼續授乳。餵哺母乳時產生的荷爾蒙有助媽媽穩定情

緒、減壓及提升睡眠質素。若出現餵哺問題，家人應鼓勵媽媽盡快向專業人員尋求技術和心理上的支援，幫助她克服困難。

如何幫助患產後抑鬱症的授乳媽媽

1. 患產後抑鬱症的授乳媽媽特別容易疲倦，餵哺姿勢要舒適，可採用側臥式（見第 5.1 篇圖 5.1.24 至圖 5.1.26）或半躺臥式（見第 5.1 篇圖 5.1.20）。

2. 可於每天某時段用擠或泵奶取代吸吮乳房，目的是讓媽媽每天有一段固定的休息時間。

3. 爭取家人和朋友的支持。

4. 首 3 至 5 週是餵哺適應期，要有多些正面的信念，相信「明天會更好」。

5. 若須服用抗抑鬱藥物，須與醫生商量，選擇適宜餵哺母乳的藥物。很多抗抑鬱藥物是安全授乳的。

餵哺母乳，知易行難？（增訂版）

本篇參考資料

• Dennis, C.-L., & Mcqueen, K. (2009). The relationship between infant-feeding outcomes and postpartum depression: A qualitative systematic review. *Pediatrics, 123*(4).

餵哺母乳減低性慾？

產後分身乏術

不少女士覺得當上媽媽後性慾大減，為什麼？首先，照顧初生小寶寶令人體力透支，再無餘力去想或做其他事情。尤其初為人母，在產後初期一切皆以寶寶的需要為首，往往連自己的需要也不顧，更遑論配偶了。再加上產後傷口疼痛等原因，性慾可能受影響。筆者也曾親身體會這種心情，第一次當上媽媽時格外緊張，一聽到女兒哭，隨即放下碗筷，箭一般撲向女兒，查看她的情況。

餵哺母乳未必減低性慾

在醫學界這是具爭議性的課題。有些研究指出餵哺母乳會減低性慾，但也有些研究持相反意見，認為餵哺母乳可以增加性慾呢！

授乳期性交問題解決有法

1. 餵哺母乳會降低雌激素的水平，可能減少媽媽的陰道分泌，性交時會因而感到疼痛。夫婦間多一些溝通，多一些前奏，甚至使用水溶性的潤滑劑都是有效的改善方法。

2. 在性交過程中，母體內荷爾蒙的變化可能令乳房滴奶，有些人可能覺得很不方便。餵哺寶寶後隨即進行性交或於性交前用手擠出少量乳汁可預防性交時滴奶。即使性交時滴奶，只須用手輕壓乳頭一會便可令滴奶停止。

夫婦關係不容忽視

1. 有了孩子後要維持良好的婚姻關係是每對夫婦的一大挑戰，關鍵是建立良好的溝通。若丈夫有生理需要，必須坦誠告訴太太；若太太當下不想性交亦要坦誠告訴丈夫，雙方要互相體諒。丈夫若能分擔家務或很有耐性地等待太太完成餵哺，都是體貼的表現，太太別忘記予以讚賞。即使雙方協議暫時不性交，也可改為非陰道性交；或以擁抱、接吻、愛撫等身體接觸表示親暱。當然心靈上的親密交流也同樣重要。

2. 不可停止「拍拖」。聽過不少有了孩子的夫婦說：「自孩子出生後，已很久沒機會一起逛街看電影了！」夫婦一起到戲院看電影或到公園散步也許是很「奢侈」的活動，但的確有效增進感情。若打算外出，要好好商量是「二人世界」還是帶同孩子一起。當父母是一生漫長的承諾，我們必須學習先照顧自己和配偶的需要，才有心力去照顧孩子的需要，良好的夫婦關係有助孩子身心健康地成長。有人說：「子女始終會長大，丈夫才是陪伴你一生一世的人。」筆者相信夫婦感情是要無間斷地、刻意地培養的，多些互相欣賞接納，間中給對方驚喜，偶爾的「二人世界」是值得的。有時筆者和

丈夫會相約「拍拖」，通常下班後先回家與孩子見見面再外出。某年某月的某個黃昏，筆者下班後相約丈夫「拍拖」，8歲的大女兒知道後一本正經地說：「你和爸爸又拍拖了，感情那麼好，一定很快又生 BB 啦！」筆者聽後會心微笑。

餵母乳不用避孕？

有媽媽為盡快再生育而放棄餵哺母乳，因為知道餵哺母乳會抑壓排卵。事實上，授乳媽媽也有機會受孕，只不過若是全餵母乳的話，成孕的機會相對較低而已。

哺乳閉經避孕法——須符合三個條件

因為造奶荷爾蒙有抑壓排卵的作用，所以餵哺母乳可以避孕，這稱為「哺乳閉經避孕法」（lactational amenorrhoea method, LAM）。這是最自然的避孕法，成功率更高達 98%。不過要有效地使用這避孕方法，必須符合以下三個條件：

1. 產後首 6 個月。
2. 全以母乳餵哺，沒有添加水、配方奶或其他食物。
   - 日間哺乳相隔不超過 4 小時、夜間相隔不超過 6 小時。
3. 仍未回復經期。
   - 陰道少量出血不算經期，如有懷疑，請咨詢醫護人員。

若不符合以上其中一個條件，例如在產後 6 個月內已回復月經、寶寶已戒夜奶，即不能完全依靠 LAM 來避孕。若以泵奶代替埋身親餵，造奶荷爾蒙的水平可能不同，或會影響 LAM 的成效。此外，產後 6 個

月以後，由於已逐漸引入固體食物，即使仍未回復月經，也不能依靠 LAM 來避孕。

身為三個子女的母親，筆者曾享受過三次「無月經一身鬆」的經歷。產後 9 至 12 個月後月經才恢復，連同懷孕的 10 個月，足足停經超過 18 個月，替我省回不少麻煩和金錢呢！

產後不同時期的避孕方法

不是所有餵哺母乳的媽媽都長時間停經的。即使是全餵母乳，有些媽媽也在 6 個月內回復月經。這樣，她不能依靠 LAM 來避孕了，必須考慮其他避孕方法。

認識一些餵母乳的媽媽為了避孕而非常煩惱。因為丈夫不願意用安全套，自己曾配戴子宮環卻感到不適，又怕忘記服避孕丸，亦害怕打避孕針之痛。混合性避孕丸和混合性避孕針所含的雌激素或會減少奶量，最好在產後 6 個月後才使用，因此，對產後 6 個月內的授乳媽媽而言，的確少了一些避孕的選擇。

一般而言，安全套及發泡丸可於產後任何時候使用。另外，產後 6 星期起餵哺母乳的女士可選擇俗稱「人奶避孕丸」的單一荷爾蒙避孕丸或單一荷爾蒙避孕針。產後 6 個月後還有其他選擇，包括混合性避孕丸和混合性避孕針。產後 9 個月後還可選擇子宮環。至於事後避孕丸，視乎服用哪種藥，有些可以繼續授乳，有些或須暫停哺乳 7 天。建議請教醫護人員。

了解寶寶真正需要才選擇避孕方法

有產後 2 個月的朋友為了調節月經而想打避孕針，於是打算停止餵哺母乳。筆者詳細了解後發現她不大明白寶寶為什麼需要母乳。當她了解寶寶的真正需要後，筆者向她介紹各種避孕方法的利弊，讓她自己衡量和選擇。結果她選擇繼續餵哺母乳，但因她不是全母乳餵哺，所以不能單靠 LAM 避孕，最後她選擇用單一荷爾蒙避孕丸。

月經來潮，不一定減奶量

因為產後最快約 5 週來月經，此時乳房剛進入奶量穩定期，全靠有效出奶使「製乳抑制因子」離開乳房，造奶荷爾蒙的變化對奶量的影響不大。不過，月經來潮期間，有些媽媽的心情會被影響，減少噴奶反射，從而間接影響奶量，但多屬短暫性。

從另一角度分析，來月經是減奶量的結果。為什麼？因為造奶荷爾蒙會抑制排卵，沒有排卵便沒有月經。當媽媽減少出奶，一方面奶量會減少，另一方面造奶荷爾蒙水平會下降，隨之有機會回復排卵。若卵子沒有受精，2 星期後便來月經了。

本篇參考資料

* World Alliance for Breastfeeding Action. LAM–The lactational amenorrhea method. Retrieved from http://waba.org.my/resources/lam/

餵哺母乳，知易行難？（增訂版）

一旦懷孕須停止授乳？

近年持續餵哺母乳的比率上升，令人非常鼓舞。餵到再度懷孕的媽媽也多了，她們會問：「懷孕期餵母乳安全嗎？餵母乳令子宮收縮，會引致流產嗎？」

風險仍未證實

正常低風險的懷孕可繼續授乳，因為研究[1]顯示，懷孕期餵母乳不影響胎兒生長。不過，對於高風險的懷孕與繼續授乳的關係則缺乏醫學研究。高風險的懷孕包括：有早產傾向（例如：多胞胎、以前曾經早產）、有胎盤發育不足的傾向（例如：妊娠毒血症）、異常出血或懷疑胎兒生長緩慢等情況，建議懷孕 24 週前停餵母乳。

懷孕時授乳的生理變化

1. 荷爾蒙的改變可能短暫引致乳頭疼痛，減低噴奶反射。
2. 荷爾蒙的改變會減低奶量。鈉的水平會提升，所以奶的味道會有些改變，有些孩子可能因此自然斷奶，老大 19 個月大斷奶時也正值筆者再次懷孕 2 個月。

---

1   Schanler, R. J., & Potak, D. C. (2018). Breastfeeding: Parental education and support. In *UpToDate*. Retrieved from https://www.uptodate.com/contents/breastfeedingparental-education-and-support

懷孕時授乳的心理變化

1. 懷孕初期的身體不適如嘔吐會影響繼續授乳的心情。
2. 授乳中的媽媽再次懷孕，心情往往百感交集。一方面開心地迎接新生命，另一方面又掙扎應否繼續授乳──若決定繼續授乳又恐怕奶量不足或體力能否應付等。這個時候，她們很需要家人和醫護人員的支持。

懷孕時授乳的注意事項

1. 確保吸收足夠熱量和均衡營養。
2. 餵哺姿勢：只要母嬰雙方都覺得舒服，用什麼姿勢都可以（圖9.11.1）。懷孕後期，有些媽媽喜歡側臥式，亦有些人坐著讓孩子側倚乳房上，這樣便可避免孩子壓著媽媽的肚子。

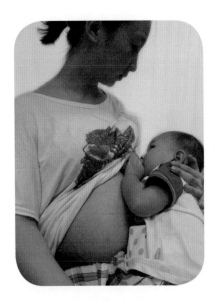

圖 9.11.1
媽媽懷孕 6 個月，坐著給歲半孩子餵哺母乳。

預備初乳給細寶寶

大部分人於產後 6 個月後才再懷孕。此時，寶寶也適逢加固，所以，對奶量的需求少了，乳房也開始進入回奶期。回奶乳的成分與初乳相若，量少但超多抗體，正好預備細寶寶出世後享用。回奶期接連著下胎的初乳期，這是多麼完美的創造啊！

大小寶寶一起吃母乳

即使孩子在媽媽懷孕時已經斷奶，當新生命誕生後，有些大孩子（尤其是 4 歲前）可能喜歡再吃母乳，此時媽媽須考慮是否接受同時餵哺兩個孩子了。若不想大孩子再吸吮乳房，可餵哺擠或泵出來的母乳。若媽媽選擇同時餵哺大小孩子（tandem nursing），應注意：

1. 入院生產前，多與大寶寶溝通，預告他與媽媽會有短暫分離，期間沒有母乳吃，希望他明白。避免在產前數天突然勉強大孩子斷奶。

2. 首數天初乳期，先讓細寶寶吃初乳。若媽媽仍在醫院，這正是她不用照顧大孩子而專心餵哺細寶寶的時候。若大孩子已經 1 歲半以上，可預先告訴他初生寶寶的需要，爭取他合作讓初生寶寶在首數天先吃初乳。要多讚賞他的行為，給予他做「小助手」的機會。

3. 上奶後，大細寶寶可以一同幫乳房調節奶量。這時，不一定讓細寶寶先吃奶，媽媽可選擇分開或同時餵哺兩個孩子。一起餵哺兩個孩子的姿勢五花八門，例如：欖球式抱法（大細寶寶各一邊）、用搖籃式餵細寶寶而大孩子坐著吃（圖 9.11.2）。

圖 9.11.2
同時餵哺大細寶寶：
搖籃式餵哺 3 個月大的細寶寶，
大寶寶坐著吃母乳。

4. 除非孩子患較嚴重的傳染病，否則媽媽毋須指定每個孩子各吃一邊
   乳房。如果孩子只患感冒，也不須限制他只吃一邊乳房，因為感冒
   病毒在病發前已開始傳染別人，而且母乳有豐富的抗體保護孩子。

問與答

問：大細寶寶一起吃母乳，會否不夠奶？

答：上奶後，大細寶寶可以一同幫乳房調節奶量。若細寶寶吸吮能力
    欠佳，大寶寶反而幫忙調高奶量呢！

問：大細寶寶一起吃母乳，奶的成分會否不配合細寶寶？

答：一般細寶寶出世時，大寶寶已經 1 歲以上，以吃固為主了。因
    此，母乳的成分主要是配合細寶寶而調節的。

本篇參考資料

* Lawrence, R. A., & Lawrence, R. M. (2015). *Breastfeeding: A guide for the medical professional* (8th ed., pp. 707–710). Elsevier.
* Schanler, R. J., & Potak, D. C. (2018). Breastfeeding: Parental education and support. In *UpToDade*. Retrieved from https://www.uptodate.com/contents/breastfeeding-parental-education-and-support

要照顧幾歲大孩子，無可能餵母乳給小寶寶？

照顧第一個孩子雖辛勞但可以很專注，有了第二個孩子的初期好不容易習慣，因為要同時照顧兩個小朋友的確很吃力。生第二胎後有些媽媽選擇放棄餵母乳，因為要花很多時間陪伴大孩子，無暇給初生寶寶餵母乳。有些媽媽知道寶寶需要母乳，為了兩全其美，於是做「全泵媽媽」（「全泵奶」的利弊詳見第 4.19 篇）。究竟是否真的不可能照顧大孩子的同時，又直接授乳給小寶寶呢？

心理準備始於懷孕

當大女兒 19 個月大時，筆者第二次懷孕，為了預防大女兒妒忌弟弟，懷孕時便開始為女兒作心理準備。好朋友借了兩本有照片的圖書給筆者，筆者經常和女兒一起閱讀。女兒看著書中的大孩子如何做媽媽的小助手，如何與初生的弟妹玩耍，她漸漸知道家中將有新成員出現。筆者有時更會用洋娃娃與女兒玩角色扮演遊戲。另外，應避免在小寶寶剛出生時突然給大孩子斷奶。

兼顧大小孩子要有智慧

可參考以下方法，不過須容許各方有最少 3 個月適應期。若大孩子仍表現不開心，要付出多些耐性，**繼續運用以下方法**：

1. 邀請大孩子當小助手，多讚賞他。
2. 父母代剛出生的小弟妹送小禮物給大孩子，恭喜他或她成為哥哥姐姐。
3. 一邊餵母乳，一邊與大孩子聊天或閱讀。
4. 安排與大孩子獨處的時間。
5. 有時以擠或泵奶代替小寶寶吸吮乳房，騰出時間照顧大孩子。
6. 爸爸或其他家人幫忙分擔照顧大孩子的任務。

筆者猶記得第一次經歷分身不暇是 2003 年某天下午，老二剛滿月，老大 2 歲 3 個月，丈夫假期剛結束要上班，兩個本來正在安然午睡的孩子忽然同時醒來，嚷著找筆者，究竟應該先回應誰呢？千鈞一髮之間，筆者決定先抱起老二，然後與老二一起去看老大。筆者相信餵母乳只是學習照顧兩個孩子的「入門版」而已。從老二出生那天起，筆者接受過無數次一心多用的訓練。你是否也願意接受這個挑戰？

吃母乳到 2 歲
變「裙腳仔」？

2012 年 5 月，《時代》週刊美國版封面刊登一位年輕媽媽給近 4 歲的兒子餵哺母乳的照片，引起大眾對如何育兒的爭論。究竟「虎媽」好，還是「依附育兒法」（attachment parenting）好？透過遲戒母乳、同睡和揹帶建立親密的親子關係是否恰當？也有父母擔心給 2 歲以上的孩子餵哺母乳會令他變成「裙腳仔」。究竟誰是誰非？

2 歲以上吃固體為主

世界衛生組織建議以母乳餵哺嬰兒至 2 歲或以上，然而當幼兒已超過 2 歲，他們日常所攝取的營養和熱量，大部分應是來自固體食物，母乳只佔小部分。一般而言，6 至 8 個月大的嬰兒有 70% 的熱量是來自奶類，9 至 11 個月是 55%，12 至 23 個月只有 40%。一個 4 歲的孩子，日常飲食已經與成人一樣，所以他們對母乳的需求應比嬰幼兒少。何時斷奶，則視乎孩子和母親雙方的需要。

建立親子關係，非單靠餵母乳

可以肯定的是，無論孩子多大，母乳中所含的營養和天然抗體仍然存在。至於餵哺母乳可讓母親和孩子建立親子關係，亦是肯定的。不過，餵哺母乳並不是建立親子關係的唯一方法，尤其當孩子漸長，其他活動如玩耍、聊天、閱讀、唱歌、一同吃喝或做運動等，都可以建立良好的親子關係，亦可藉不同形式的身體接觸如擁抱表達親暱。若說只有餵哺母乳才能建立親密的親子關係，未免不夠全面吧！

吃母乳的孩子自理能力高

一個 2 歲以上的小孩子，如果日常作息有規律，懂得自行入睡而不用依賴「人肉奶嘴」，又逐漸有自理能力，即使他須要每天吃一些母乳，也絕不會影響其心智發展的。要培養孩子照顧自己的能力和自信絕對是父母的責任。以筆者為例，老三現在 12 歲，吃母乳到 2 歲半。他自 5 個月大起從晚上 7 時睡到早上 6 時，而且自理能力頗佳，2 歲多便懂得穿衣。他喜歡做家務，3 歲多學摺衣服、洗碗碟（圖 9.13.1），4 歲多喜歡幫忙整理牀上的被子。他又喜歡準備食物，3 歲多已能用塑膠刀切芝士和蘋果（圖 9.13.2）；開派對前預備食物的環節必有他的參與。他的社交發展也很正常，他在學校、教會和課外活動的圈子也有自己的朋友。總括而言，筆者看不到長期餵哺母乳會令孩子變成依附在父母身邊的「裙腳仔」！

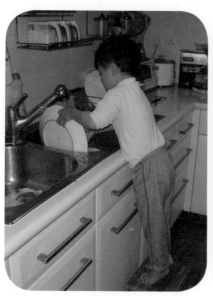

圖 9.13.1

筆者的老三喜歡做家務：
3 歲 9 個月大站在凳子上洗碗碟。

圖 9.13.2

筆者的老三喜歡做小廚師：
3 歲 9 個月大用塑膠刀切芝士和蘋果。

第10章
透視奶粉真相

奶粉的分類

過去一百多年來，配方奶（formula milk）的出現和發展確實令筆者對它有著「既愛且恨」的感覺。為什麼？若果沒有配方奶的發明，對於吃不到母乳而僅靠飲用普通牛奶的初生嬰兒來說實在是個大危機。牛奶的蛋白質和礦物質如鈣、磷的含量過高，初生嬰兒的腎臟未能負荷；而牛奶的鐵質含量太低，可造成貧血症，因此牛奶只適合 1 歲以上的寶寶飲用。配方奶成功把牛奶的蛋白質、鈣和磷等含量降低，同時提升鐵質含量和熱量。1 歲以下的寶寶若不飲用母乳，配方奶是唯一的替代奶品。現時市面出售的配方奶種類和牌子繁多，大部分父母是透過親友、廣告、傳媒或醫護人員推薦而作選擇。究竟不同種類的配方奶有何分別呢？父母應該怎樣選擇呢？

配方奶分三大類

1. 標準配方（1 號奶粉）

適合初生至 6 個月大的健康嬰兒。主要參考母乳的營養成分，以牛乳提煉和加工而成。有兩種包裝：一、奶粉，不是絕對無菌，必須跟隨世衛指引以正確方法用水沖調，詳見第 10.6 篇；二、經消毒已沖調的「水奶」，可即時飲用，適合感染風險較高的嬰兒，如早產、出生時體重輕、患病等。

2. 特別配方

專為有特別健康需要的嬰兒而設，例如「豆奶配方」、「無乳糖配方」、「低敏配方」。應由醫生按個別嬰兒的情況和需要建議使用。

3. 較大嬰兒配方（2、3、4 號奶粉）

適合 6 個月大或以上的嬰幼兒。

選擇前應考慮的因素

1. 奶粉的品質

製造商生產奶粉，均須符合國際認可的標準，例如世界衛生組織設立的食品法典委員會制定的標準（Codex Standard），或當地國家的奶粉成分標準，例如歐盟（Commission Directive on Infant Formula and Follow-on Formula, 2006）、美國食品藥品監督管理局、日本厚生勞動省等制定的標準。這些標準大同小異。因此，不同牌子的配方奶成分大致相同，家長宜選擇信譽良好的製造商。

2. 清晰的標籤說明

選擇奶粉時，應注意奶粉罐上的標籤有否清楚說明成分及沖調方法。以前有些日本配方奶可能只有日文標籤，並沒有英文或中文標籤，若沖調方法不正確，可令嬰兒健康受損。詳見第 10.6 篇。

第
10
章　透視奶粉真相

法例對奶粉的監管

香港的食品安全條例或標籤法對奶粉有監管嗎?

目前,《食物及藥物(成分組合及標籤)規例》(《香港法例》第132W 章)規定,所有預先包裝食物,包括配方奶均須加上食物標籤。食物標籤(food labelling)須列明食物名稱、配料表(包括配料、食物致敏物及添加劑)、保質期、特別儲存方法或使用指明、數量、重量和體積,以及製造商或包裝商的名稱和地址。標籤須使用中文、英文或中英文兼用。

從 2010 年 7 月起,對預先包裝食物實施強制性營養資料標籤制度(Nutrition Labelling Scheme)。營養標籤包括營養素表及營養聲稱。此制度旨在幫助消費者作出有依據的食物選擇,鼓勵食物製造商提供符合營養準則的食品,以及規管有誤導或欺詐成分的標籤和聲稱。不過,營養資料標籤制度並不適用於不足 36 個月大幼兒食用的配方奶及特殊膳食食物,因為製造商生產奶粉時均須符合世界衛生組織的食品法典委員會的標準及參考於 1981 年發表的《國際母乳代用品銷售守則》(International Code of Marketing of Breastmilk Substitutes)。可惜後者不是強制性執行,所以成效未如理想。審計署 2011 年 10 月的報告指出,在本港出售的嬰兒食品在營養標籤方面有多項不足之處,促請當局盡快採取行動,包括制定本地的《母乳代用品銷售守則》及強制規定業界遵守。2012 年 10 月政府就規管嬰兒奶粉銷售的守則——《香港配方奶及相關產品和嬰幼兒食品的銷售及品

質守則》（簡稱《香港守則》）的草擬本展開諮詢。自願性香港守則最終於 2017 年 6 月推出。守則所指的相關產品包括 0 至 36 個月大嬰幼兒食品、奶瓶、奶嘴及安撫奶嘴。

較大嬰兒配方奶

寶寶 6 個月大之後，要轉食 2、3、4 號奶粉嗎？

因為嬰兒約從 6 個月大起，生長不能單靠奶類，須從不同種類的固體食物攝取營養，所以就算繼續吃 1 號奶粉也沒有問題，不一定要轉換 2、3、4 號奶粉。

何時可飲成人牛奶？

1 歲後身體已有能力消化成人飲用的鮮奶和牛奶，而且價錢較 2、3、4 號奶粉廉宜得多呢！1 至 2 歲可飲全脂牛奶，2 至 5 歲適宜飲低脂牛奶，5 歲以上則適宜飲脫脂牛奶。另外也可選擇吃其他高鈣食物，如豆腐、深綠蔬菜、芝麻、蝦米、沙甸魚、芝士和乳酪等。

第 10 章 ● 透視奶粉真相

本篇參考資料

- 食物安全中心（2008）。《食物及藥物（成分組合及標籤）規例》。見 https://www.cfs.gov.hk/tc_chi/food_leg/food_leg_cl.html。
- 香港審計署（2011）。〈嬰兒及特殊膳食食物的營養標籤〉。《審計署署長第五十七號報告書》。見 https://www.aud.gov.hk/pdf_c/c57ch04.pdf。

餵哺母乳，知易行難？（增訂版）

奶粉添加成分仿母乳？

愈來愈多配方奶標榜含有多種「營養」添加劑，例如 DHA（脂肪酸）、牛磺酸（taurine）、益生素（prebiotics）及益生菌（probiotics）等，希望模仿母乳的成分及達致母乳餵哺的效果。究竟添加劑是否真的有助嬰幼兒生長及發展？

PHD 促進腦部發展？

數年前大事宣傳在配方奶加入的 PHD 能促進孩子腦部發展嗎？

有些配方奶加入磷脂（phospholipid），將之縮寫成 PHD，令人聯想起「博士」（Doctor of Philosophy, PhD），目的是為配方奶建立正面的形象，意味它可提升孩子的智力。究竟磷脂是否真的有此功用？

磷脂是組成身體所有細胞膜、腦部和神經組織的基本元素，也在輸送神經訊息上扮演重要角色。多數添加在配方奶的 DHA 是三酸甘油脂（triglyceride），但有配方奶指其添加的 DHA 是磷脂，不過，至今仍未有醫學證據顯示這些添加的磷脂對神經系統有幫助。

HMO 真的能增強免疫力？

母乳含超過 100 種不同結構的天然低聚糖，每個媽媽的奶含有的低聚糖組合都不相同。不同的低聚糖結構有不同的功用，例如：促進腸道益菌生長、阻止病原體黏附腸壁、抗菌等。近年大事宣傳在配方奶加入的「母乳低聚糖」（human milk oligosaccharides, HMO）這名詞極其誤導大眾。因為這些添加成分並不是來自母乳，而是利用基因工程、化學合成或從牛乳中提煉出來的人工製成品。目前仍未有證據支持這些添加的 HMO 能增強嬰兒的免疫力。

MFGM、Polar lipids 促進腦部發展？

母乳中的乳脂球膜（milk fat globule membrane, MFGM）由極性脂質 polar lipid（即磷脂 phospholipid）組成，有助腦部發育、腸道吸收及增強免疫能力。近年大肆宣傳添加牛乳脂球膜或牛乳脂（包括 polar lipid、alpha-lipid 和 S-lipid）的配方奶都有相同效果嗎？綜合研究結果，只有有限的醫學證據指這些配方奶的添加成分對嬰兒有長遠的好處。

奶粉添加成分不能仿母乳功效

由於這些添加劑多從牛奶或以其他化學方法提煉，其成分和吸收與母乳相比有頗大差別。現時仍沒有足夠的臨床證據證實這些添加的成分能為孩子帶來長遠的益處。歐洲食品安全局（European Food Safety Authority, EFSA）在 2014 年就配方奶及較大嬰幼兒配方奶的添加成分作評論，母乳的成分只讓配方奶作參考，並不代表配方奶的添加成分能發揮與母乳相同的功用，因為它們在人體內的吸收效率不同。配方奶要模仿母乳的功能應該機會很微吧！

本篇參考資料

- Cheng, R., & Leung, S. (2018). Baby Friendly Hospital Initiative Hong Kong Association E-newsletter: Fighting commercialisation for health. Retrieved from https://www.babyfriendly.org.hk/wp-content/uploads/2018/08/Baby-Friendly-E-News-August-2018_-Fighting-Commercialisation-for-Health.html
- Cheng, R. (2019). Baby Friendly Hospital Initiative Hong Kong Association E-newsletter: The additives in vogue: MFGM and polar lipids. Retrieved from https://www.babyfriendly.org.hk/wp-content/uploads/2019/10/BFHIHKA-Oct2019-Newsletter.pdf
- Scientific Opinion on the essential composition of infant and follow-on formulae. (2014). *EFSA Journal, 12*(7), 3760.

第 10 章 ● 透視奶粉真相

10.3

豆奶羊奶減敏感？

有媽媽說：「寶寶對牛奶配方敏感，唯有轉吃豆奶。」究竟這是否唯一的選擇呢？

不應盲目轉用豆奶

首先我們必須有充分證據確應寶寶對牛蛋白敏感，只有輕微肚瀉、嘔吐或紅疹未必代表寶寶對牛蛋白敏感。若寶寶真的確診對牛蛋白敏感，最好的選擇還是母乳。無法餵哺母乳者則建議採用低敏配方奶而非豆奶配方，因為有部分確診對牛蛋白敏感的寶寶，同時也對豆奶配方出現過敏反應。

豆奶配方的蛋白質是由豆提煉出來，大部分不含乳糖（lactose），但含庶糖（sucrose）或玉米糖漿（corn syrup）。整體而言，豆奶配方能提供足夠的營養。對於不選擇餵哺母乳的素食者而言，豆奶配方是一個選擇。若寶寶因為腸胃炎導致短暫性缺乏乳糖酵素而消化不到牛奶，暫停牛奶配方而轉吃豆奶配方對受損的腸臟會有些幫助。不過，更好的選擇還是母乳，因為母乳含修補腸臟的生長因子。此外，現時還沒有足夠證據證明長期食用豆奶配方能預防或減低嬰兒患敏感症或腸絞痛的機會。

豆奶配方有風險

豆奶配方含植酸鹽（phytate）及較高的鋁質，長期食用可能減低鈣的吸收。近年一些豆奶配方生產商已注意到這點而將產品加以改良，令鈣的吸收達致與標準配方相若。此外，豆奶配方含的植物雌激素以及基因改造豆的問題也受人關注。

羊奶中某些蛋白質與牛奶相似

市面上大部分的配方奶，均以牛奶為主要成分，羊奶配方並不普遍。以前歐洲國家普遍建議 1 歲以下的嬰兒不適宜飲用羊奶配方，但歐洲食物安全局於 2012 年稱羊奶配方適合初生及較大嬰兒[1]。有人說：「相對牛奶配方，羊奶配方較少引致敏感。」究竟這說法正確嗎？事實上，羊奶中的某些蛋白質與牛奶相似，嬰兒若對牛奶配方出現過敏反應，亦可能對羊奶配方有相似的反應，因此，羊奶配方並不是合適的代替品。

本篇參考資料

- Crawley, H., & Westland, S. (2013). *Infant milks in the UK: A practical guide for health professionals* (pp. 54–55). London: First Steps Nutrition Trust.
- UNICEF UK. (2014). *The health professional's guide: A guide to infant formula for parents who are bottle feeding*. Retrieved from https://www.fhs.gov.hk/tc_chi/health_info/child/12146.pdf
- UNICEF UK. (2015). *Guide to bottle feeding*. Retrieved from https://www.unicef.org/babyfriendly/wp-content/uploads/sites/2/2008/02/start4life_guide_to_bottle_-feeding.pdf

---

1   Crawley, H., & Westland, S. (2013). *Infant milks in the UK: A practical guide for health professionals* (pp. 54–55). London: First Steps Nutrition Trust.

第 10 章 ● 透視奶粉真相

牛初乳 ≠ 人初乳

「牛初乳」非初生嬰兒配方

數年前筆者首次在報章上看見大篇幅的「牛初乳」廣告，當時完全不知道「牛初乳」是什麼。猜想它可能是初生嬰兒的配方奶，心想聰明的奶粉商利用「初乳」的好處來吸引消費者吧！後來在市面上又看到「牛初乳」奶粉和營養素，標榜由牛的初乳製成，聲稱「有助提升免疫能力」。仔細查看使用說明後，發現這些「牛初乳」奶製品並不是初生嬰兒配方，不可給 1 歲以下的嬰兒飲用。

「牛初乳配方」抗體難被人吸收

媽媽產後數天分泌的乳汁，稱為「初乳」，含有大量抗病元素。初生嬰兒身體各方面仍未成熟，自行製造抗體的能力很低，媽媽的「初乳」猶如寶寶第一劑的「天然疫苗」。可是，現時仍沒有足夠的臨床證據，證實飲「牛初乳」奶粉能達致人初乳的效果。此外，牛乳所含的抗體，大都是針對牛的病原，它能否為人類寶寶提供實際的抗病保護，仍有待進一步研究。

「偏食奶粉」治偏食？

孩子偏食的原因

孩子偏食，有不同的原因：

1. 錯過食物探索期。6 至 12 個月大是「黃金食物探索期」，大部分寶寶在這階段喜歡嘗試不同種類的食物。有些孩子可能因為錯過此黃金機會而導致日後偏食。1 歲後，孩子或開始出現「抗拒嘗試新食物」（food neophobia）的表現，高峰期約 18 至 30 個月大，大部分人於 5 歲後有明顯改善。其實這是孩子正常的發展過程，他們會抗拒一些看來不熟悉的東西，避免吃到有害的食物，是人類「自我保護」的行為。抗拒嘗試新食物的程度因人而異，有些孩子的反應比較強烈，需要家長多些鼓勵。嘗試新食物是一個「學習」過程，進度有快有慢。有些小朋友只須嘗試幾次便接受新的食物，但有些人可能要嘗試十次以上才接受，家長不要輕易放棄。大部分人都會慢慢學懂享受不同的食物。過程中寶寶可能會有厭惡的表情，家長無須太擔心，多與家人或其他小朋友同枱進餐尤其有幫助。

2. 飲奶、喝果汁、吃零食過多。

3. 家長偏食，孩子有樣學樣。

4. 天生性格不容易接受新事物。

5. 對某些味道或質感有個人喜好。

「偏食奶粉」造成惡性循環

市面上一些標榜為偏食兒童而設的高營養「偏食奶粉」，其糖分及熱量均比標準配方奶或全脂牛奶高。依賴「偏食奶粉」，可能會進一步減低孩子進食正餐的胃口，造成惡性循環，加劇各種飲食問題，甚至營養失衡。此外，孩子攝取過多糖分及熱量，會增加肥胖及蛀牙的風險。若小孩習慣了較甜的味道，日後可能會拒絕進食較清淡的食物、不喜歡喝清水及更加偏食。

如何預防偏食？

1. 吃母乳。母親的日常飲食會改變母乳的味道，透過母乳，嬰兒從小可以嚐到不同食物的味道，令他日後較容易接受不同的食物。吸吮乳房有助顎面顱骨、嚼肌、下顎肌及牙齒的發育，有助日後咀嚼固體食物。

2. 家長如何引進固體食物會影響孩子對食物的喜好。家長應抓緊寶寶6 至 12 個月大的「黃金食物探索期」，提供不同味道及質感的食物讓他嘗試。

3. 18 個月大前戒奶瓶。因為長期使用奶瓶會妨礙顎面顱骨、嚼肌、下顎肌及牙齒的正常發育；也較易出現吃奶過多的情況。詳見第1.3 及 8.9 篇。

如何鼓勵孩子進餐？

1. 作息要定時，過度疲倦會減低孩子的胃口。
2. 避免吃奶過多，影響吃正餐的胃口。1 至 5 歲的孩子，喝奶的分量每天應為 360 至 480 毫升。
3. 避免於正餐前 2 小時內喝太多甜的飲品或吃零食。
4. 進食場地避免有電視、電腦、玩具等令孩子分心。
5. 不要在剛睡醒或玩得興高采烈時進餐，餐前 10 分鐘作心理準備。
6. 孩子有自己的坐位。
7. 讓孩子與家人或其他小朋友同枱進食，透過「模仿」學習進食。
8. 營造愉快的氣氛，切忌強迫進食，強迫只會造成反效果。家長要學會放鬆，愈緊張只會令孩子出現更多進食的問題。
9. 進餐過程多讚賞，不要只在孩子完成整餐或拒絕進食的時候才注意他。
10. 若孩子表示吃飽，便應停止進餐，一般時間限於 30 分鐘內，切忌追著他餵食。
11. 若孩子拒絕進食正餐，不要在用膳時間後給他吃奶或零食，因為這只會助長他以後不吃正餐。

改善偏食習慣妙法

1. 每餐提供 3 至 4 種食物讓孩子選擇，用不同烹調方法，分量不宜太多。「有得揀，開心 D !」好像我們吃自助餐一樣。
2. 不應只供應他喜愛的食物。
3. 不要把孩子喜歡和不喜歡的食物放在同一碟子上，這樣孩子會拒絕吃碟上所有的食物。

4. 不要把孩子喜歡的食物包著不喜歡的食物給他吃，孩子很聰明，他會連喜愛的食物也一併吐出來。

5. 不要在孩子生病、太肚餓時讓他嘗試新食物。

6. 與孩子一起吃他抗拒的食物。

7. 當孩子願意觸摸食物或吃一口時，家長要立即讚賞他。不要只在孩子完成整餐或拒絕進食的時候才注意他。

8. 讓孩子透過不同途徑接觸食物，例如看圖書、逛街市、逛超級市場、一起煮食。

9. 不應以零食或他喜愛的食物作獎勵。對於3至5歲的孩子，如他肯吃素來抗拒的食物，有效的獎勵方法，包括：口頭讚賞、貼紙、喜愛的蘸料（如乳酪、番茄汁）。

10. 有些嚴重偏食的小孩是因為怕弄污身體而不願進食，閒時給他們泥膠、米、沙、水等玩意可訓練他們用手觸摸這些東西，希望他們慢慢用手觸摸食物。

本篇參考資料

- Cooke, L. J., Haworth, C. M., & Wardle, J. (2007). Genetic and environmental influences on childrens food neophobia. *The American Journal of Clinical Nutrition, 86*(2), 428–433.

- Department of Health, HKSARG. Child health nutrition. Retrieved from http://www.fhs.gov.hk/english/health_info/class_topic/ct_child_health/ch_nutrition.html

- Dovey, T. M., et al. (2008). Food neophobia and 'picky/fussy' eating in children: A review. *Appetite, 50*(2–3), 181–193.

- Infant and Toddler Forum. Factsheets for health and childcare professionals. Retrieved from https://infantandtoddlerforum.org/health-and-childcare-professionals/factsheets/

餵哺母乳，知易行難？（增訂版）

沖調奶粉要正確

母乳是現成的奶，不用沖調，溫度適中，營養和水分比例也適中，可即時飲用。而沖調奶粉的大原則是溫度和比例要正確，嬰兒的餵食器具亦要徹底消毒。由於奶粉零抗體，亦不是絕對無菌的製成品，必須加入煮沸過的水沖調後才可飲用。若沖調或儲存時溫度不妥當，便會增加感染的機會。

消毒餵奶器具

餵哺 0 至 12 個月大的寶寶須使用已消毒的餵奶器具。

1. 先洗手，用水及清潔劑清潔器具，然後進行消毒。
2. 消毒有三種方法：煮沸、蒸氣（電子或微波消毒器）、冷水（化學劑）。煮沸要最少 10 分鐘；蒸氣法和冷水法要按照器具製造商的指示進行；冷水法通常須每 24 小時更換消毒水一次。詳見本篇參考資料。

沖調比例十分重要

奶粉和水的比例必須正確才可沖調出熱量適中的奶，個別產品有其特定的比例。加入過多的水，寶寶吸收的熱量減少了，會令他生長緩慢。相反，加入過少的水，寶寶則容易便秘及脫水。須注意以前有些

日本配方奶可能只有日文標籤，並沒有英文或中文標籤，若沖調方法不正確，可令嬰兒健康受損。

沖調奶粉的正確方法

1. 用溫度達 70℃以上（煮沸後 30 分鐘內），經煮沸的自來水，以確保奶粉中有害的細菌已消滅（樽裝蒸餾水也須先煮沸，不要用礦泉水或米水）。

2. 先放水，然後加奶粉（緊記細閱奶粉的說明書，水和奶粉的比例要絕對正確，不能太多或太少）。

3. 不要加入其他東西，如米糊、葡萄糖等。

4. 把調好的奶盡快降溫至合適溫度，給寶寶在 2 小時內飲用。若非即時飲用，應存放於 4℃的雪櫃內，並在 24 小時內飲用。若須攜帶已雪藏的奶粉出外，可用冰袋和冰種運送，並於 4 小時內飲用。

本篇參考資料

- Raising Children Network (Australia). (2017). Bottle-feeding: Cleaning and sterilizing equipment. Retrieved from https://raisingchildren.net.au/newborns/breastfeeding-bottle-feeding/bottle-feeding/bottle-feeding-equipment
- UNICEF UK. (2015). *Guide to bottle feeding*. Retrieved from https://www.unicef.org.uk/babyfriendly/wp-content/uploads/sites/2/2008/02/start4life_guide_to_bottle_-feeding.pdf
- World Health Organization. (2007). *Safe preparation, storage and handling of powdered infant formula guidelines*. Retrieved from https://apps.who.int/iris/bitstream/handle/10665/43659/9789241595414_eng.pdf
- 衛生署家庭健康服務（2018）。《奶瓶餵哺指引：如何正確沖調配方奶粉及安全餵哺嬰兒》。見 https://www.unicef.org.uk/babyfriendly/wp-content/uploads/sites/2/2016/12/Health-professionals-guide-to-infant-formula.pdf。

順應奶瓶餵哺

有媽媽問：「為什麼寶寶在醫院吃 90 毫升奶，但回家後只吃 60 毫升？」簡單說因為嬰兒不是機械人，每餐食量不同是正常的。

觀察飽餓信號

由於初生寶寶胃部細小，而且腦部尚未成熟，作息無規律，所以能每 3 至 4 小時吃奶一次、每次固定 60 至 90 毫升、吃奶後又安睡 3 小時的初生嬰兒真是萬中無一。不要以為只有吃母乳才須按寶寶的需要餵哺，其實用奶瓶餵哺都是一樣。家長須要觀察寶寶的清醒狀態，趁「早期的肚餓信號」一出現便餵哺。即是並不能硬性規定初生寶寶定時相隔多久吃奶或每次吃多少，更不是跟隨奶粉罐的指引加減分量。一般是計算每 24 小時吃多少奶。出生約 1 星期至 3 個月大，每公斤的體重每天需要約 150 至 200 毫升的奶，例如體重 3 公斤的寶寶，每天需要約 450 至 600 毫升的奶。這數字只作參考，每個嬰兒的實際需要會有差別。雖然少數吃奶瓶的寶寶懂得吃飽便停，但相對吸吮乳房，奶瓶餵哺較易吃過量，因此家長必須學習觀察及辨識寶寶吃飽的表現，及時停餵。詳見第 4.8 篇表 4.8.1。

奶瓶餵哺「扮」吸吮乳房

跟餵哺母乳一樣，奶瓶餵哺也是與寶寶溝通的好機會。吸吮乳房由寶寶主導，在吸吮過程中，寶寶常會間歇休息。奶瓶餵哺卻不同，寶寶不能控制奶的流速，會吃得太快而影響呼吸，或傾向吃過量。家長可進行順應奶瓶餵哺（responsive or paced bottle feeding），以模仿吸吮乳房的模式：

1. 選擇流速不太快的奶嘴。
2. 讓寶寶半坐臥或坐直，避免仰臥，因為仰臥時使用奶瓶，奶有機會從喉嚨後方通過咽鼓管進入中耳，引發中耳炎。
3. 承托寶寶的頭部，避免側著頸部吃奶影響吞嚥。
4. 先用手腕測試奶的溫度是否適中。
5. 奶嘴先輕輕接觸寶寶的嘴唇引發其覓食反射，寶寶便會張開口吸吮奶嘴了。鼓勵寶寶翻開嘴唇，含著奶嘴的底部。
6. 奶瓶須保持接近地平線的水平，避免奶的流速太快。
7. 把奶瓶微微放下，讓部分奶流回奶瓶，甚至可把奶嘴稍移離口部，待寶寶稍作歇息。若寶寶示意想再吸吮，便把奶嘴放回他口中。每數分鐘重複以上動作一次。中途宜掃風一次。可左右轉換方向。目標不少於 15 至 30 分鐘完成餵哺。
8. 吃奶期間須細心觀察寶寶的吃飽信號，避免吃過量。
9. 切記奶瓶餵哺必須由成人陪同，不要讓寶寶獨自吸吮奶瓶。

寶寶吃得夠嗎？

要知道吃奶粉的寶寶是否吃得足夠，可觀察以下四方面：

1. 出生後第二天起每天有六塊或以上較濕的尿片，而小便呈透明或淡黃色。
2. 出生後 7 天內，大便會從墨綠色的胎糞漸變為黃色。至於大便的次數就沒有標準，與吃母乳比較，吃奶粉的寶寶大便次數通常較少，而且質地較結實，有時還會較乾硬。
3. 九成寶寶的收水少於 7%；大部分寶寶於 14 日內可回升至出生時的體重。
4. 吃飽的表現：合上嘴巴、停止吸吮、全身放鬆、睡著了、拗背、頭轉開、推開奶瓶、放開奶瓶。

吃奶粉出現便秘，怎麼辦？

必須先查看是否因為沖調奶粉的方法不正確。即使寶寶有便秘，也不建議隨便把奶粉稀釋。沒有醫學證據[1]證明額外飲水可以幫助軟化大便或增加大便次數。大便的質地與奶粉的添加成分或許有關，若便秘情況持續，可考慮轉用其他牌子的奶粉。

---

1 Young, R. J., Beerman, L. E., & Vanderhoof, J. A. (1998). Increasing oral fluids in chronic constipation in children. *Gastroenterology Nursing, 21*(4), 156–161.

轉奶粉的注意事項

1. 一般而言，如何轉奶粉沒有什麼金科玉律，主要按寶寶接受新口味的程度來調節，直接或逐漸轉用其他牌子的奶粉也可以。
2. 因為不同牌子的奶粉的沖調比例有不同，避免將不同牌子的奶粉混合沖調。
3. 因奶粉內的添加成分略有不同，轉用新奶粉後，大便次數、質地及顏色可能會有些轉變，這是正常的現象，無須太擔心。

本篇參考資料

* Department of Health, Minnesota WIC Program. *Paced bottle feeding: Infant feeding series*. Retrieved from http://www.health.state.mn.us/docs/people/wic/localagency/wedupdate/moyr/2017/topic/1115feeding.pdf
* UNICEF UK. (2014). *The health professional's guide: A guide to infant formula for parents who are bottle feeding*. Retrieved from https://www.fhs.gov.hk/tc_chi/health_info/child/12146.pdf
* Young, R. J., Beerman, L. E., & Vanderhoof, J. A. (1998). Increasing oral fluids in chronic constipation in children. *Gastroenterology Nursing, 21*(4), 156–161.

餵哺母乳，知易行難？（增訂版）

10.8 奶粉廣告深入民心

幾年前在一個小朋友的生日會裡，無意中聽到兩個媽媽的對話。其中一個媽媽說：「你個仔好可愛，好精靈，又肥肥白白，十足十奶粉廣告裡的 BB 呀！」聽到別人的稱讚，媽媽自然喜上眉梢，雀躍地回應說：「我個仔是食某某牌子奶粉長大的！」這席話聽在筆者心裡卻有另一番體會。首先筆者強烈感到廣告對現今社會的巨大威力，廣告覆蓋面廣，滲透力強，只要拍到一個成功的廣告，有關商品便容易為人熟悉，直接刺激銷量。

法例監管難敵廣告威力

在廣告裡標榜什麼奶粉的好處、與母乳有什麼相似的成分、奶粉如何能提高智商等等的誤導訊息，已經深入民心。現今大部分家長，不論學歷的高低，都相信「奶」是小朋友成長不可或缺的東西。曾聽過這樣的心聲：「我個仔之所以長得這麼高，全靠日日飲奶。」這個孩子的爸爸是工程師，媽媽是中學老師。傳媒曾廣泛報道市民和中國內地遊客爭購奶粉事件，一個爸爸抱著他兩三歲的孩子接受訪問，表達買奶粉的苦況。筆者當時感到疑惑的是為何兩三歲還要依賴奶粉？父母為何不選擇價錢更廉宜的鮮奶呢？「洗腦行動」甚至在幼稚園出現。9 年前老三讀 K1，有一天他放學回家時雀躍地對筆者說：「我想看這隻新

影碟！」原來是奶粉商送給所有幼稚園學生的「禮物」，洗腦的對象當然是花錢買奶粉的家長。宣傳影碟裡有很多有趣的活動，間場有一首主題曲重複播放，歌詞重複表達「早餐要飲奶、午餐要飲奶、晚餐也要飲奶」的訊息。

母乳推廣，香港很落後

世界衛生組織早於1981年通過一份自願性的《國際母乳代用品銷售守則》，範圍包括 0 至 36 個月大嬰兒食品、奶瓶、奶嘴及安撫奶嘴。准許母乳代用品的售賣，但銷售受監管，如規定生產商及代理商不可賣廣告，不可送贈品或樣本給顧客和醫護人員。而營養資料標籤制度則規管是否有失實或誤導成分的標籤和聲稱。數年前與一些來自世界各地的醫護人員互相交流自己國家或地區保障餵哺母乳的制度。很多經濟比香港落後的國家多年前已執行或立法監管銷售母乳代用品，但香港仍未起步，沒有立法，更沒有自律地執行。相關的行動只是從 2010 年 4 月起，禁止所有政府醫院及大部分私家醫院免費接受奶粉。即使自願性《香港守則》已於 2017 年 6 月推出，但 3 歲以上較大嬰兒配方奶粉廣告仍然經常出現，家長必須靠自己做個精明的消費者！

重點推廣「首月忍手補奶粉」

雖然試餵母乳的媽媽已高達 87.5%，但補奶粉的比例仍高企。2018 年本港衛生署的數字顯示，全餵母乳 1 個月的比率是 32.6%，與全餵母乳 2 個月的 31.5% 及 4 個月的 29.1% 相差不大。這表示若媽媽能在首個月堅持不補奶粉，大多能堅持全母乳餵哺 4 個月。故此，推廣母乳餵哺的策略應把重點放在全母乳餵哺、如何忍手不輕易於首個月補奶粉上。當然致力推廣母乳的朋友（包括香港特區政府），絕對應該仿效奶粉生產商，多花費在傳媒宣傳。聯合國兒童基金會（UNICEF）最近製作了一個饒舌音樂片[1] 來宣傳在產房盡早作母嬰肌膚接觸及餵哺母乳，非常生動及富娛樂性。筆者熱愛音樂，更相信音樂有深遠的影響。本地的音樂人可考慮出一分力啊！

本篇參考資料

* UNICEF. *A tale of two births: The baby-friendly rap* [Video file]. Retrieved from https://www.youtube.com/watch?v=N9KptD3t110

1　UNICEF. *A tale of two births: The baby-friendly rap* [Video file]. Retrieved from https://www.youtube.com/watch?v=N9KptD3t110

結語及鳴謝

感謝 Kevin 認同我的寫作理念，介紹我認識花千樹的 Thomas，否則就不會有《餵哺母乳，知易行難？》這本書的面世。十分感謝在籌備此書的三年裡，每一位與我親身交談過，以電話、短訊或電郵接觸過的朋友，你們短短的一句話、一個分享也啟發了我不少靈感。更多謝願意讓我拍照及借出照片和圖片的各方好友，這些照片及圖片花了長達兩年多的時間匯集而成的。我相信照片的威力，能將平板的文字變得立體，也令訊息更有說服力。此外，多謝 Karen 介紹我認識 Terri Po，年紀輕輕的她能將沉悶的理論變成一幅幅生動的漫畫。

對我而言，假如上帝沒有賜我和丈夫三個可愛而有獨特個性的孩子（臻臻、齊齊、米米），相信我對餵哺母乳的認識只流於理論，而脫離實戰經驗。假如沒有丈夫和家人的支持，相信無法以母乳分別餵哺三名子女達十九至三十個月。假如我的哺乳歷程太順利而沒有碰到各種難題，就不能悟出層出不窮的解決方法。假如沒有好朋友的提點及支持，我無法體會到餵哺母乳「其實不太難」。在我過往多年在前線服務的經驗中，假如沒有各位爸爸媽媽的分享及提問，我的眼光不會得以擴闊，今天也不懂得如何回應各人的需要。

若你是準父母，希望此書對你有所啟發，幫助你認清寶寶的需要，確定餵哺的目標，我在此鼓勵你憑信心踏出第一步。若你打算將來餵哺母乳或正在努力中，盼望此書可以釐清一些概念上的謬誤，幫助你明白哺乳背後的理論，將餵哺母乳融入你忙碌的生活中，使你更有動力實踐自己的目標。若你是醫護人員，更期望此書使你體會到你在母乳餵哺的推廣上扮演著舉足輕重的角色，並盼望你能身體力行，給予哺乳媽媽正面的回應和鼓勵。若你是陪月員或你的家人朋友正在努力哺乳，很希望你能尊重媽媽的意願，並作適時的協助。

馮慧嫻醫生

二〇一三年六月

筆者一家五口 2013 年 6 月攝於澳洲。